普通高等院校机电工程类规划教材

计算机辅助设计

主　编　袁泽虎
副主编　郭　菁　肖惠民

清华大学出版社
北京

内 容 简 介

本书较全面地介绍了CAD的相关技术和内容，全书共分11章，包括CAD概论及CAD系统、工程数据的处理、计算机图形处理基础、二维图形绘制、三维实体绘制、Visual LISP语言及编程、AutoCAD二次开发技术、智能CAD与设计型专家系统、有限元原理及其在CAD中的应用、机械优化设计、计算机仿真。结合作者多年的教学经验和研究成果，本书中编入了许多程序和实例。

本书适合作为高等院校CAD课程的教材，也可作为培训与继续教育用书，同时还可供有关工程技术人员参考。

图书在版编目（CIP）数据

计算机辅助设计/袁泽虎主编. —北京：清华大学出版社，2012.5（2021.8重印）
（普通高等院校机电工程类规划教材）
ISBN 978-7-302-28287-7

Ⅰ. ①计… Ⅱ. ①袁… Ⅲ. ①AutoCAD软件－高等学校－教材 Ⅳ. ①TP391.72

中国版本图书馆CIP数据核字(2012)第040278号

责任编辑：庄红权
封面设计：傅瑞学
责任校对：刘玉霞
责任印制：丛怀宇

出版发行：清华大学出版社
网　　址：http://www.tup.com.cn，http://www.wqbook.com
地　　址：北京清华大学学研大厦A座　　**邮　　编**：100084
社 总 机：010-62770175　　**邮　　购**：010-62786544
投稿与读者服务：010-62776969，c-service@tup.tsinghua.edu.cn
质 量 反 馈：010-62772015，zhiliang@tup.tsinghua.edu.cn
印 装 者：北京鑫海金澳胶印有限公司
经　　销：全国新华书店
开　　本：185mm×260mm　　**印　　张**：12.25　　**字　　数**：292千字
版　　次：2012年5月第1版　　**印　　次**：2021年8月第7次印刷
定　　价：36.00元

产品编号：044995-04

前 言

CAD是计算机辅助设计(computer aided design)的简称。计算机辅助设计是用硬、软件系统辅助人们对产品或工程进行设计的方法和技术;是在计算机环境下完成产品的创造、分析和修改,以达到预期设计目标的过程;是综合了计算机与工程设计方法的最新发展而形成的一门新兴学科。CAD技术的发展和应用引起了许多领域的设计革命,从根本上改变了传统的设计、生产和组织模式,对缩短产品设计周期、提高产品质量、降低成本、增强企业的市场竞争力和创新能力都具有重要的作用。

本书是作者结合多年的教学经验和科研实践,参考了许多相关书籍和教材编写的,力求体现CAD技术的系统性、先进性、实用性和通用性。

全书共分11章。第1章介绍CAD的内涵、功能和应用,构成CAD支撑环境的硬件系统、软件系统以及CAD系统的形式。第2章讲述工程数据(数表和线图)的处理,介绍数据的程序化处理方法、文件化处理方法和数据库的管理方法以及这些管理方法的实现。第3章是计算机图形处理基础,讲述图形的坐标变换、开窗、裁剪等。第4章是二维图形绘制,介绍AutoCAD2010绘图软件,以及在AutoCAD绘图软件环境下实现交互式绘制工程图。第5章是三维实体绘制,介绍利用AutoCAD2010绘制三维实体。第6章介绍Visual LISP语言及编程,并利用Visual LISP实现参数化绘图。第7章介绍AutoCAD二次开发技术。第8章讲述智能CAD的概念、方法与应用,知识表示和知识推理,设计型专家系统的特点以及建立。第9章介绍有限元原理及其在CAD中的应用。第10章介绍机械优化设计。第11章介绍计算机仿真。

本书较全面地介绍了CAD的相关技术和内容,注重知识介绍的系统性和实用性,在重点章节中结合作者多年的教学经验和研究成果,编入了许多程序和实例。CAD是一门实践性很强的技术课,在学习本书的过程中,应结合有关章节内容进行上机实践,才能收到较好的效果。

本书可作为高等学校教材,也可作为培训与继续教育用书。读者对象以在校学生及工程技术人员为主。

本书由袁泽虎担任主编,郭菁、肖惠民担任副主编。本书第1、5、6、7、8、10章由袁泽虎编写,第2、3、9章由郭菁编写,第4、11章由肖惠民编写。

由于作者水平有限,编写时间仓促,书中难免有错误或不足之处,敬请读者批评指正。

作 者

2012年2月

目　录

第1章　CAD概论及CAD系统

1.1　CAD的内涵和功能

CAD是计算机辅助设计(computer aided design)的简称。计算机辅助设计是用硬、软件系统辅助人们对产品或工程进行设计的方法和技术;是在计算机环境下完成产品的创造、分析和修改,以达到预期设计目标的过程;是综合了计算机与工程设计方法的最新发展而形成的一门新兴学科。CAD技术的应用对于提高产品的设计效率和设计质量,增强产品的市场竞争力具有重要的作用。

工程设计的过程包括设计需求分析、概念设计、设计建模、设计分析、设计评价和设计表示,CAD的功能就是在工程设计的过程中起相应的作用,如图1.1所示。

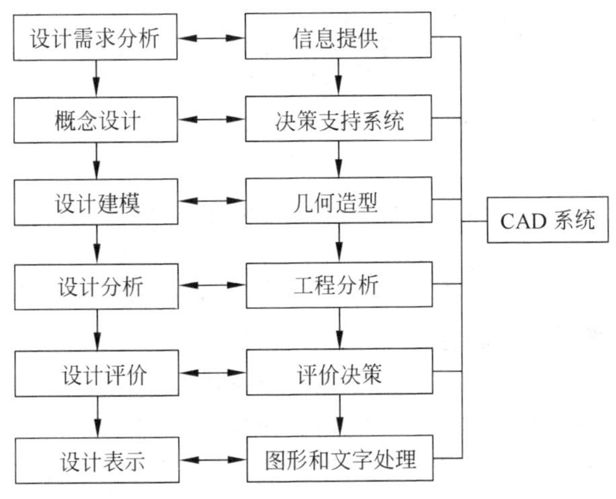

图1.1　CAD系统的功能

(1) 信息提供。CAD系统一般都有图形库和数据库,并且可以通过网络与其他大型信息库相连,因此,在设计需求分析阶段,设计师可以借助CAD系统查询所需的市场需求信息和各种与该产品设计制造有关的技术信息,从而对产品的功能、经济性和制造要求等方面的可行性作出科学的估计。

(2) 决策支持系统。在概念设计过程中,需要用到专家的知识、经验及创造性思维,可以应用人工智能中的专家系统技术建立决策支持系统,从而很好地解决结构方案选择等概念设计问题。

(3) 几何造型。利用计算机技术,有效地将一些简单的几何形体组合成较复杂的立体,即在计算机屏幕上交互地构造和修改设计对象形体,并在计算机内建立三维几何模型。这种技术的采用,可以使设计师的感觉、空间想象能力和表现能力都得到延伸。通过几何造型,人与计算机之间可以实现图形信息的双向交流,设计师可面对屏幕上逼真的三维图形,探索各种解决设计问题的方案。利用这种技术，可以把图形显示与结构分析、仿真模拟、评价等组合成一个有机的系统，设计师可对模型进行反复而又快速地分析、评价和修改，直至达到满意的结果。

(4) 工程分析。CAD 的基础技术，包括有限元分析、优化设计方法、可靠性设计方法、物理特性（如面积、体积、惯性矩等）计算、机械系统运动学和动力学分析、计算机模拟仿真以及各行各业中的工程分析问题等。

(5) 评价决策。对设计的结果进行分析评价，判断设计是否满足设计的要求，若不满足设计要求，须进行相应的修改或再设计，直到满足设计要求为至。

(6) 图形和文字处理。利用图形支撑软件进行二维图形绘制和三维建模，并进行图形文件的输入和输出。利用文字编辑排版软件进行设计文档制作，如工艺指导文件、设计说明书和产品说明书等。

从 CAD 系统的功能以及其对设计进程的作用可知，应用 CAD 技术有以下优越性：

(1) 可以提高设计效率，缩短设计周期，减少设计费用。

(2) 为产品最优设计提供了有效途径和可靠保证。

(3) 尺寸准确，改图方便。

(4) 利于设计工作的规范化、系列化和标准化。

(5) 可为计算机辅助制造（CAM）和检测（CAT）提供数据准备。

(6) 有利于设计人员创造性的充分发挥。

1.2 CAD 技术的发展

CAD 的发展可追溯到 20 世纪 50 年代，当时美国麻省理工学院（MIT）在它研制的名为旋风Ⅰ号的计算机上采用了阴极射线管（CRT）做成的图形显示器，可以显示一些简单的图形。其后出现了光笔，开始了交互式计算机图形学的研究。

20 世纪 60 年代是 CAD 发展的起步时期。1962 年美国学者 Ivan Sutherland 研制出了名为 Sketchpad 的系统，这是一个交互式图形系统，能在屏幕上进行图形设计与修改。从此掀起了大规模研究计算机图形学的热潮，并开始出现 CAD 这一术语。其后，美国的一些公司推出了一些 CAD 系统，如在 1964 年美国通用汽车公司开发出了用于汽车前窗玻璃型线设计的 DAC-1 系统。1965 年，美国洛克希德飞机制造公司与 IBM 公司联合开发了基于大型机的 CADAM 系统，该系统具有三维线框建模、数控编程和三维结构分析等功能，使 CAD 在飞机工业领域进入了实用阶段。

20 世纪 70 年代，计算机交换图形技术和三维几何造型技术为 CAD 技术的发展奠定了基础，使 CAD 技术进入广泛使用时期。以中小型机为核心的 CAD 系统飞速发展，出现了面向中小企业的 CAD/CAM 商品化系统。到 70 年代后期，CAD 技术在许多工业领域都得到了实际应用。

20 世纪 80 年代，CAD 技术进入突飞猛进时期。由于小型机，特别是微型机的性能价格比的提高，极大地促进了 CAD 的发展，同时，计算机外围设备如彩色高分辨率图形显示器、大型数字化仪、自动绘图机等图形输入输出设备已逐步形成质量可靠的系列产品，为推动 CAD 技术向更高水平发展提供了必要条件。在此期间，大量的、商品化的、适用于小型机及微型机的 CAD 软件不断涌现，又促进了 CAD 技术的应用和发展。

20 世纪 90 年代，随着各种先进设计理论和先进制造模式以及高档微机、操作系统和编程软件的发展，Internet 网迅速发展，CAD 技术更趋成熟，将开放性、标准化、集成化、网络化和智能化作为其发展特色。在过去的几十年里，人们已在计算机辅助设计领域中取得了巨大的成就。

CAD 技术的发展趋势主要体现在集成化、智能化、标准化和网络化 4 个方面。

1. 集成化

为适应设计与制造自动化的要求，特别是适应 CIMS（computer integrated manufacturing system，计算机集成制造系统）的要求，进一步提高 CAD 的集成化水平是 CAD 技术发展的一个重要方向。集成化形式之一是 CAD/CAM 集成系统，该系统可进行运动学和动力学分析、零部件的结构设计和强度设计、自动生成工程图纸文件、自动生成数控加工所需数据或编码，用以控制数控机床进行加工制造，即可实现所谓的“无图纸生产”。CAD/CAM 进一步集成是将 CAD、CAM、CAPP（computer aided process planning，计算机辅助工艺编程）、NCP（numerical control programming，数控编程）、CAT（computer aided test，计算机辅助实验）、PDM（product data management，产品数据管理）集成为 CAE（computer aided engineering，计算机辅助工程），使设计、制造、工艺、数控编程、数据管理和测试工作一体化。

2. 智能化

传统的 CAD 技术在工程设计中主要用于计算分析和图形处理等方面，对于概念设计、评价、决策及参数选择等问题的处理却颇为困难，因为这些问题的解决需要专家的经验和创造性思维。因此将人工智能技术、知识工程技术与 CAD 技术结合起来，形成智能化 CAD 系统是工程 CAD 发展的必然趋势。智能 CAD(Intelligent CAD，ICAD)的研究与应用要解决以下 3 个基本问题：

(1) 设计知识模型的表示与建模方法。解决如何从需求出发，建立知识模型，进行逻辑设计，并在计算机上实现等问题。

(2) 知识利用。在知识利用方面，要研究各种推理机制，即要研究各种搜索方法、约束满足方法、基于规则的推理方法、框架推理方法、基于实例的推理方法等。

(3) ICAD 的体系结构。研究 ICAD 的体系结构，使之更好地体现 ICAD 的基本思想与特点，如集成的思想、多智能体协同工作的思想等。

3. 标准化

随着 CAD 技术的发展，工业标准化问题越来越显示出其重要性。迄今已制定了许多标准，例如：计算机图形接口（computer graphics，CGI）、计算机图形文件标准（computer graphics metafile，CGM）、计算机图形核心系统（graphics kernel system，GKS）、面向程序员的层次交互式图形规范（programmer's hierarchical interactive graphics standard，PHIGS）、基于图形转换规范（initial graphics exchange specification，IGES）和产品数据转换规范（standard for the exchange of product model data，STEP）等。此外，在航空、航天、汽车等一些大的行业中，针对某种 CAD 软件的应用也已经制定了行业的 CAD 应用规范。随着技术的进步，新标准还会不断地推出。这些标准对 CAD 系统的开发和 CAD 技术的应用起着指导性的作用。

4. 网络化

随着科学技术和经济水平的快速发展,近十几年来不断出现超大型项目和跨国界项目,这些项目的突出特点是参与工作的人员众多,且地理分布较广泛。而项目本身就要求各类型的工作人员紧密合作,如汽车新车型的设计,就需要功能设计师、制造工艺师、安全设计师等多学科专家的共同工作。可见,现代设计强调协同设计。协同设计是指在计算机的支持下,各成员围绕一个设计项目,承担相应部分的设计任务,并行交互地进行设计工作,最终得到满足要求的设计结果的设计方法。协同设计需要多学科专家的协同工作,而实现这一协作的基础就是计算机网络和多媒体技术。

Internet 网及其 Web 技术的发展,将设计工作推向了网络协同的模式,在该模式下,将电子会议、协同编辑、共享电子白板、图形与文字的浏览与批注、Email 等作为设计环境,并提供多种网上 CAD 应用服务。

1.3　CAD 技术的应用

随着 CAD 技术的不断发展,CAD 在各行各业中得到了广泛的应用,如所有企业和设计院都甩掉了图板,实现了计算机绘图。CAD 技术已经成为衡量一个国家科学技术与工业现代化的一个重要指标,成为企业信息化的重要技术基础,也是企业进入国际市场的入场券。下面介绍 CAD 技术在电子工业、机械工业和建筑工业中的应用。

1. 电子工业

CAD 技术在电子工业的早期应用主要是印刷板和集成电路的制版工作,虽然在这一阶段仍有大量的设计工作要由人来完成,但制版的质量和效率已得到很大的提高。随着微电子工业技术的发展,CAD 技术也已经成为设计、研制、开发半导体器件及优化集成电路工艺技术所必需的技术手段,实现了集成电路工艺计算机模拟及半导体器件特性参数分析计算机模拟等。现在 CAD 技术在电子工业中的应用已经发展到高度集成化,即集设计、制造和分析于一体的 CAD/CAM/CAE 集成系统,能完成设计图纸输入、设计验证分析、数控加工程序的自动生成和自动测试等一系列工作,大大缩短了设计周期,提高了经济效益和设计质量。

2. 机械工业

机械工业使用 CAD 技术虽然起步比电子工业要晚一些,但发展速度很快,目前已处于领先地位。CAD 技术在机械工业中的应用,从早期的二维设计,发展到能进行三维设计和彩色效果图设计,同时,集成化的 CAD/CAPP/NCP 系统既能解决工程设计问题,又能完成计算机辅助工艺编程,并可自动生成数控程序。

CAD 技术在机械工业中的主要应用有以下几个方面:

(1) 二维绘图。绘制机械制图,用来代替传统的手工绘图,优点是图纸修改方便,减少设计者的重复劳动。

(2) 图形及符号库。将机械设计中的标准件、系列件和常用符号存入图形及符号库中,需要时可调出,插入到机械制图中去,从而提高绘图速度。

(3) 参数化设计。对标准化和系列化的产品,其不同规格的零部件具有相似的结构,但尺寸大小不同,因而可采用参数化设计的方法编制绘图程序,用户只需输入零部件的相关参数就能生成相应的图形,从而实现自动绘图。

(4) 三维造型。采用实体造型技术设计零部件结构,经消隐和着色等处理后显示零部件的真实形状,同时还可作装配及运动仿真,从而可以观察是否发生干涉等。

(5) 工程分析。机械设计中使用的工程分析包括有限元分析、优化设计、可靠性设计、机械系统运动学和动力学分析、计算机模拟仿真等。

(6) 生成设计文档及报表。利用文档制作软件完成机械设计文档及报表的制作,如工艺指导文件、设计说明书、产品说明书及外购零部件报表等。

3. 建筑工业

CAD 技术在建筑领域也得到了充分的应用,目前的建筑 CAD 系统可以在图形显示屏幕上勾画建筑物的三维模型,进行建筑外形、周围环境、场地规划、日照效应等的设计,同时还可完成建筑物内部的结构设计和内部的平面布置设计以及建筑的管道设计、电气线路设计等,有些建筑 CAD 系统还包括工程概预算和工程投标子系统,为设计者、决策者及工程投标提供支持。

1.4　CAD 系统的硬件

由一定的硬件和软件组成的供辅助设计使用的系统称为 CAD 系统。由计算机及其外围设备组成 CAD 硬件系统,由程序及相关文档组成 CAD 软件系统。CAD 系统的硬件由主机和外围设备组成,如图 1.2 所示。

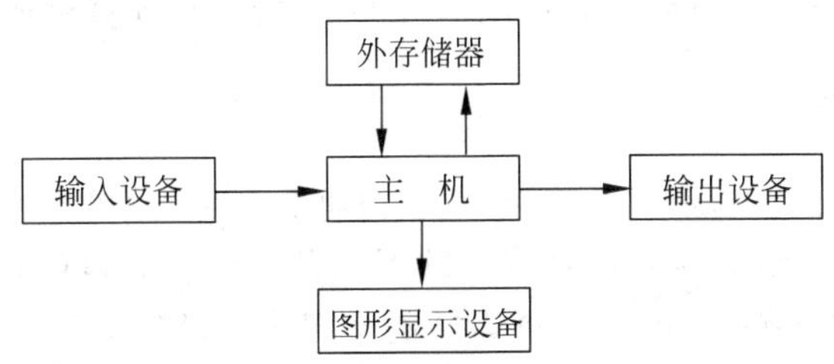

图 1.2　CAD 系统硬件的组成

1.4.1　主机

主机是控制及指挥整个 CAD 系统并执行实际计算和逻辑推理的装置,是 CAD 系统的核心部分。主机由中央处理器(CPU)和内存储器组成。

中央处理器包括控制器和运算器两部分。控制器解释指令并控制指令的执行顺序 ,运算器执行算术运算和逻辑运算 。衡量主机的指标主要有以下 3 项:

(1) 字长。CPU 在一个指令周期内能从内存提取并进行处理的二进制数据位数称为字长。字长越多,则计算速度越快,计算精度越高。

(2) 运行速度。以 CPU 每秒可执行指令数目或每秒可进行多少次浮点运算来表示。常用以下指标来度量主机的运行速度:MIPS(百万条指令/秒)、Mflops(百万次浮点运算/秒)或时钟频率。也有以 CPU 芯片的时钟频率来表示主机的速度,时钟频率越高,主机的运行速度越快。

(3) 内存容量。内存容量是描述主机存储能力和性能的主要指标,它通常以 MB 或 GB 为单位。现在微型机的内存容量从 1 GB、2 GB、3 GB 到 4 GB。

1.4.2 外存储器

1. 磁带

磁带有 1/2 in 带宽和 1/4 in 带宽两种,其存储容量大(容量一般在 20～200 MB),工作可靠,成本低。磁带是典型的顺序存储设备,在磁带上以物理记录为单位写入或读出。磁带常用于存储批量大,不需随机存取的数据。

2. 磁盘

磁盘是最常用的外部存储设备,包括软盘和硬盘两种。以前常用的软盘规格是 3.5 in (1 in=0.0254 m)盘,其容量为 1.44 MB。硬盘采用磁盘和磁头一体化的密封结构,它的可靠性高,存储容量大,目前在微机上配备的硬盘容量通常为 400～800 GB。硬盘存取方式为直接存取,存取速度比软盘和磁带都要快,因而成为 CAD 系统中不可缺少的设备。

3. 光盘

光盘存储器发明于 20 世纪 70 年代,是 80 年代世界电子科技十大开发项目之一。目前在计算机系统中常使用的光盘有只读型光存储系统、可写型光存储系统、可重写型光存储系统 3 种。

4. U 盘

U 盘全称为"USB 闪存盘",英文名为"USB flash disk"。它是一个 USB 接口的无需物理驱动器的微型高容量移动存储产品,可以通过 USB 接口与计算机连接,实现即插即用。

1.4.3 输入设备

输入设备是向计算机输入数据、信息的设备总称。在 CAD 作业过程中,用户不仅要求能快速输入图形,而且还能根据需要对输入的图形进行编辑和修改,因而图形输入设备在 CAD 硬件系统中占有重要的地位。CAD 系统的常用输入设备有以下几种。

1. 键盘

键盘是最通用的数据和字符输入装置,在 CAD 系统中也可作为图形的输入装置。当作为图形输入装置时,它可以用来输入文字、输入坐标值、输入一个命令、选择菜单等。

2. 鼠标器

鼠标器是一种定位输入设备,可很方便地完成定位、拾取和选择等功能。目前微机上最常见的是串行口鼠标器,它通过微机上的串行接口与主机相连。在 CAD 作业中,可用它来选择绘图位置,拾取图形上的目标,选择菜单中的选项等,如用它能十分方便地操纵图标菜单、弹出式菜单和下拉式菜单。鼠标器结构简单,价格便宜,是 CAD 作业中经常使用的设备。

3. 数字化仪

数字化仪是将图像和图形的连续模拟量转换为离散的数字量的装置。数字化仪因制作原理不同而有多种类型,目前常用电磁感应式数字化仪,它由电磁感应板、游标和相应的电子电路组成。当使用者在电磁感应板上移动游标到指定位置,并将十字交叉点对准数字化的点位时,按动按钮,数字化仪将此时对应的命令符号和该点的位置坐标值排列成有序的一组信息,然后通过接口(多用串行接口)传送到主计算机。

在 CAD 系统中,数字化仪可用来输入复杂的图形,如用来摘取放在它上面的工程图上的大量点,经数字化后存储起来,以此作为图形输入的一种方式。还可用数字化仪制作台板菜单,完成绘图程序的调用、基本图形元素的调用、特定功能的调用以及命令的调用等,以提高交互式绘图的方便性和工作效率。

4. 扫描仪

扫描仪是一种图像输入设备,利用光电转换原理,通过扫描仪光电管的移动或原稿的移动,把黑白或彩色的图纸及文件数字化后输入到计算机中,它还用于文字识别、图像识别等新的领域。台式扫描仪(见图 1.3)能扫描 4 号幅面的图纸及文件,大扫描仪能扫描 0 号幅面的图纸。

扫描仪的工作原理如图 1.4 所示。扫描仪内部的基本组成部件是光源、光学透镜、感光元件,还有一个或多个模数转换电路。在扫描一幅图像的时候,光源照射到图像反射回来,穿过透镜到达感光元件(成行排列的电荷耦合器),每一个电荷耦合器把这个光信号转换成模拟信号(即电压),同时量化出像素的灰暗程度,接着模数转换电路再把模拟信号转换成数字信号进行保存。

图 1.3　台式扫描仪

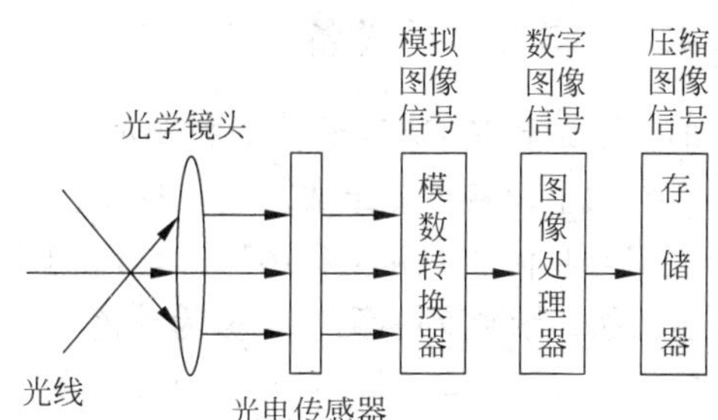

图 1.4　扫描仪的工作原理图

5. 数码相机

数码相机使用电荷耦合器件作为成像部件。它把进入镜头照射于电荷耦合器件上的光影信号转换为电信号,再经模数转换器处理成数字信息,并把数字图像数据存储在相机内的磁介质中。

数码相机可以将拍摄的图像储存在软盘、Flash 卡、PCMAIC 卡等存储装置中,用户可通过电缆线将储存卡中的图像输入计算机,并可利用软件对相片进行二次处理。

1.4.4　输出设备

CAD 系统设计的结果通常为图形和技术文档,绘图机用于输出大图幅的图形,打印机用于输出技术文档或小图幅的图形。

1. 打印机

打印机既能打印字符型文件,又能打印图形文件。打印机按印字原理可分撞击式与非撞击式两种。撞击式打印机是通过色带、针头将字符或图形印在纸上,这类打印机用得较多的是 24 针点阵打印机。常用的非撞击式打印机有激光打印机和喷墨打印机,该类打印机打印速度快,噪声低,是理想的汉字、图形、图纸输出设备。

2. 绘图机

绘图机(见图 1.5)是一种高速、高精度的图形输出设备,它可将已输入到 CAD 系统中的工程图样或在图形显示屏上已完成的结构设计图形绘制到图纸上,即可进行硬复制。

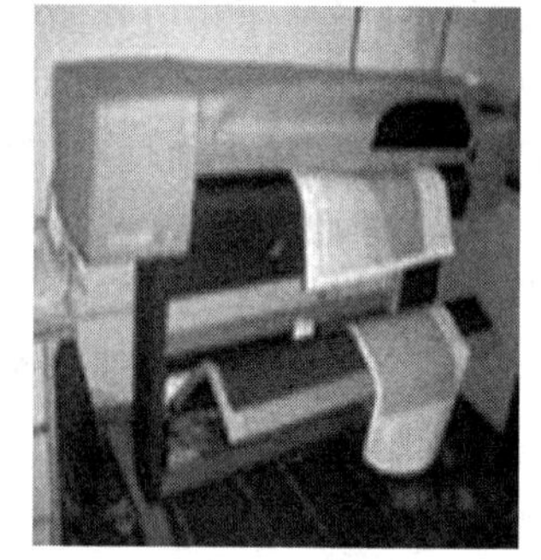

图 1.5　绘图机

绘图机按工作原理可分为笔式绘图机和非笔式绘图机两种。笔式绘图机是驱动画笔沿 x 和 y 方向移动来画出图形,按其结构又可分平板式绘图机和滚筒式绘图机。平板式绘图机由绘图平台、导轨、驱动机构、笔架等几部分组成,其 x 向和 y 向的移动分别对应于横梁沿 x 向导轨的移动和笔架沿 y 向导轨的移动。滚筒式绘图机由滚筒、钢丝绳导轨、驱动机构、笔架等几部分组成,滚筒式绘图机是由滚筒带动绘图纸运动来实现 x 方向的移动,笔架由钢丝绳导轨的运动实现 y 方向的移动。目前常用的是非笔式绘图机,如静电绘图机、喷墨绘图机、激光绘图机等,它们的绘图速度快、图面质量好、使用更方便。随着喷墨和激光打印技术的发展,性能价格比不断提高,近年来喷墨和激光绘图机已渐渐取代笔式绘图机而占据主流市场。

1.4.5　图形显示设备

图形显示设备是 CAD 系统中必备的图形输入输出设备,通常由显示器和图形适配器(简称显卡)两个设备单元组成。它不仅能实时显示所设计的图形,而且还能让设计者根据自己的意图对几何造型和工程图形进行增、删、改、移动等编辑操作。

显示器按显示画面的颜色,可分为单色显示器和彩色显示器。目前 CAD 系统大都使用彩色显示器。显示器件有阴极射线管(CRT)、液晶显示(LCD)、激光显示、等离子体显示等。

当前最常用的是阴极射线管显示器和液晶显示器。阴极射线管一般是利用电磁场产生高速的、经过聚焦的电子束,通过磁场和电场的调整,偏转到屏幕的不同位置轰击屏幕表面的荧光材料而产生可见图形。液晶显示器通常是利用液晶的电光效应实现显示的。所谓电光效应是指在电的作用下,液晶分子的排列状态发生变化,从而使液晶盒的光学性质发生变化,也就是说电通过液晶对光进行了调制。

显示器按显示屏尺寸的大小,可分为 12 in、14 in、15 in、17 in 和 21 in 等显示器。当前主流是 19 in 显示器,专业图形设计领域一般采用 21 in 显示器。

显示器所显示的数字、字符和图像是由一个个像素组成的,像素是显示屏上的最小信息,每个小点称作一个像素。组成显示网络的像素多少决定了图形的清晰程度,通常用分辨率表示,像素越多,分辨率越高。目前微机显示器的分辨率通常有中分辨率(600×350、640×480)和高分辨率(800×600、1024×768、1280×1024)两类。

1.5　CAD 系统的软件

计算机软件是指控制计算机运行,并使计算机发挥最大功效的计算机程序、数据以及各种文档。软件用来有效地管理和使用硬件,如实现人们所希望的各种功能要求,因此,软件水平的高低直接影响到 CAD 系统的功能、工作效率及使用的方便程度。

CAD 系统的软件可分为 3 个层次，即系统软件、支撑软件和应用软件。

1.5.1 系统软件

系统软件指操作系统和系统实用程序等，用于计算机的管理、控制和维护。系统软件有两大特点：一个是公用性，无论哪个应用领域都要用到它；另一个是基础性，各种支撑软件和应用软件都需要在系统软件支撑下运行。系统软件主要包括操作系统、编译系统和系统实用程序。

1. 操作系统

操作系统软件是整个软件的核心，它具有 5 项基本功能：内存分配管理、文件管理、外部设备管理、作业管理和中断管理。常用的计算机操作系统有 DOS 操作系统、Windows 操作系统、UNIX 操作系统、Linux 操作系统等。比较有代表性的基于 MS-DOS 操作系统的 Windows 操作系统有 Windows 3.1、Windows 95、Windows 98、Windows 2000、Windows XP、Windows Vista、Windows 7 等。

2. 编译系统

计算机程序设计需要使用计算机语言，计算机语言的发展经历了机器语言、汇编语言、高级语言 3 个大的阶段。汇编语言必须由汇编程序(assembler)编译成机器语言，高级语言也必须用编译程序(compiler)编译成机器语言，才能由计算机识别和执行，这就是编译系统。可见，编译系统负责把设计者用汇编语言或高级语言编写的程序翻译成计算机能理解的机器代码。如 Pascal、C、VC++ 等高级语言都有各自的编译系统。

3. 系统实用程序

系统实用程序是为方便用户对计算机系统进行维护和运行而提供的服务性程序，包括诊断程序、文本编辑程序、调试程序等。系统实用程序是在操作系统之上的第二层次软件，例如在操作系统 Windows XP 中，它包括了很多实用程序，如资源管理器、浏览器、收发电子邮件、传真、记事本、写字板、画图以及系统维护的工具软件等。

1.5.2 支撑软件

支撑软件是由软件公司开发人员开发的，目的在于帮助人们高效、优质、低成本地建立并运行专业 CAD 系统的软件，它主要包括图形处理软件、几何建模软件、数据库管理系统、工程分析及计算软件、文档制作软件等几部分。

1. 图形处理软件

图形处理软件负责 CAD 的绘图，包括二维和三维图形的绘制。目前具有代表性的绘图软件有美国 Autodesk 公司推出的 AutoCAD 系列软件，生信国际有限公司推出的 SolidWorks 软件，美国参数技术公司推出的 Pro/E 系统，UnigraphicsSolutions 公司推出的 UG 软件等。

2. 几何建模软件

为用户提供完整、准确地描述和显示三维几何形状的方法和工具，具有消隐、着色、浓淡处理、实体参数计算、质量特性计算等功能。微机 CAD 几何建模软件有 AutoCAD 2010 版及其附加模块 Designer、Pro/E、SolidWorks、UG 等。

3. 数据库管理系统

支持人们建立、使用和修改数据库中数据的软件称为数据库管理系统。数据库管理系统除了保证数据资源共享、信息保密、数据安全之外，还能减少数据库内数据的重复。用户使用数据库都是通过数据库管理系统，因而它也是用户与数据库之间的接口。

目前市场上有大量商品化的数据库管理系统，如 FoxBase、Access、Visual FoxPro、SQL Server 等，它们均属于关系型和商业用数据库管理系统，用于管理非图形数据。

4. 工程分析及计算软件

这类软件主要用来解决工程设计中的各类分析和数值计算问题，针对工程设计的需要，一般配置有以下软件：

(1) 计算方法库。解决各种数学计算问题，包括解微分方程、线性方程组、数值积分、有限差分、曲线拟合等的计算机程序。

(2) 优化方法软件。优化设计是在最优化数学理论和现代计算技术基础上，运用计算机求解设计的最佳方案。优化方法软件是将优化技术应用于工程设计，综合多种优化计算方法，为求解数学模型提供强有力数学工具的软件，其目的是为了选择设计的最佳方案。

(3) 有限元分析软件。是利用有限元进行结构分析的软件，包括前置处理(单元自动剖分、显示有限元网格等)、计算分析和后置处理(将计算分析结果形象化为变形图、应力应变色彩浓度图及应力曲线图等)3 部分。有限元分析在工程设计中应用十分广泛。目前商品化有限元分析软件很多，较著名和流行的有 SAP、ADINA、ANSYS、NASTRAN 等。

(4) 机构分析及机构综合软件。机构分析包括确定机构的位置、轨迹、速度、加速度、计算节点力、校验干涉、显示机构静态图和动态图等。机构综合是根据设计要求自动设计出一种机构。

(5) 系统动态分析软件。一般采用模态分析法，分析系统的噪声、振动等问题。

5. 文档制作软件

这类软件可以生成设计结果的各种报告、表格、文件、说明书等，可以对文本及插图进行各种编辑。

1.5.3 应用软件

应用软件是用户为解决各类实际问题，在系统软件的支持下而设计、开发的程序，或利用支撑软件进行二次开发形成的程序，应用软件的功能和质量直接影响 CAD 系统的功能和质量。CAD 系统的应用软件应具有以下特点：

(1) 能很好地解决工程实际问题；

(2) 符合国家和行业标准及规范，尽量满足工程设计中的习惯；

(3) 充分利用已有的软件资源，提高应用软件的开发效率；

(4) 具有较高的设备无关性，便于运行于不同的硬件环境；

(5) 具有良好的人机交互界面，运行可靠，维护简单。

习 题

1. 阐述CAD的定义。

2. 阐述未来CAD技术的发展趋向。

3. 简述CAD技术在电子工业、机械工业和建筑工业中的应用，并举例说明。

4. 说明CAD系统的硬件组成，并分别阐述其功能。

5. 从CAD系统的硬件和软件配置和功能看，CAD系统与普通数值计算机系统有什么不同？

6. 写出4种图形处理设备，并说明其用途。

7. CAD系统的软件分哪几类？各起什么作用？

第2章　工程数据的处理

在工程设计中，经常需要引用一系列的数据资料，如图表、各种标准与规范、试验线图等。如何准确、迅速地利用这些数据，是CAD领域的关键问题之一。在CAD过程中，需要将这些工程数据进行计算机处理。处理工程数据的方法一般有以下3种。

(1) 程序化处理：在编程时将数据以一定的形式直接放于程序中。其特点是：编程时需要考虑数据的存放和管理，程序高度依赖于数据。

(2) 文件化处理：将数据存放于扩展名为.DAT的数据文件中，需要数据时，由程序打开文件并读取数据。其特点是：数据与程序作了初步的分离，实现了有条件的数据共享。其缺点有：①文件只能表示事物而不能表示事物之间的联系；②文件较长；③数据与应用程序之间仍有依赖关系；④安全性和保密性差。

(3) 数据库管理：将工程数据存放到数据库中，可以克服文件化处理的不足。其特点为：①数据共享；②数据结构化，既表示了事物，又表示了事物之间的联系；③数据与应用程序无关；④安全性和保密性好。

归纳起来，工程设计中的数表和线图的处理有如下方法：

(1) 将数表和线图转化为程序存入内存；

(2) 将数表和线图转化为文件存入外存；

(3) 将数表和线图转化为结构存入数据库。

CAD作业数据管理采用何种方式，需要根据CAD具体应用的性质，灵活处理。其选择原则是：有利于提高CAD作业的效率，降低开发的成本。当数据规模小时，一般采用文件化管理方式(甚至数据与程序融合在一起的程序化管理方式)；当数据量大时，考虑采用数据库管理方式。

2.1　数表的程序化处理

程序化即在应用程序内部对数表和线图等进行查询、处理或计算。具体处理方法有以下两种：

(1) 将数表中的数据或线图经离散化后，以一维、二维或三维数组形式存入计算机，用查表或插值的方法检索所需的数据。

(2) 将数表或线图拟合成公式，编制成计算程序，再利用程序计算出所需要的数据。

在设计过程中使用的数表形式较多，首先对数表进行一下分类。按数据间有无函数关系分类如下：

(1) 简单数表(离散数据)，指数表中的数据彼此间没有一定的函数关系，只检索、不插值。

(2) 函数数表(函数表达式)，指数表中的数据之间存在某种函数关系，数表中的非节点数据可通过函数插值求得。

按数表的维数分类如下：

(1) 一维数表，指所要检索的数据只与一个变量有关。

(2) 二维数表，指所要检索的数据与两个变量有关。

(3) 多维数表，指所要检索的数据与两个以上的变量有关。多维数表的自变量和因变量数目较多，通常情况下如果用多维数组存储，在查询使用的时候可能会比较复杂。工程手册中以三维数表为多，一般将其转化为一维数表或二维数表进行处理。这样可简化编程，提高处理的效率。

2.1.1　一维数表的程序化处理

当数表中的数据是单一、无规律可循的数列(见表 2.1)时，通常的方法是用数组形式存储数据，一维数表一般采用一维数组存储。程序化的步骤是首先定义一个数组，为数组赋值，然后再进行数表的检索输出。

表 2.1　材料密度表

材料	铸铁	工业纯铁	钢材	高速钢	不锈钢
密度	6.60	7.87	7.85	8.30	7.75

表 2.1 程序化的 C 语言程序如下：

```
#include <stdio.h>
main()
{ int i;
  float midu[5]={6.60,7.87,7.85,8.30,7.75};     //定义一维数组并赋初值
  printf("\n请选择材料类型：");
  printf("\n  1. 铸铁");
  printf("\n  2. 工业纯铁");
  printf("\n  3. 钢材");
  printf("\n  4. 高速钢");
  printf("\n  5. 不锈钢\n");
  scanf("%d",&i);
printf("所选材料密度为：%4.2f\n",midu[i-1]);
}
```

运行这个程序，提示如下：

```
请选择材料类型：
1. 铸铁
2. 工业纯铁
3. 钢材
4. 高速钢
5. 不锈钢
```

输入材料类型 1，则在屏幕上将输出："所选材料密度为：6.60"

2.1.2　二维数表的程序化处理

表 2.2 用于链轮设计中，由节距 t 和链轮齿数 z 查取链轮轴孔最大直径 d_{kmax} 和齿侧凸

缘最大直径 d_h，试对其进行程序化处理。

表 2.2　链轮设计中的二维数表

齿数 z	节距 t									
	9.525		12.70		15.875		19.05		25.40	
	d_h	d_{kmax}	d_h	d_{kmax}	d_h	d_{kmax}	d_h	d_{kmax}	d_h	d_{kmax}
11	22	11	30	18	37	22	45	27	60	38
13	28	15	38	22	48	30	57	36	77	51
15	35	20	46	28	58	37	70	46	93	61
17	41	24	54	34	68	45	82	53	110	74
19	47	29	63	41	79	51	94	62	126	84
21	53	33	71	47	89	59	107	72	142	95
23	59	37	79	51	99	65	119	80	159	109
25	65	42	87	57	109	73	131	88	175	120

齿数 z	节距 t									
	31.75		38.10		44.45		50.8		63.50	
	d_h	d_{kmax}	d_h	d_{kmax}	d_h	d_{kmax}	d_h	d_{kmax}	d_h	d_{kmax}
11	76	50	91	60	106	71	121	80	152	103
13	96	64	116	79	135	91	155	105	193	132
15	117	80	140	95	164	111	187	129	235	163
17	137	93	165	112	193	132	220	152	275	193
19	158	108	189	129	221	153	253	177	316	224
21	178	122	214	148	250	175	285	200	357	254
23	199	137	238	165	278	197	318	224	398	278
25	219	152	263	184	307	217	335	249	438	310

取变量：齿数 z——Z[i]，$i=1,2,\cdots,8$

节距 t ——T[i]，$i=1,2,\cdots,10$

d_h——DH[i,j]，$i=1,2,\cdots,8;j=1,2,\cdots,10$

d_k——DK[i,j]，$i=1,2,\cdots,8;j=1,2,\cdots,10$

C 语言编程如下：

```
#include <stdio.h>
main()
{ int i,j,Z1,ip=20,jp=20;
float T1;
int Z[8]={11,13,15,17,19,21,23,25};
float T[10]={9.525,12.7,15.875,19.05,25.4,31.75,38.1,44.45,50.8,63.5};
```

```
int DH[8][10]={22,30,37,45,60,76,91,106,121,152, 28,38,48, 57,77,96,116,135,
              155,193,35,46,58,70,93,117,140,164, 187,235,41,54,68,82,110,137,
              165,193,220,275, 47, 63,79,94,126,158,189,221,253,316,53,71,89,
              107,142,178,214,250,285,357, 59,79,99,119,159,199, 238,278,318,
              398,65,87,109,131,175,219,263,307,315,438,};
int  DK[8][10]={11,18,22,27,38,50,60,71,80,103, 15,22,30,36,51,64,79,91,105,132,
               20,28,37,46,61,80,95,111,129, 163, 24,34,45,53,74,93,112,132,152,
               193,29,41, 51, 62, 84, 108, 129, 153, 177, 224, 33, 47, 59, 72, 95, 122, 148,
               175,200,254,37,51, 65, 80, 109, 37, 165, 196, 224, 278, 42, 57, 73, 88, 120,
               152,184,217,249,310};
printf("请输入链轮齿数 Z1: ");
scanf("%d", &Z1);
for(i=0;i<8;i++)
  if(Z[i]==Z1)  {
    ip=i;
    i=9;  }
printf("请输入节距 T1: ");
scanf("%f", &T1);
for(j=0;j<10;j++)
  if(T[j]==T1)   {
    jp=j;
    j=11;  }
 if(ip<20&&jp<20)
 printf("\n当 z=%d,t=%f 时,dh=%d,dkmax=%d",Z[ip],T[jp],DH[ip][jp],DK[ip][jp]);
 else
printf("\n输入错误!");
}
```

运行这个程序，提示如下：

请输入链轮齿数 Z1:

输入 11，提示如下：

请输入节距 T1:

输入 12.70，则在屏幕上将输出：

当 z=12,t=12.70 时,dh=30,dkmax=18

2.2 数表的文件化处理

数表程序化处理简单、方便、快捷，一般适用于数据不变化且数据量不大的情况。文件化处理是将工程数据以文件的形式存储于外存储器（磁盘）上，当程序需要有关数据时，打开该文件并读取数据。数据文件可以是简单的文本类型的文件也可以是数据库文件，数据变化时，只需更改文件，程序不变。

1. 用编辑软件生成数据文件

文本类型的数据文件格式比较简单，可以通过很多途径来建立这种类型的数据文件，如用 Windows 操作系统的记事本、写字板等各种文本编辑工具来编辑，将数据放于扩展名为. TXT(或. DAT)的数据文本文件中。

建立如表 2.3 所示数据文件的方法如下：如图 2.1 所示，以写字板为编辑工具，每行中两数据之间用空格间隔的格式输入，之后存储为“ZK. dat”。

表 2.3　数据表(小链轮)

z	9	11	13	15	17	19	21	23	25	27	29	31	33	35	38
K	0.446	0.555	0.667	0.775	0.893	1.00	1.12	1.23	1.35	1.46	1.58	1.70	1.81	1.94	2.12

9 11 13 15 17 19 21 23 25 27 29 31 33 35 38
0.446 0.555 0.667 0.775 0.893 1.0 1.12 1.23 1.35 1.46 1.58 1.70 1.81 1.94 2.12

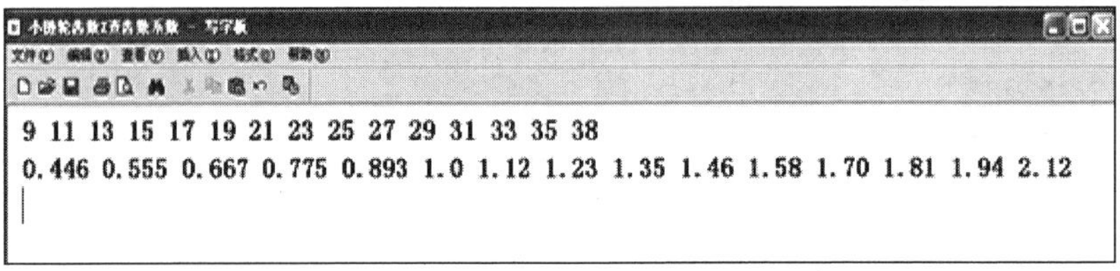

图 2.1　用写字板编辑数据文件

2. 使用编程语言编制程序来生成数据文件

利用 C 语言编程建立如表 2.3 所示的数据文件程序如下：

```
#include <stdio.h>
main()
{int i;
int z[15]={9,11,13,15,17,19,21,23,25,27,29,31,33,35,38};
float kz[15]={0.446,0.555,0.667,0.775,0.893,1.0,1.12,1.23,1.35,1.46,1.58,1.70,
              1.81,1.94,2.12};
  FILE * fp;
  fp=fopen("ZK.dat","w");
  for(i=0;i<15;i++)
  fprintf(fp,"%d ",z[i]);
  fprintf(fp,"\n");
  for(i=0;i<15;i++)
  fprintf(fp,"%.3f ",kz[i]);
  fclose(fp);
}
```

C 语言数据文件的打开与关闭文件操作语句格式如下所述。

(1) fopen()函数打开文件，其格式及调用方式为：

```
FILE * fp;
fp=fopen(文件名,使用文件方式);
```

例如：fp=fopen("ZK. dat","W")；表示打开文件名为 ZK. dat 的文件，使用文件的方式为“写”(w 代表 write)。

(2) fclose()函数关闭文件，其格式及调用方式为：

```
fclose (fp);
```

当顺利地执行了关闭操作，则返回值为 0；否则返回 EOF(－1)。

3. 文件的读取和检索

以从表 2.3 中由小链轮齿数 z 查齿数系数 K 的文件化处理为例。

C 语言编程如下：

```
main()
{ int i,z1,z[15],jp=20;
float k[15];
FILE * fp;
fp=fopen("ZK.DAT", "r");
for(i=0;i<15;i++)
fscanf(fp, "%d", &z[i]);
for(i=0;i<15;i++)
fscanf(fp, "%f", &k[i]);
fclose(fp);
printf("请输入链轮齿数 z1: ");
scanf("%d", &z1);
  for(i=0;i<15;i++)
    if(z[i]==z1)  {
      ip=i;
      i=16;  }
    if(ip<20)
      printf("\n 当 z=%d 时,k=%f", z[ip],k[ip]);
  else
      printf("\n 输入错误!");
}
```

2.3　一维数表的插值处理

在实际工程中，经常会出现连续值离散化的数表。虽然离散化后的自变量值与因变量值有一一对应关系，但对于这类数表所要完成的查询通常并非恰好是给定的节点值，而是介于节点数值之间的自变量和因变量，这时就要通过函数插值的方法来实现。

插值法的基本思想是在插值点附近选择几个恰当的节点，过这些节点构造一个简单的函数。在插值点确定的区间上近似用构造函数代替原来的函数，则插值点处的函数值可以用构造函数的值来代替。

一元函数插值是在二维空间内，选定若干个节点构造一段直线(或曲线)。根据所选取的插值函数的不同，分为线性插值和抛物线插值。

1. 线性插值

设有一用数据表格给出的列表函数 $y=f(x)$，如表 2.4 所示。

表 2.4　已知数据表($y=f(x)$)

x	x_1	x_2	x_3	x_4	…	x_i	x_{i+1}	…	x_{n-2}	x_{n-1}	x_n
y	y_1	y_2	y_3	y_4	…	y_i	y_{i+1}	…	y_{n-2}	y_{n-1}	y_n

线性插值步骤如下：

(1) 从数表中在插值点的附近选取两个相邻的自变量 x_1、x_2(对应的函数值分别为 y_1、y_2)；

(2) 用过(x_1,y_1)和(x_2,y_2)两点的直线 $g(x)$替原来的函数 $f(x)$(见图 2.2)，找出一个直线方程：

$$y(x) = a_0 + a_1 x$$

使它满足条件：

$$y(x_1) = y_1, \quad y(x_2) = y_2$$

则插值点的函数值 y 的线性插值公式为

$$y = \frac{x - x_2}{x_1 - x_2} y_1 + \frac{x - x_1}{x_2 - x_1} y_2$$

或

$$y = y_1 + (y_2 - y_1)(x - x_1)/(x_2 - x_1)$$

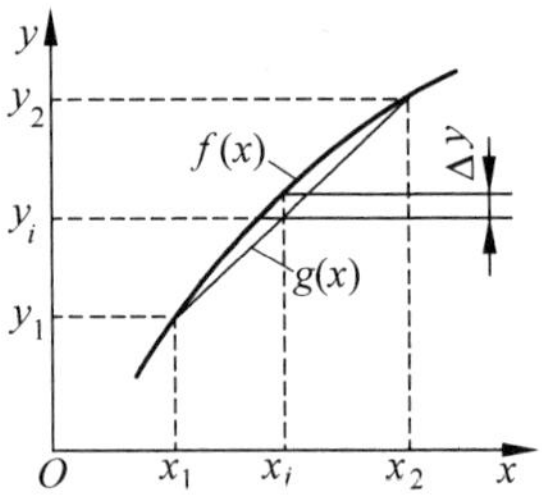

图 2.2 线性插值

例 已知一列表函数数组如表 2.5 所示，求 $x=0.57891$ 处的函数值。

表 2.5 列表函数数组

x	0.4	0.5	0.6	0.7	0.8	0.9
y	0.389 42	0.479 43	0.564 64	0.644 22	0.717 36	0.803 41

程序中变量的意义如下：

X[N]——节点自变量数组；

Y[N]——节点函数值数组；

Xi——插值点自变量；

Yi——插值点函数值；

N——节点数。

线性插值的C语言处理程序如下：

```
#include <stdio.h>
main( )
{int i,key1=0,ip=20;
float x1,x2,xi,y1,y2,yi;
float x[6]={0.4,0.5,0.6,0.7,0.8,0.9};
float y[6]={0.38942,0.47943,0.56464,0.64422,0.71736,0.80341};
printf("请输入插值节点 xi: \n");
scanf("%f",&xi);
for(i=0;i<6;i++)
{if(x[i]==xi)
{ yi=y[i];
  key1=1;
  i=7;
}}
if(key1==0){
   for(i=0;i<6;i++){
```

```
    if(x[i]>xi){
      x1=x[i-1];
      y1=y[i-1];
      x2=x[i];
      y2=y[i];
      yi=y1+(y2-y1)*(xi-x1)/(x2-x1);
}}}
printf("\n x=%f,y=%f \n",xi,yi);
}
```

运行这个程序，提示如下：

```
请输入插值节点 xi:
```

输入 0.57891，则在屏幕上将输出：

```
当 x=0.57891,y=0.527112
```

2. 抛物线插值

一元函数线性插值的几何意义是在二维空间内选定两个节点，过选择的节点构造一直线，在插值区间以直线替代弧线。线性插值虽然计算方便，应用较广，但由于它用直线代替曲线，因而一般适用于插值区间$[x_1,x_2]$较小，且 $f(x)$在$[x_1,x_2]$上变化比较平缓的情况下，否则线性误差可能会很大。为了克服上述缺点，可以考虑用简单曲线近似代替复杂曲线。而抛物线是最简单的二次曲线之一。

抛物线插值是求一个不超过二次的多项式：

$$y = a_0 + a_1 x + a_2 x^2$$

使之满足 $y(x_i)=y_i, i=0,1,2$。抛物线插值是用通过 3 个节点的抛物线来代替原来的函数，也称三点插值，如图 2.3 所示。

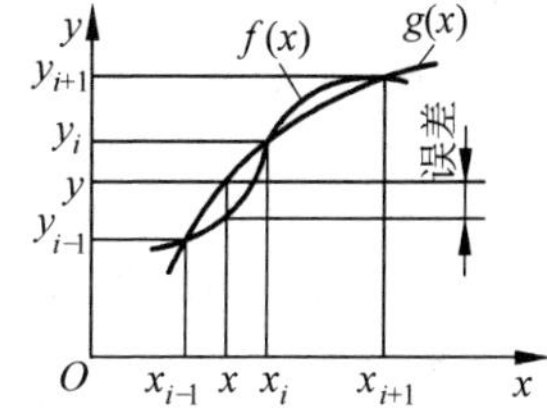

图 2.3　抛物线插值

将 3 点的坐标代入抛物线方程，得到抛物线插值的一般公式：

$$y = \frac{(x-x_i)(x-x_{i+1})}{(x_{i-1}-x_i)(x_{i-1}-x_{i+1})}y_{i-1} + \frac{(x-x_{i-1})(x-x_{i+1})}{(x_i-x_{i-1})(x_i-x_{i+1})}y_i + \frac{(x-x_{i-1})(x-x_i)}{(x_{i+1}-x_{i-1})(x_{i+1}-x_i)}y_{i+1}$$

在数表中，如何选择合适的 3 个节点是保证抛物线插值精度的关键。在抛物线插值中，3 个节点的选取方法归纳如下。

1) 若插值点 x 位于 x_{i-1} 与 x_i 之间

(1) 若 x 靠近 x_i，$(x_i-x)/(x-x_{i-1})<0.5$，则补选 x_{i+1} 为节点，抛物线插值的 3 个节点为 x_{i-1}、x_i、x_{i+1}。

(2) 若 x 靠近 x_{i-1}，则补选 x_{i-2} 为节点，抛物线插值的 3 个节点为 x_{i-2}、x_{i-1}、x_i。

2) 若插值点 x 位于表两端

(1) 若 x 靠近表头，$x<x_2$，选 x_1、x_2、x_3 3 个点。

(2) 若 x 靠近表尾，$x>x_{n-1}$，则选 x_{n-2}、x_{n-1}、x_n 3 个点。

抛物线插值函数如下：

$x(n)$——n 个元素的一维实型数组，存放给定表格函数自变量；

$y(n)$——n 个元素的一维实型数组，存放给定表格函数函数值；

n——表格函数的节点数；

x_i——插值点；

y_i——插值结果。

抛物线插值的 C 语言处理程序如下：

```
#include <stdio.h>
float x[6]={0.4,0.5,0.6,0.7,0.8,0.9};
float y[6]={0.38942,0.47943,0.56464,0.64422,0.71736,0.80341};
int larg(float * x, float * y, int n, float xi, float * yi);
main ( )
{   float x1,y1;
    printf("\n 插值节点的取值范围在 0.4------0.9\n   x=");
    scanf("%f",&x1);
    larg(x,y,6,x1,&y1);                        /* 首地址赋给指针变量 */
    printf("\n y=%9.5f",y1);


}
int larg(float * x, float * y, int n, float xi,float * yi)
{ int i=0,j=0,k=0;
  float x_r, x_l, m;
  n--;
  * yi=0.0;
  if(xi<x[0]||xi>x[n])
  {printf( "输入错误!");
  }
  if(xi>x[i]&&i<n)                             //节点位于表中间
  x_r=x[i]-xi;
  x_l=xi-x[i-1];
if(x_r>x_l) i--;
if(i<0) i=0;                                   //节点位于表头
if(i>n-1) i=n-2;                               //节点位于表尾
for(k=i;k<=i+2;k++)
  { m=1.0;
    for(j=i;j<=i+2;j++)
    {if(j!=k)
     {m=m * (xi-x[j])/(x[k]-x[j]);}
      }
      * yi= * yi+m * y[k];
     }
    }
```

2.4　线图的处理

在工程设计中，有许多设计数据是用线图给出的，需要根据给定的线图来查找所需要的系数。但线图本身不能直接被计算机处理，需要对线图进行程序化处理。

线图的程序化有 3 种处理方法：

(1) 线图的公式化处理；

(2) 将线图离散化为数表；

(3) 用曲线拟合方法求出线图的经验公式，将公式编入程序。

2.4.1　线图的表格化处理

如果能把线图转换成表格，那么就可以使用数表的处理方法对其进行处理。如图 2.4 所示的线图，将其表格化处理的方法如下：在图 2.4 所示线图上取 n 个节点 (x_1, y_1)，(x_2, y_2)，…，(x_n, y_n)，将其制成表格(见表 2.6)。节点数取得越多，精度就越高。节点的选取原则是使各节点的函数值不致相差很大。

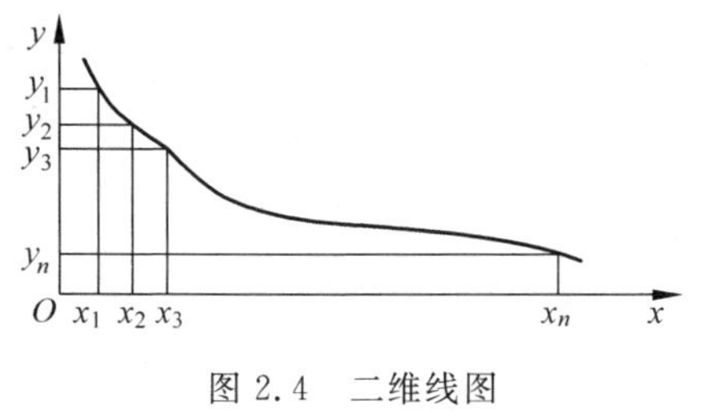

图 2.4　二维线图

表 2.6　n 个点的数据表格

x_1	x_2	x_3	…	x_n
y_1	y_2	y_3	…	y_n

将线图表格化后，再参照数表处理方法，用程序化或文件化处理方法进行处理。

2.4.2　线图的公式化处理

上述线图的表格化处理方法，不仅工作量较大，而且还需占用大量的存储空间。因此，理想的线图处理方法是对线图进行公式化处理。

线图的公式化处理有两种方法：一种是找到线图原来的公式；另一种是用曲线拟合的方法求出描述线图的经验公式。

1. 线图的公式化处理

齿轮承载能力简化运算时，用到斜齿轮传动的动载荷系数 K_v 值与 $vz_1/100$ 值的关系图(见图 2.5)。在图中标有“7”级精度的直线上取两点，如 $x_1=1$，$y_1=1.05$，$x_2=8$，$y_2=1.38$，代入两点式直线方程

$$\frac{y-y_1}{x-x_1}=\frac{y_2-y_1}{x_2-x_1}$$

整理得

$$y=0.047x+1$$

即

$$K_v=0.047vz_1/100+1$$

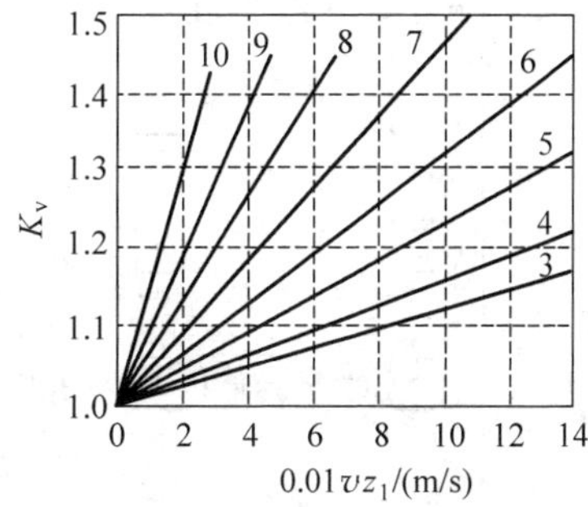

图 2.5　斜齿轮传动的动载荷系数 K_v 值与 $vz_1/100$ 值的关系图

2. 建立经验公式

用数表离散化后进行插值的方法存在以下两个主要缺点：

(1) 有一定误差；

(2) 严格通过所有节点的函数是次数很高的多

项式，求解比较困难，用分段插值虽然可降低插值阶数，但分段后分段曲线的连接点不能保证曲线的光滑连接。

因此，在 CAD 中求出描述线图的经验公式，其代表的曲线不严格过所有节点，而是尽可能反映所给数据点的变化趋势，即要求节点上误差的平方和最小。这种方法称为曲线拟合的最小二乘法。

已知：由图线和试验所得 m 个点的值 (x_i, y_i) 根据散点的分布，设拟合公式为 $y=f(x)$，每个节点的残差值为

$$e_i = f(x_i) - y_i \quad (i = 1,2,\cdots,m)$$

残差的平方和为

$$\sum_{i=1}^{m} e_i^2 = \sum_{i=1}^{m} [f(x_i) - y_i]^2$$

最小二乘法拟合的基本思想就是根据给定的数据组 $(x_i, y_i)(i=1,2,\cdots,m)$，选取近似函数形式，使得

$$\sum_{i=1}^{m} e_i^2 = \sum_{i=1}^{m} [f(x_i) - y_i]^2$$

为最小。

设拟合多项式为

$$y = f(x) = a_0 + a_1 x + a_2 x^2 + \cdots + a_n x^n$$

已知 m 个点的值，且 $m \gg n$，节点误差的平方和为

$$\begin{aligned}\sum_{i=1}^{m} e_i^2 = \sum_{i=1}^{m} [f(x_i) - y_i]^2 &= \sum_{i=1}^{m} [(a_0 + a_1 x_i + a_2 x_i^2 + \cdots + a_n x_i^n) - y_i]^2 \\ &= F(a_0, a_1, \cdots, a_n)\end{aligned}$$

其中，$F(a_0, a_1, \cdots, a_n)$ 表示误差的平方和的函数，为使其值最小，取对各自变量的偏导数等于零，即

$$\frac{\partial F}{\partial a_i} = 0 \quad (i = 0,1,\cdots,n)$$

即

$$\frac{\partial \sum_{i=1}^{m} [(a_0 + a_1 x_i + a_2 x_i^2 + \cdots + a_n x_i^n) - y_i]^2}{\partial a_i} = 0$$

求各偏导数并经整理得

$$\begin{cases} (\sum_{i=1}^{m} x_i^0) a_0 + (\sum_{i=1}^{m} x_i^1) a_1 + (\sum_{i=1}^{m} x_i^2) a_2 + \cdots + (\sum_{i=1}^{m} x_i^n) a_n = \sum_{i=1}^{m} x_i^0 y_i \\ (\sum_{i=1}^{m} x_i^1) a_0 + (\sum_{i=1}^{m} x_i^2) a_1 + (\sum_{i=1}^{m} x_i^3) a_2 + \cdots + (\sum_{i=1}^{m} x_i^{1+n}) a_n = \sum_{i=1}^{m} x_i^1 y_i \\ (\sum_{i=1}^{m} x_i^2) a_0 + (\sum_{i=1}^{m} x_i^3) a_1 + (\sum_{i=1}^{m} x_i^4) a_2 + \cdots + (\sum_{i=1}^{m} x_i^{2+n}) a_n = \sum_{i=1}^{m} x_i^2 y_i \\ \vdots \\ (\sum_{i=1}^{m} x_i^n) a_0 + (\sum_{i=1}^{m} x_i^{n+1}) a_1 + (\sum_{i=1}^{m} x_i^{n+2}) a_2 + \cdots + (\sum_{i=1}^{m} x_i^{2n}) a_n = \sum_{i=1}^{m} x_i^n y_i \end{cases}$$

待求的系数共$(n+1)$个，方程也是$(n+1)$个，因此解此联立方程组，就可求得各系数值。如二次多项式拟合设拟合公式为

$$y = a_0 + a_1 x + a_2 x^2$$

则联立方程组为

$$\begin{cases} m a_0 + \left(\sum_{i=1}^{m} x_i\right) a_1 + \left(\sum_{i=1}^{m} x_i^2\right) a_2 = \sum_{i=1}^{m} y_i \\ \left(\sum_{i=1}^{m} x_i\right) a_0 + \left(\sum_{i=1}^{m} x_i^2\right) a_1 + \left(\sum_{i=1}^{m} x_i^3\right) a_2 = \sum_{i=1}^{m} x_i y_i \\ \left(\sum_{i=1}^{m} x_i^2\right) a_0 + \left(\sum_{i=1}^{m} x_i^3\right) a_1 + \left(\sum_{i=1}^{m} x_i^4\right) a_2 = \sum_{i=1}^{m} x_i^2 y_i \end{cases}$$

2.5　工程数据的数据库管理

2.5.1　数据库系统及管理

数据库数据管理方法是通过数据管理软件，即数据库管理系统(database management system，DBMS)来实现的。数据库管理方法可以克服文件系统的缺点，实现对数据的统一管理、程序与数据的相互分离。

数据库管理系统是基于数据模型构建的，一种 DBMS 通常只支持一种数据模型。数据模型是表示事物及事物间联系的模型，是数据库的逻辑结构。目前，商用 DBMS 的类型通常依据数据模型划分为层次模型、网状模型、关系模型。

1. 层次模型

用树型结构表示实体及实体间联系的数据模型称为层次模型(见图 2.6)。层次模型必须满足：一个节点表示一个实体；无向连线表示实体间联系；有且仅有一个根节点；根以外的节点有且仅有一个父节点。

图 2.6 是用层次模型表示的数据模型。层次模型的特点是结构简单，但实体之间的复杂联系难以处理。

2. 网状模型

用网状结构表示实体及实体间联系的数据模型称为网状模型(见图 2.7)。网状模型必须满足：一个节点表示一个实体；有向连线表示实体间联系；结构间具有任意连接的联系；可以有多个节点无父节点；至少有一个节点有多个父节点。因此网状模型的结构较复杂。

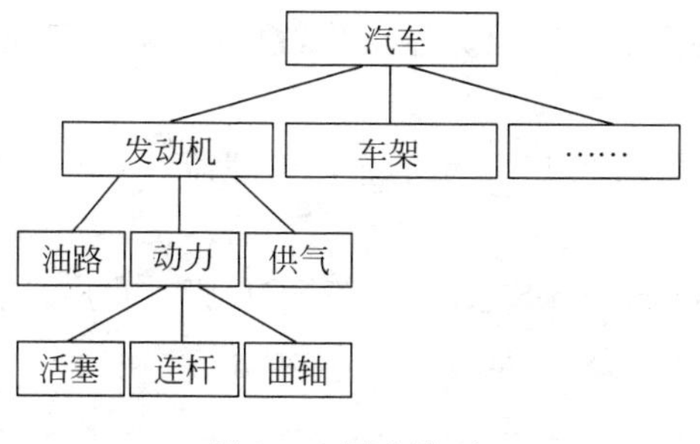

图 2.6　层次模型

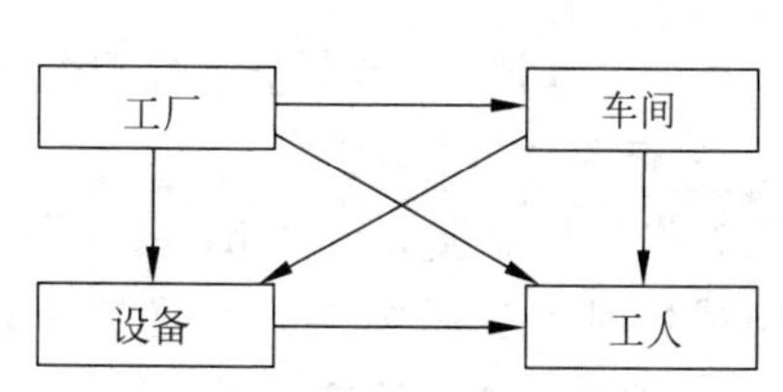

图 2.7　网状模型

3. 关系模型

用二维表格表示实体及实体间联系的数据模型称为关系模型(见图 2.8)。关系中每一行为一个记录,每一列称为数据项或字段。其特点为用关系表示实体及实体间的联系,每个关系至少有一个能唯一标识一个记录的关键字。

学号	姓名	班级	课程	成绩
⋮	⋮	⋮	⋮	⋮

图 2.8 关系模型

关系数据模型结构简单、理论基础严密、数据独立性高,应用广泛。目前较流行的关系型商用数据库有 Oracle、DB2、Microsoft SQL Server、Microsoft Access 等。

2.5.2 Microsoft SQL Server 关系型数据库

1. SQL Server 简介

SQL Server 是一个关系型数据库管理系统。它最初是由 Microsoft、Sybase 和 Ashton-Tate 3 家公司联合开发的,于 1988 年推出了第一个 OS/2 版本,近年来不断更新版本。本节主要针对 SQL Server 2000 进行简单的介绍。

SQL Server 2000 包括 4 个常见版本:

(1) 企业版(enterprise edition),支持所有的 SQL Server 2000 特性,可作为大型 Web 站点、企业 OLTP(联机事务处理)以及数据仓库系统等的产品数据库服务器。

(2) 标准版(standard edition),用于小型的工作组或部门。

(3) 个人版(personal edition),用于单机系统或客户机。

(4) 开发者版(developer edition),用于程序员开发应用程序,这些程序需要 SQL Server 2000 作为数据存储设备。

2. SQL Server 2000 的主要组件

SQL Server 2000 提供了一整套的管理工具和实用程序,使用这些工具和程序,可以设置和管理 SQL Server 进行数据库管理和备份,并保证数据的安全和一致。

下面简要介绍企业管理器和查询分析器。

1) 企业管理器

企业管理器(enterprise manager)是 SQL Server 中最重要的管理工具,在使用 SQL Server 的过程中大部分的时间都是和它打交道。

通过企业管理器可以管理所有的数据库系统工作和服务器工作,也可以调用其他的管理开发工具。

如图 2.9 所示,单击企业管理器菜单,进入如图 2.10 所示的企业管理器。

2) 查询分析器

查询分析器(query analyzer)用于执行 Transaction-SQL 命令等 SQL 脚本程序,以查询分析或处理数据库中的数据,这是一个非常实用的工具,如图 2.11 所示。

3. 结构化查询语言

结构化查询语言(structure query language,SQL)是面向关系数据库操作的语言。

图 2.9 打开企业管理器

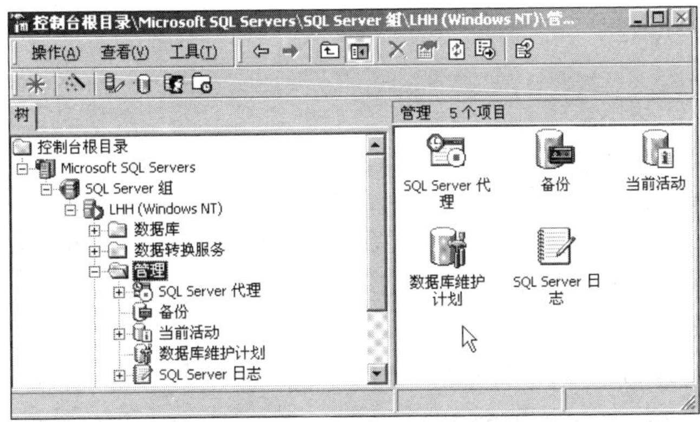

图 2.10 企业管理器

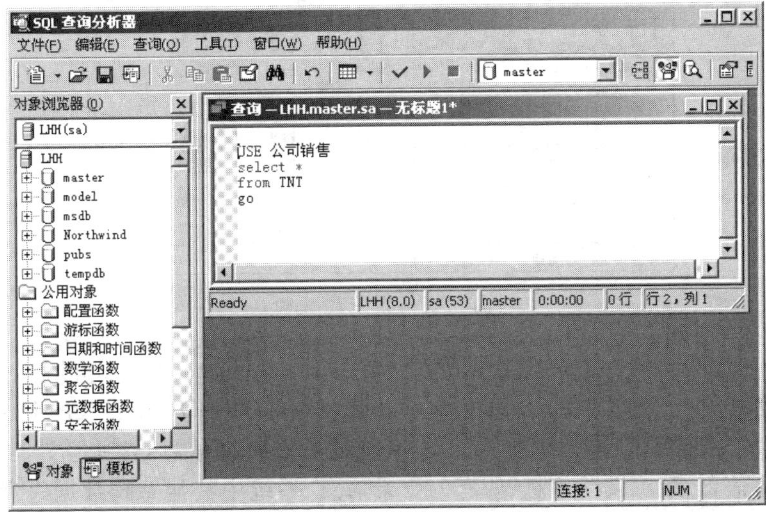

图 2.11 查询分析器

SQL 语言的组成有：

数据定义语言(data definition language，DDL)、数据操作语言(data manipulation language，DML)和数据控制语言(data control language，DCL)。

无论是小型数据库如：FoxPro、Access，还是大型数据库如：Oracle、Sybase、Informix 等，都是基于 SQL 作为查询语言。

SQL 的主要语句有以下 3 种。

(1) 数据操作

SELECT　选择满足要求的数据；

INSERT　插入添加数据；

UPDATE　更新数据；

DELETE　删除数据。

(2) 数据定义

CREATE　创建对象；

ALTER　修改对象；

DROP　删除对象。

(3) 数据控制

GRANT　授予权限；

DENY　拒绝访问；

REVOKE　解除授权。

Transact-SQL 是在关系型数据库管理系统 Microsoft SQL Server 中的 SQL-3 标准的实现，是 Microsoft 公司对 SQL 语言的扩充。

4. 管理数据库

SQL Server 2000 有 4 个系统数据库和两个实例数据库(见图 2.12)。

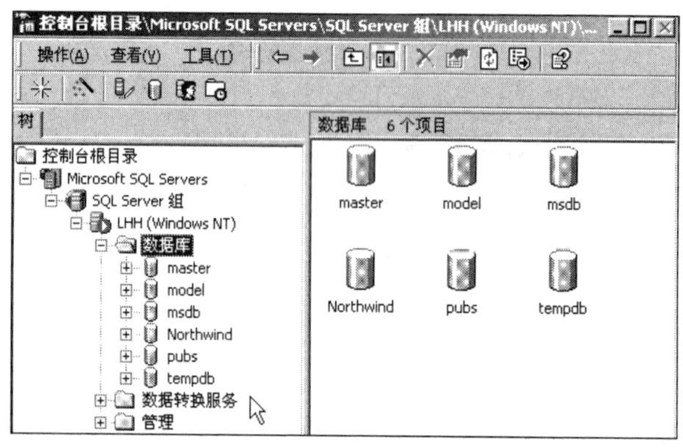

图 2.12　系统数据库

SQL Server 2000 的 4 个系统数据库为 master、model、msdb、tempdb。这些系统数据库的文件存储在 Microsoft SQL Server 默认安装目录的 MSSQL 子目录的 Data 文件夹中。

(1) master 数据库记录了 SQL Server 系统的所有系统信息，这些系统信息包括 SQL Server 初始化信息、系统设置信息、所有的登录信息、系统中其他系统数据库和用户数据库的相关信息、主文件的存放位置等。

(2) model 数据库是所有用户数据库和 tempdb 数据库的创建模板。

(3) msdb 数据库用来存储计划信息以及与备份和还原相关的信息等。

(4) tempdb 数据库用作系统的临时存储空间。

SQL Server 2000 的实例数据库 pubs 和 Northwind 存储在 Microsoft SQL Server 默认安装目录的 MSSQL 子目录的 Data 文件夹中。pubs 实例数据库存储了一个图书出版公司的实例。Northwind 存储了一个公司销售数据实例。

5. 数据库与基本表的创建和管理

1）数据库的创建

SQL Server 的数据库由两种文件组成：数据文件和日志文件。数据文件用于存放数据库数据，日志文件用于存放对数据库数据的操作记录。

数据文件又包括主数据文件和次数据文件，次数据文件用以存放不适合在主数据文件中放置的数据。主数据文件的扩展名是.mdf，每个数据库只能包含一个主数据文件。次数据文件的扩展名是.ndf。日志文件的扩展名为.ldf，它用以存放恢复数据库的日志信息。

在定义数据库的数据文件和日志文件时，可以指定如下属性：

① 文件名及文件的物理存放位置；

② 每个数据文件和日志文件的大小；

③ 可以指定文件是否自动增长，默认配置为自动增长；

④ 最大容量，即指定文件增长的最大容量，默认容量无限制。

接下来可以使用企业管理器来创建数据库，也可以使用 SQL 语句创建数据库。

(1) 使用企业管理器创建数据库

① 启动企业管理器。

② 在控制台上依次单击“Microsoft SQL Servers”和“SQL Server 组”左边的加号，然后单击要创建数据库的服务器左边的加号图标，展开树形目录。

③ 右击“数据库”，然后单击“新建数据库”命令。

④ 在如图 2.13 所示对话框的“名称”文本框中输入数据库名。

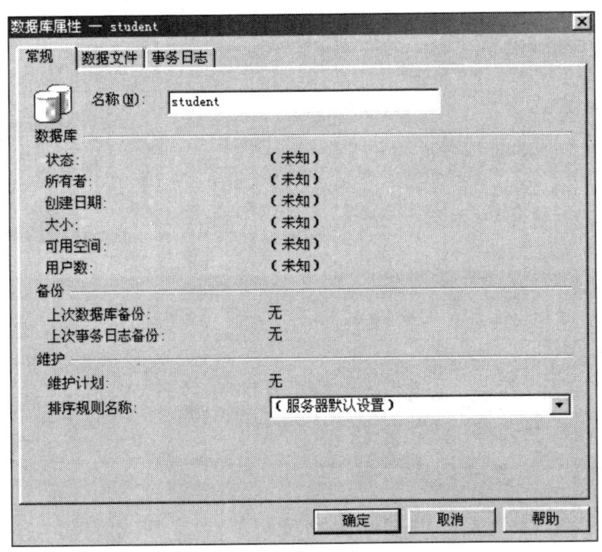

图 2.13　创建数据库名

⑤ 在如图 2.14 所示对话框的“文件名”列表框中输入主数据文件的名称。若要更改数据文件的存储位置，单击“位置”列表框上的按钮。在“初始大小”项上输入希望的大小。如果希望数据库文件的容量能根据实际数据的需要自动增加，可选中“文件属性”部分的“文件自动增长”复选框。

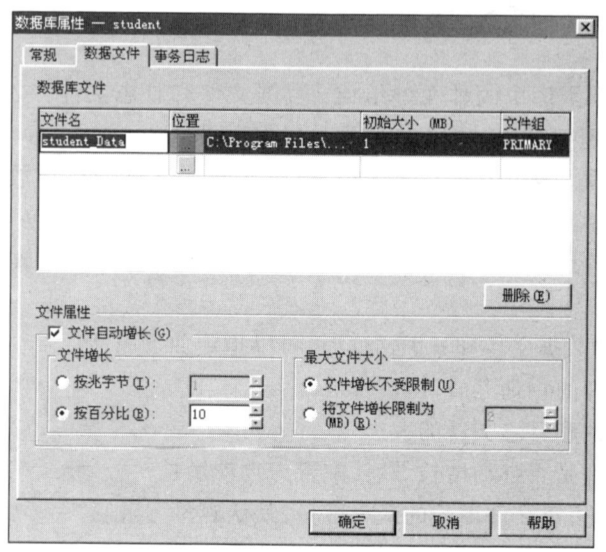

图 2.14 创建数据库文件名

(2) 使用 Transact-SQL 语句创建数据库

格式:

```
CREATE DATABASE 数据库名
[ON
[  <文件格式>[ , …n ]  ]
]
[ LOG  ON {  <文件格式>[ , …n ]  } ]
<文件格式>::=
( [ NAME=逻辑文件名, ]
FILENAME='操作系统下的物理路径和文件名'
[, SIZE=文件初始大小 ]
[, MAXSIZE=文件最大大小 | UNLIMITED ]
[, FILEGROWTH=增量值 ] )  [ ,  …n]
```

2) 基本表的创建与管理

使用企业管理器创建表的步骤如下:

(1) 启动企业管理器,并在"控制台"窗格中展开前面所建的"student 数据库",右击"表"节点,在弹出的菜单中选择"新建表"。

(2) 在"列名"中输入字段的名称。

(3) 在"数据类型"中选择字段的数据类型。

(4) 指定字段的长度。

(5) 指定字段是否允许为空,如果不允许空值,则清除"允许空"列中的复选框。创建后的表格如图 2.15 所示。

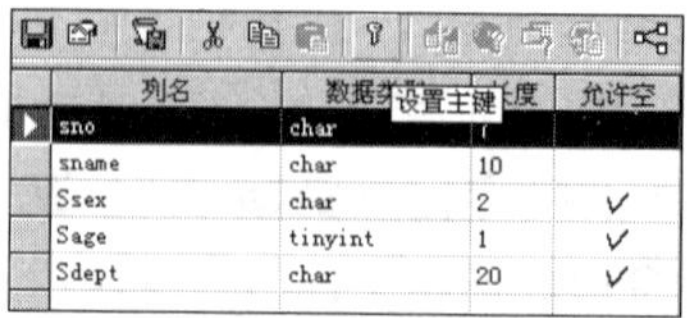

列名	数据类型	长度	允许空
sno	char	[illegible]	
sname	char	10	
Ssex	char	2	✓
Sage	tinyint	1	✓
Sdept	char	20	✓

图 2.15 创建表

3) 表的约束

(1) 主键约束

主键用于唯一识别表中的一条记录。

定义表的主键的步骤如下：

① 选中要定义主键的列，然后单击“设置主键”按钮，设置好主键后，会在列名的左边出现一把小钥匙，标志主键已经创建成功。

② 单击“保存”按钮保存表的定义，在弹出的“选择名称”窗口中输入表的名称(Student)，单击“确定”按钮创建表。

(2) UNIQUE 约束

使用 UNIQUE 约束可以确保在非主键列中不能输入重复的值。

在企业管理器中创建 UNIQUE 约束的步骤为：

① 在表上右击，在弹出的菜单中选“设计表”；单击工具栏上的“索引/键”按钮；

② 单击“新建”按钮，在“列名”下拉列表框中选中要创建 UNIQUE 约束的列，然后选中“创建 UNIQUE”框，并单击“约束”单选按钮。

③ 单击“关闭”按钮关闭此窗口，返回到设计表窗口，在此窗口中单击“保存”按钮，然后关闭此窗口。

6. SQL 查询分析器

查询分析器通过执行 SQL 命令来完成查询等任务。

1) 启动查询分析器

查询分析器启动后首先显示一个登录对话框，如图 2.16 所示。必须登录到某个 SQL Server 服务器后才能执行其他操作。要登录本地服务器，可使用“(local)”作为服务器名称。

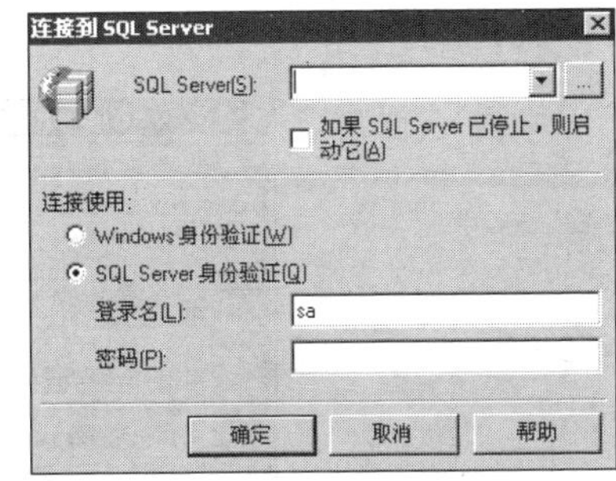

图 2.16　登录查询分析器

接下来，进入查询分析器窗口，如图 2.17 所示。

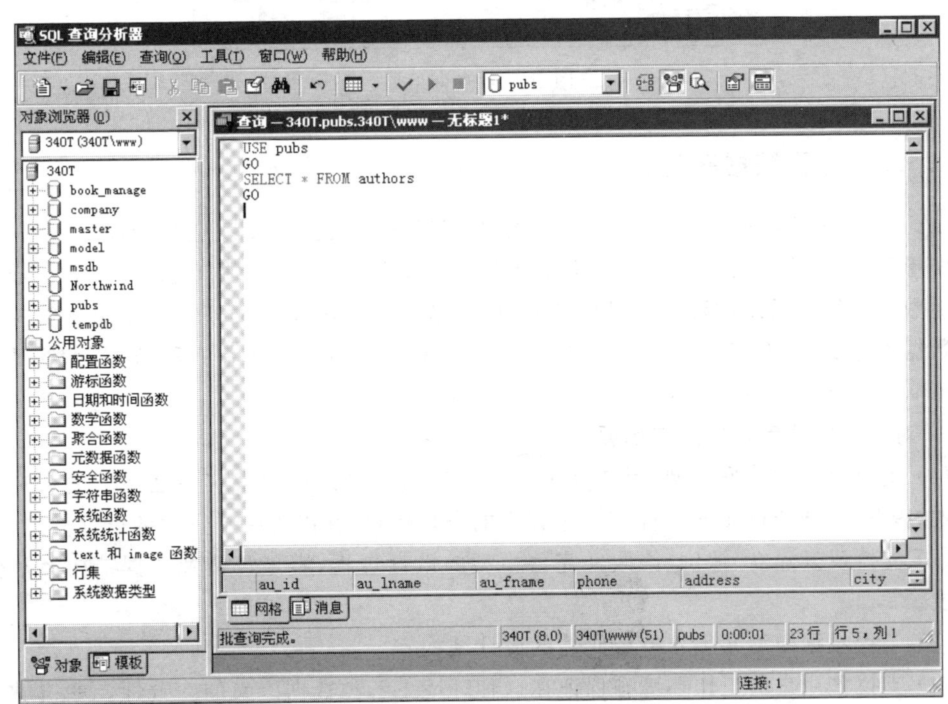

图 2.17　查询分析器窗口

2）查询分析器的基本操作

查询分析器的基本操作包括编辑和执行 SQL 命令、查看查询结果等操作。

选中实例数据库中的 pubs 数据库，使用编辑窗格来编辑和执行 T-SQL 语句，在编辑窗格中输入如下语句：

```
USE pubs
GO
SELECT * FROM authors
GO
```

可以使用如下 3 种方法来执行查询：

(1) 按下 F5 键。

(2) 单击“查询”菜单中的“执行”命令。

(3) 按下工具栏上指向右侧的绿色三角形。

查询结果如图 2.18 所示。

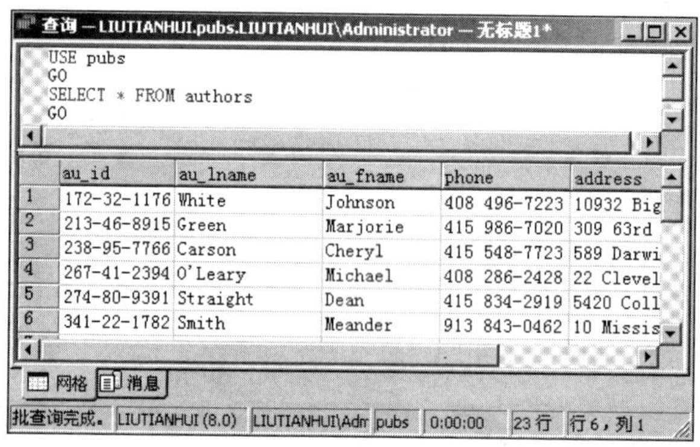

图 2.18　查询结果

2.5.3　工程数据库简介

CAD 是十分复杂的系统，一般包括二维及三维图形数据和设计规范、标准及材料性能等非图形数据，具有十分复杂的数据类型和联系以及大量的工程数据，属动态模式。而商用关系型数据库管理系统的数据类型比较简单，且基本上是静态数据模式。采用一般的商用管理数据库系统并不能完全满足 CAD 作业的需要，因而出现了工程数据库管理系统(engineering data base management system，EDBMS)。

1. 对工程数据库管理系统的要求

(1) 支持复杂的数据类型，反映复杂的数据结构。设计过程中实体之间的关系是复杂多样的，因此，要求 EDBMS 既能支持过程性的设计信息，又能支持描述性的设计信息。

(2) 支持反复建立、评价、修改并完善模型的设计过程，满足数值及数据结构经常变动的需要。

(3) 工程数据模型必须支持层次性的设计结构。

(4) 支持多用户的工作环境并保证在这种环境下各类数据语义的一致性。如机械设计包含机、电、液、控等方面的技术，各类专业人员都可以按自己的观点理解同一数据结构并进行不同的应用。因此，必须提供描述与处理比一般 DBMS 更强的语义约束，以维护数据语义的一致性。

(5) 具有良好的用户界面。应支持交互作业，设计者可以交互方式对工程数据库进行操作、检索和激活某一软件包。同时，应保证系统具有快速的、适时的响应，以满足设计者对数据库的使用和对数据值及数据结构修改的需要。

2. 工程数据库开发的一般方法

(1) 扩充现有商用 DBMS 功能，以满足工程数据管理的需求。

(2) 将图形文件管理应用与商用 DBMS 相结合。

(3) 研究新的数据模型，开发新的工程数据库管理系统，使其满足工程数据管理的要求。

习　　题

1. 简述工程数据的计算机处理方法及各自的优缺点。

2. 分别对表 2.7 所示的固定支承钉数据进行程序化处理和文件化处理。

表 2.7　固定支承钉数据

d	6	8	10	12	16	20
D_1	8	12	16	20	25	30
H_1	6	8	10	12	16	18
D_2	5	7	9	11	15	18
L	15	20	24	30	40	50

3. 用线性插值求表 2.8 中当 $x=1.93$ 处的函数值 y。

表 2.8　已知数据表

x	1.2	1.3	1.4	1.5	1.6	1.8	1.9	2.0
y	0.15	0.34	0.57	0.72	0.95	1.29	1.58	1.94

4. 用 SQL Server 建立一标准零件数据库，并完成查询操作。

第3章　计算机图形处理基础

一个计算机图形系统具有计算、存储、输入、输出、交互等基本功能，各功能关系如图3.1所示。

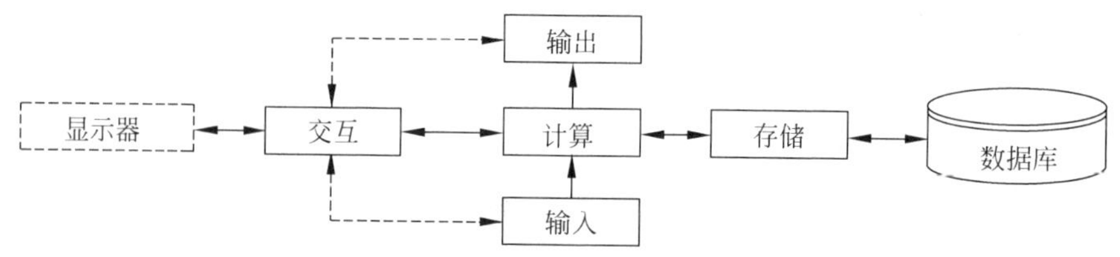

图3.1　图形系统基本功能框图

图形的基本处理流程如下：

(1) 利用图形输入设备将图形输入到计算机中；

(2) 对图形进行各种变换(如几何变换、投影变换)和运算(如图形的并、交、差运算等)；

(3) 将图形转换成图形输出系统接受的表示形式输出。

在计算机图形学中，图形从输入到输出贯穿着各种变换。在图形显示过程中，用户需对图形进行平移、放大、旋转等基本的几何变换操作。图形的平移、放大、旋转、缩放、镜像、错切等从数学上看都是几何性质的"变换"，故又称为图形的几何变换。另外，图形的计算机二维屏幕显示需要利用投影变换；绘图过程中需要以窗口来选择显示的内容，用视区来规定在图形屏幕上显示的位置；显示在视区的图形需要经过裁剪，消除隐藏线、隐藏面等处理。

图形的几何变换是计算机绘图技术的数学基础，它不仅提供了产生某些图形的可能，而且还可以使绘图程序简单化。特别是图形具有一定规律性，一个图形可以由另一个图形通过一定的变换来实现。目前，较为完善的绘图软件，都包含有关图形几何变换的一些功能。

从图形类型来分，有二维平面图形的几何变换，三维立体的几何变换，以及三维立体向二维平面投影变换等。

从变换性质分，有平移、变比例、旋转、反射和错切等基本变换，正投影变换、轴测投影变换和透视投影变换等复合变换。

计算机绘图是用形、数结合的方法，对所绘图形建立数学模型。简单地说，图形就是点线的结合。图形中每个点都有一个位置坐标，平面图形中的点组成点集坐标矩阵，在一定的拓扑关系下对应某个图形。因此，图形的几何变换可以通过与之对应的矩阵变换来实现。

3.1　二维图形的坐标变换

在二维显示屏幕内一点P的坐标可以用一个行向量$[x\quad y]$或列向量$\begin{bmatrix}x\\y\end{bmatrix}$表示。对于二维平面的一幅图形，可以用一个平面上顺次排列的点集来表示，每个点对应一个行向量或

列向量，将这些向量集合成 $n\times2$ 矩阵的形式，即表示为

$$\begin{bmatrix} x_1 & y_1 \\ x_2 & y_2 \\ \vdots & \vdots \\ x_n & y_n \end{bmatrix}$$

它对应于图形的数学模型。矩阵运算方法就是将变换前的各点行向量矩阵$[x\quad y]$乘以相应的变换矩阵 $\boldsymbol{T}$，得到变化后各点的新行向量矩阵$[x_i^*\quad y_i^*]$。

1. 点的变换

将 P 点矩阵$[x\quad y]$与一个 2×2 矩阵$\begin{bmatrix} a & b \\ c & d \end{bmatrix}$相乘，结果为

$$\boldsymbol{p}^* = \boldsymbol{p}\cdot\boldsymbol{T} = [x\quad y]\begin{bmatrix} a & b \\ c & d \end{bmatrix} = [ax+cy\quad bx+dy] = [x^*\quad y^*]$$

由上式分析可知，变换后的新坐标由变换矩阵中元素 a、b、c、d 确定。

1）比例变换

当变换矩阵为 $\boldsymbol{T}=\begin{bmatrix} a & 0 \\ 0 & d \end{bmatrix}$时，$[x\quad y]\begin{bmatrix} a & 0 \\ 0 & d \end{bmatrix}=[ax\quad dy]=[x^*\quad y^*]$，即

$$x^* = ax,\quad y^* = dy$$

其中，a 和 d 分别为 x，y 方向的比例因子。

若 $a=d=1$，则变换结果为

$$[x\quad y]\begin{bmatrix} 1 & 0 \\ 0 & 1 \end{bmatrix} = [x\quad y] = [x^*\quad y^*]$$

即变换前后点的坐标不变，故图形不变，这种变换称为恒等变换。

若，$a=d>0$，则为等比例变化；若 $a\neq d$，则图形失真。

2）镜像变换（见图 3.2）

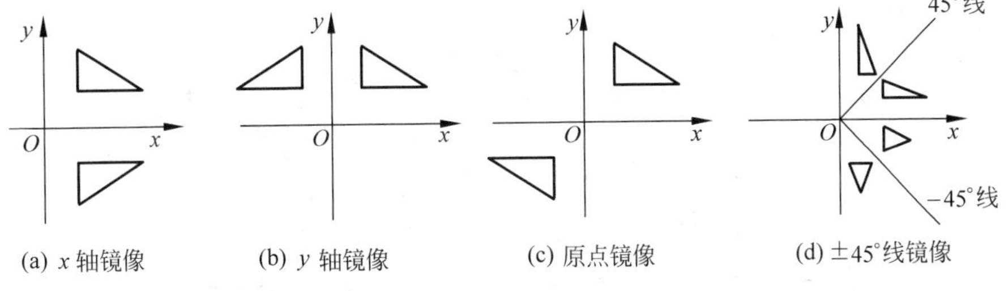

(a) x 轴镜像　(b) y 轴镜像　(c) 原点镜像　(d) ±45°线镜像

图 3.2　镜像变换

对 x 轴镜像，变换矩阵为

$$\boldsymbol{T} = \begin{bmatrix} 1 & 0 \\ 0 & -1 \end{bmatrix}$$

则

$$[x\quad y]\begin{bmatrix} 1 & 0 \\ 0 & -1 \end{bmatrix} = [x\quad -y] = [x^*\quad y^*]$$

对 y 轴镜像，变换矩阵为

$$\boldsymbol{T}=\begin{bmatrix}-1 & 0\\ 0 & 1\end{bmatrix}$$

则

$$[x\quad y]\begin{bmatrix}-1 & 0\\ 0 & 1\end{bmatrix}=[-x\quad y]=[x^{*}\quad y^{*}]$$

对坐标原点镜像，变换矩阵为

$$\boldsymbol{T}=\begin{bmatrix}-1 & 0\\ 0 & -1\end{bmatrix}$$

则

$$[x\quad y]\begin{bmatrix}-1 & 0\\ 0 & -1\end{bmatrix}=[-x\quad -y][x^{*}\quad y^{*}]$$

对 45°线镜像，变换矩阵为

$$\boldsymbol{T}=\begin{bmatrix}0 & 1\\ 1 & 0\end{bmatrix}$$

则

$$[x\quad y]\begin{bmatrix}0 & 1\\ 1 & 0\end{bmatrix}=[y\quad x]=[x^{*}\quad y^{*}]$$

对－45°线镜像，变换矩阵为

$$\boldsymbol{T}=\begin{bmatrix}0 & -1\\ -1 & 0\end{bmatrix}$$

则

$$[x\quad y]\begin{bmatrix}0 & -1\\ -1 & 0\end{bmatrix}=[-y\quad -x]=[x^{*}\quad y^{*}]$$

3）错切变换（见图 3.3）

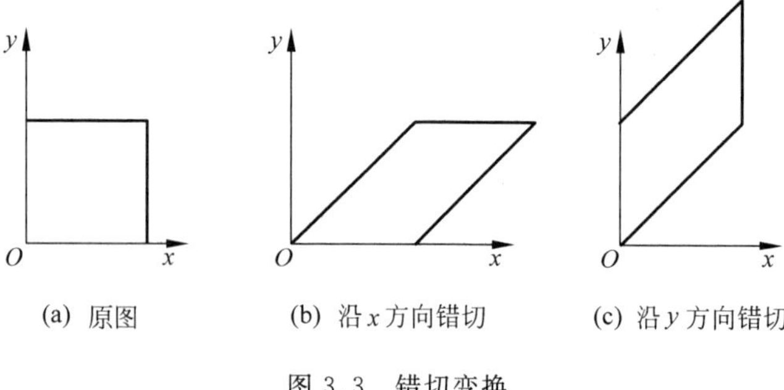

(a) 原图　(b) 沿 x 方向错切　(c) 沿 y 方向错切

图 3.3　错切变换

（1）沿 x 方向错切：$b=0,c\neq0,a=d=1$

$$[x\quad y]\begin{bmatrix}1 & b\\ 0 & 1\end{bmatrix}=[x+cy\quad y]=[x^{*}\quad y^{*}]$$

特点：y 坐标不变，x 坐标变为 x、y 的线性函数。

(2) 沿 y 方向错切：$c=0, b\neq 0, a=d=1$

$$[x \quad y]\begin{bmatrix}1 & b\\0 & 1\end{bmatrix}=[x \quad bx+y]=[x^* \quad y^*]$$

特点：x 坐标不变，y 坐标变为 x、y 的线性函数。

4) 旋转变换

图形的旋转是指绕坐标原点旋转 θ 角，且逆时针为正，顺时针为负，比例不变。P 点绕原点旋转一个 θ 角，到达 P' 点，设 $R=OP=OP'$，如图 3.4 所示，则有

$$\begin{aligned}x^* &= R\cos(\alpha+\theta) = R\cos\alpha\cos\theta - R\sin\theta\sin\alpha\\&= x\cos\theta - y\sin\theta\\y^* &= R\sin(\alpha+\theta) = R\cos\alpha\sin\theta + R\sin\alpha\cos\theta\\&= x\sin\theta + y\cos\theta\end{aligned}$$

则旋转变换矩阵为

$$\boldsymbol{T}=\begin{bmatrix}\cos\theta & \sin\theta\\-\sin\theta & \cos\theta\end{bmatrix}$$

例如，三角形 ABC 3 个顶点的坐标分别为 $A(30,10)$、$B(60,10)$、$C(60,30)$，该三角形绕原点逆时针旋转 30°，旋转变换如下：

$$\begin{matrix}A\\B\\C\end{matrix}\begin{bmatrix}30 & 10\\60 & 10\\60 & 30\end{bmatrix}\begin{bmatrix}\cos 30^\circ & \sin 30^\circ\\-\sin 30^\circ & \cos 30^\circ\end{bmatrix}=\begin{bmatrix}20.98 & 23.66\\46.96 & 38.66\\36.46 & 55.98\end{bmatrix}\begin{matrix}A^*\\B^*\\C^*\end{matrix}$$

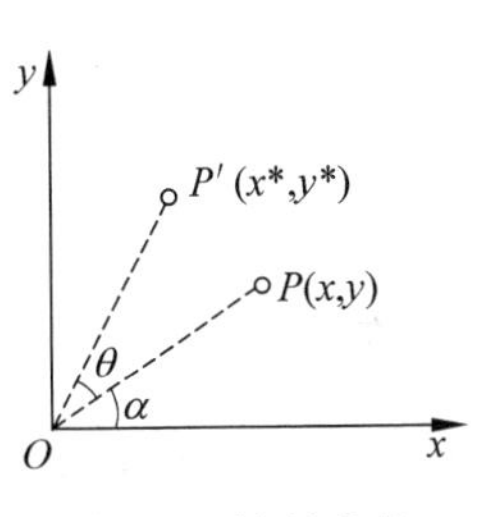

图 3.4　旋转变换

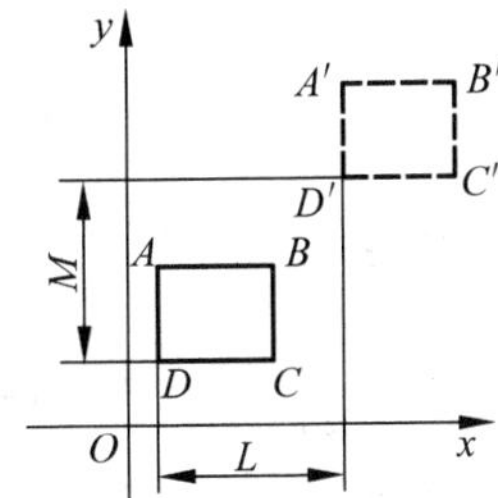

图 3.5　平移变换

5) 平移变换

一个点 $D(x,y)$ 沿 x 向移动 L，沿 y 向移动 M 到 (x^*, y^*)，如图 3.5 所示，则 D' 点坐标为

$$\begin{aligned}x^* &= x+L\\y^* &= y+M\end{aligned}$$

变换矩阵 $\boldsymbol{T}=\begin{bmatrix}a & b\\c & d\end{bmatrix}$，无论 a,b,c,d 取何值，都无法获得平移变换的结果。即用 2 行 2 列的变换矩阵不能实现图形的平移变换，这就需要使用图形的齐次坐标。

为了进行平移变换，要给二维点的位置矢量增加一个附加坐标，使之成为三维行向量 $[x \quad y \quad 1]$，即用点的齐次坐标表示。令 D 点增加一个附加坐标，使其成为三维点 $(x,y,1)$，为使变换后的点 D' 也成为带有附加坐标的三维点 $(x^*,y^*,1)$，则变换矩阵为 3×3 矩阵即

$$T=\begin{bmatrix}1 & 0 & 0\\0 & 1 & 0\\l & m & 1\end{bmatrix}$$

则有

$$[x^* \quad y^* \quad 1]=[x \quad y \quad 1]\begin{bmatrix}1 & 0 & 0\\0 & 1 & 0\\l & m & 1\end{bmatrix}=[x+l \quad y+m \quad 1]$$

2. 齐次坐标与齐次变换矩阵

1）齐次坐标

齐次坐标是将一个 n 维空间的点用 $n+1$ 维坐标来表示。如在直角坐标系中，二维点 $[x \quad y]$ 的齐次坐标通常用三维坐标 $[H_x \quad H_y \quad H]$ 表示，一个三维点 $[x \quad y \quad z]$ 的齐次坐标通常用四维坐标 $[H_x \quad H_y \quad H_z \quad H]$ 表示。在齐次坐标系中，最后一维坐标 H 称为比例因子。在一般使用中，H 为 1 的坐标称为规范化的齐次坐标，H 不为 1 的坐标称为非规范化的齐次坐标。只有当 $H=1$ 时，二维点的齐次坐标的坐标值才与二维坐标的 x,y 值相等，二维直角坐标与其齐次坐标的关系为

$$x=H_x/H$$
$$y=H_y/H$$

2）齐次变换矩阵

引入齐次坐标后，二维图形的变换矩阵的形式为

$$T=\left[\begin{array}{cc:c}a & b & p\\c & d & q\\\hdashline l & m & s\end{array}\right]$$

将变换矩阵 T 分成 4 块，各部分功能分别如下：

（1）2×2 矩阵 $\begin{bmatrix}a & b\\c & d\end{bmatrix}$，可以实现图形的比例、对称、错切、旋转等基本变换；

（2）1×2 矩阵 $[l \quad m]$，可以实现图形的平移，l,m 分别为 x,y 向的平移量；

（3）2×1 矩阵 $\begin{bmatrix}p\\q\end{bmatrix}$，可以实现图形的透视变换；

（4）$[s]$ 使图形产生全比例变换，如

$$[x \quad y \quad 1]\begin{bmatrix}1 & 0 & 0\\0 & 1 & 0\\0 & 0 & s\end{bmatrix}=[x \quad y \quad s]$$

转换为规范化的齐次坐标，二维直角坐标如下：

$$x^*=\frac{x}{s},\quad y^*=\frac{y}{s}$$

若 $s>1$，图形等比例缩小；若 $0<s<1$，图形等比例放大；若 $s=1$，图形恒等变换。

3. 二维复合变换

实际应用中，一个复杂的变换往往是经过多次基本变换后的结果，这种由两个以上基本变换构成的变换称为复合变换。设各次变换的变换矩阵分别为 T_1，T_2，…，T_n，则复合变换

矩阵是各次变换矩阵的连乘积。

例　当图形要对画面中的某一点 $p_0(x_0,y_0)$作放大时，可通过如下 3 种基本变换复合而成。

(1) 假想将变换中心平移到坐标原点(使变换中心点 $p_0(x_0,y_0)$与坐标原点重合)：

$$\boldsymbol{T}_1=\begin{bmatrix}1 & 0 & 0\\ 0 & 1 & 0\\ -x_0 & -y_0 & 1\end{bmatrix}$$

(2) 图形以原点为中心作放大：

$$\boldsymbol{T}_2=\begin{bmatrix}s_x & 0 & 0\\ 0 & s_y & 0\\ 0 & 0 & 1\end{bmatrix}$$

(3) 将变换中心再平移回原来的位置：

$$\boldsymbol{T}_3=\begin{bmatrix}1 & 0 & 0\\ 0 & 1 & 0\\ x_0 & y_0 & 1\end{bmatrix}$$

则以点(x_0,y_0)为中心，放大系数分别为 s_x、s_y 的复合变换矩阵为

$$\boldsymbol{T}=\boldsymbol{T}_1\cdot\boldsymbol{T}_2\cdot\boldsymbol{T}_3=\begin{bmatrix}s_x & 0 & 0\\ 0 & s_y & 0\\ x_0(1-s_x) & y_0(1-s_y) & 1\end{bmatrix}$$

同理，当图形绕坐标原点以外的任意点(x_0,y_0)作旋转时，也可以通过 3 种基本变换复合而成，即将旋转中心平移到坐标原点，其变换矩阵为 $\boldsymbol{T}_1$；然后使图形绕坐标原点旋转 α 角，变换矩阵为 $\boldsymbol{T}_2$；最后将旋转中心平移回原来的位置，其变换矩阵为 $\boldsymbol{T}_3$。则绕坐标原点以外的任意点旋转 α 角的复合变换矩阵为

$$\boldsymbol{T}=\boldsymbol{T}_1\cdot\boldsymbol{T}_2\cdot\boldsymbol{T}_3=\begin{bmatrix}\cos\alpha & \sin\alpha & 0\\ -\sin\alpha & \cos\alpha & 0\\ x_0(1-\cos\alpha)+y_0\sin\alpha & -x_0\sin\alpha+y_0(1-\cos\alpha) & 1\end{bmatrix}$$

进行复合变换时，特别需要注意的是变换顺序对图形的影响。复合变换是通过基本变换组合而成的，而矩阵的乘法不满足交换律，即：$\boldsymbol{AB}\neq\boldsymbol{BA}$。因此，复合变换的顺序一般是不能颠倒的，顺序不同，则变换的结果亦不同，如图 3.6 所示。

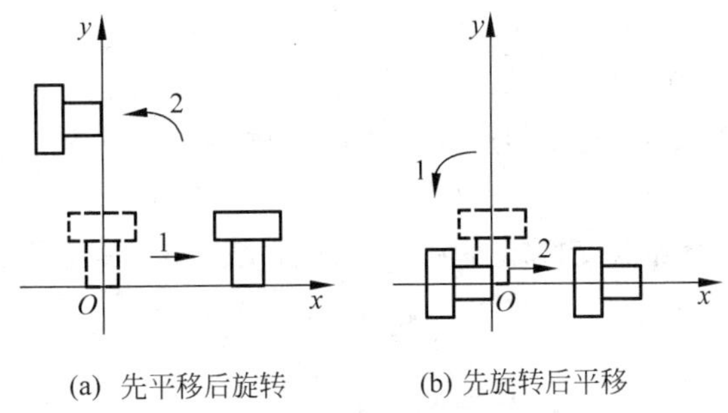

图 3.6　复合变换顺序的影响

3.2 三维图形的坐标变换

三维图形变换和二维图形的几何变换方法一样，是对二维图形坐标变换的扩展。三维点用齐次坐标表示为$[x \quad y \quad z \quad 1]$，变换的原理还是将齐次坐标点通过变换矩阵 $\boldsymbol{T}$，变换成新的齐次坐标点$(x^*, y^*, z^*, 1)$。三维齐次变换矩阵用 4×4 矩阵表示如下：

$$\left[\begin{array}{ccc:c} a & b & c & p \\ d & e & f & q \\ h & i & j & r \\ \hdashline l & m & n & s \end{array}\right]$$

变换矩阵 $\boldsymbol{T}$ 分成 4 块，各部分功能分别如下：

(1) 3×3 矩阵$\begin{bmatrix} a & b & c \\ d & e & f \\ h & i & j \end{bmatrix}$，可以实现图形的比例、对称、错切、旋转等基本变换；

(2) 1×3 矩阵$[l \quad m \quad n]$，可以实现图形的平移，l、m、n 分别为 x、y、z 向的平移量；

(3) 3×1 矩阵$\begin{bmatrix} p \\ q \\ r \end{bmatrix}$，可以实现图形的透视变换；

(4) $[s]$，使图形产生全比例变换。

3.2.1 三维基本变换

1. 比例变换

比例变换的齐次变换矩阵为

$$\boldsymbol{T} = \begin{bmatrix} a & 0 & 0 & 0 \\ 0 & e & 0 & 0 \\ 0 & 0 & j & 0 \\ 0 & 0 & 0 & 1 \end{bmatrix}$$

则空间一齐次坐标点 $P[x \quad y \quad z \quad 1]$的变换如下：

$$[x \quad y \quad z \quad 1]\begin{bmatrix} a & 0 & 0 & 0 \\ 0 & e & 0 & 0 \\ 0 & 0 & j & 0 \\ 0 & 0 & 0 & 1 \end{bmatrix} = [ax \quad ey \quad jz \quad 1] = [x^* \quad y^* \quad z^* \quad 1]$$

主对角线上的元素 a、e、j 改变图形的 x 方向比例、y 方向比例、z 方向比例。

2. 错切变换

三维错切变换的一般齐次变换矩阵为

$$\boldsymbol{T} = \begin{bmatrix} 1 & b & c & 0 \\ d & 1 & f & 0 \\ h & i & 1 & 0 \\ 0 & 0 & 0 & 1 \end{bmatrix}$$

则空间一齐次坐标点 $P[x \quad y \quad z \quad 1]$的变换如下：

$$[x \quad y \quad z \quad 1]\cdot\begin{bmatrix}1 & b & c & 0\\ d & 1 & f & 0\\ h & i & 1 & 0\\ 0 & 0 & 0 & 1\end{bmatrix}=[x+dy+hz \quad bx+y+iz \quad cx+fy+z \quad 1]$$

$$=[x^* \quad y^* \quad z^* \quad 1]$$

平面图形沿 x 向错切，变换矩阵如下：

$$\boldsymbol{T}=\begin{bmatrix}1 & 0 & 0 & 0\\ d & 1 & 0 & 0\\ h & 0 & 1 & 0\\ 0 & 0 & 0 & 1\end{bmatrix}$$

平面图形沿 y 向错切，变换矩阵如下：

$$\boldsymbol{T}=\begin{bmatrix}1 & b & 0 & 0\\ 0 & 1 & 0 & 0\\ 0 & i & 1 & 0\\ 0 & 0 & 0 & 1\end{bmatrix}$$

平面图形沿 z 向错切，变换矩阵如下：

$$\boldsymbol{T}=\begin{bmatrix}1 & 0 & c & 0\\ 0 & 1 & f & 0\\ 0 & 0 & 1 & 0\\ 0 & 0 & 0 & 1\end{bmatrix}$$

3. 镜像变换

(1) 对 xOy 平面镜像变换的一般齐次变换矩阵为

$$\boldsymbol{T}=\begin{bmatrix}1 & 0 & 0 & 0\\ 0 & 1 & 0 & 0\\ 0 & 0 & -1 & 0\\ 0 & 0 & 0 & 1\end{bmatrix}$$

(2) 对 xOz 平面镜像变换的一般齐次变换矩阵为

$$\boldsymbol{T}=\begin{bmatrix}1 & 0 & 0 & 0\\ 0 & -1 & 0 & 0\\ 0 & 0 & 1 & 0\\ 0 & 0 & 0 & 1\end{bmatrix}$$

(3) 对 yOz 平面镜像变换的一般齐次变换矩阵为

$$\boldsymbol{T}=\begin{bmatrix}-1 & 0 & 0 & 0\\ 0 & 1 & 0 & 0\\ 0 & 0 & 1 & 0\\ 0 & 0 & 0 & 1\end{bmatrix}$$

4. 平移变换

平移变换的一般齐次变换矩阵为

$$T=\begin{bmatrix}1&0&0&0\\0&1&0&0\\0&0&1&0\\l&m&n&1\end{bmatrix}$$

则空间一齐次坐标点 $P[x\quad y\quad z\quad 1]$的变换如下：

$$[x\quad y\quad z\quad 1]\begin{bmatrix}1&0&0&0\\0&1&0&0\\0&0&1&0\\l&m&n&1\end{bmatrix}=[x+l\quad y+m\quad z+n\quad 1]=[x^*\quad y^*\quad z^*\quad 1]$$

5. 旋转变换

三维旋转变换是将空间对象绕某一轴旋转一个角度 θ,θ 角的正负根据右手定则确定，右手大拇指的方向指向旋转轴的正向，其余四指的指向为 θ 角的正向。

1）绕 x 轴旋转变换

空间上的立体绕 x 轴旋转时，立体上各点的 x 坐标不变，只是 y、z 坐标发生相应的变化。P 点绕原点旋转一个 θ 角，到达 P' 点，设 $R=OP=OP'$，如图 3.7 所示，则有

$x^*=x$

$y^*=R\cos(\alpha+\theta)=R\cos\alpha\cos\theta-R\sin\theta\sin\alpha=y\cos\theta-z\sin\theta$

$z^*=R\cdot\sin(\alpha+\theta)=R\cos\alpha\sin\theta+R\sin\alpha\cos\theta=y\sin\theta+z\cos\theta$

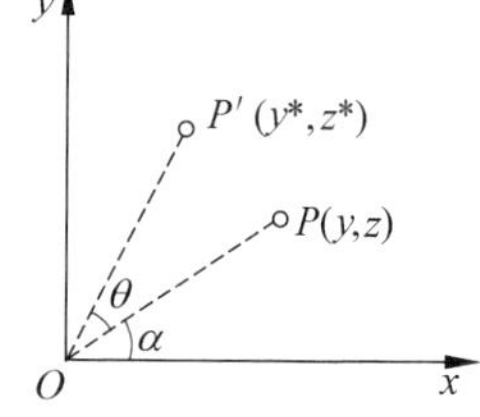

图 3.7　绕 x 轴旋转变换

平移变换的一般齐次变换矩阵为

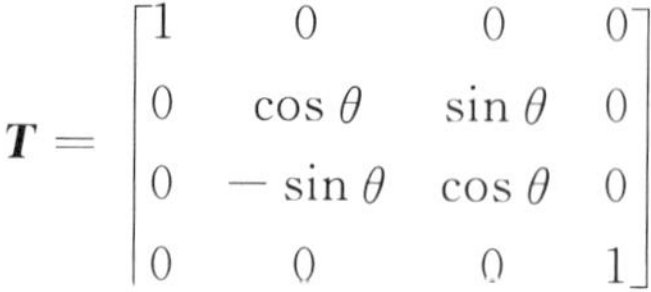

$$T=\begin{bmatrix}1&0&0&0\\0&\cos\theta&\sin\theta&0\\0&-\sin\theta&\cos\theta&0\\0&0&0&1\end{bmatrix}$$

2）绕 y 轴旋转变换

此时，y 坐标不变，x，z 坐标相应变化。

平移变换的一般齐次变换矩阵为

$$T=\begin{bmatrix}\cos\theta&0&-\sin\theta&0\\0&1&0&0\\\sin\theta&0&\cos\theta&0\\0&0&0&1\end{bmatrix}$$

3）绕 z 轴旋转变换

此时，z 坐标不变，x，y 坐标相应变化。

平移变换的一般齐次变换矩阵为

$$T=\begin{bmatrix}\cos\theta&\sin\theta&0&0\\-\sin\theta&\cos\theta&0&0\\0&0&1&0\\0&0&0&1\end{bmatrix}$$

例　某长方体各顶点坐标为 $A(5,0,0)$、$B(5,3,0)$、$C(0,3,0)$、$D(0,0,0)$、$E(5,0,2)$、$F(5,3,2)$、$G(0,3,2)$、$H(0,0,2)$，将该长方体沿 x 方向平移 5，沿 y 方向平移 8，沿 z 方向平

移 12,如图 3.8 所示。变换结果如下：

$$\begin{matrix} A \\ B \\ C \\ D \\ E \\ F \\ G \\ H \end{matrix}\begin{bmatrix} 5 & 0 & 0 & 1 \\ 5 & 3 & 0 & 1 \\ 0 & 3 & 0 & 1 \\ 0 & 0 & 0 & 1 \\ 5 & 0 & 2 & 1 \\ 5 & 3 & 2 & 1 \\ 0 & 3 & 2 & 1 \\ 0 & 0 & 2 & 1 \end{bmatrix}\begin{bmatrix} 1 & 0 & 0 & 0 \\ 0 & 1 & 0 & 0 \\ 0 & 0 & 1 & 0 \\ 5 & 8 & 12 & 1 \end{bmatrix}=\begin{bmatrix} 10 & 8 & 12 & 1 \\ 10 & 11 & 12 & 1 \\ 5 & 11 & 12 & 1 \\ 5 & 8 & 12 & 1 \\ 10 & 8 & 14 & 1 \\ 10 & 11 & 14 & 1 \\ 5 & 11 & 14 & 1 \\ 5 & 8 & 14 & 1 \end{bmatrix}\begin{matrix} A^* \\ B^* \\ C^* \\ D^* \\ E^* \\ F^* \\ G^* \\ H^* \end{matrix}$$

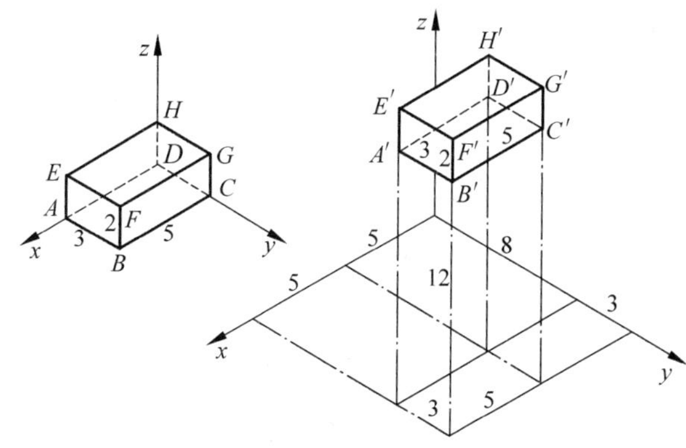

图 3.8　平移变换

3.2.2　三维复合变换

三维复合变换是指图形作一次以上的变换,其变换结果是每次变换矩阵的相乘。通过三维复合变换矩阵,可以实现三维实体的较复杂的变换。

设三维空间中有一条任意直线,它由直线上一点 P 和沿直线方向的单位方向向量 $\boldsymbol{n}(a,b,c)$确定。已知 P 点坐标为(x_0,y_0,z_0),以该直线为旋转轴旋转 θ 角,其实现步骤如下所述。

步骤(1)：把点 $P(x_0,y_0,z_0)$移至原点,如图 3.9 所示。

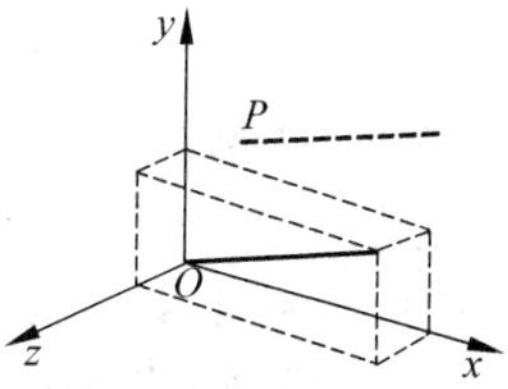

步骤(1)的变换矩阵为

$$\boldsymbol{T}_1=\begin{bmatrix} 1 & 0 & 0 & 0 \\ 0 & 1 & 0 & 0 \\ 0 & 0 & 1 & 0 \\ -x_0 & -y_0 & -z_0 & 1 \end{bmatrix}$$

图 3.9　复合变换步骤(1)

步骤(2)：绕 x 轴旋转 ϕ 角,使直线与 xOz 平面重合,设 $v=(b^2+c^2)^{1/2}$,则变换矩阵为

$$\boldsymbol{T}_2=\begin{bmatrix} 1 & 0 & 0 & 0 \\ 0 & \frac{c}{v} & \frac{b}{v} & 0 \\ 0 & -\frac{b}{v} & \frac{c}{v} & 0 \\ 0 & 0 & 0 & 1 \end{bmatrix}$$

步骤(3)：绕 y 轴旋转 α 角，使直线与 z 轴重合，此刻 n'' 的坐标为 $(a,0,v)$，设 $d=(a^2+b^2+c^2)^{1/2}$，则变换矩阵为

$$\boldsymbol{T}_3=\begin{bmatrix} v/d & 0 & a/d2 & 0 \\ 0 & 1 & 0 & 0 \\ -a/d2 & 0 & v/d & 0 \\ 0 & 0 & 0 & 1 \end{bmatrix}$$

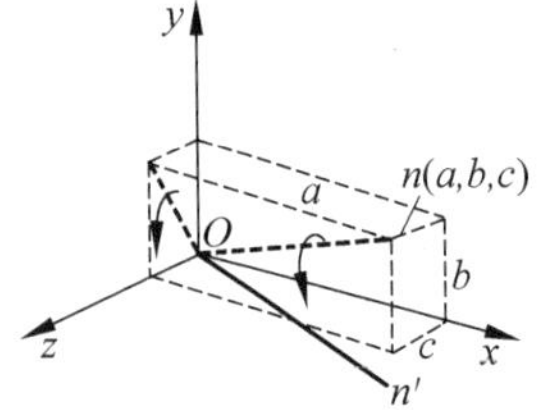

图 3.10　复合变换步骤(2)

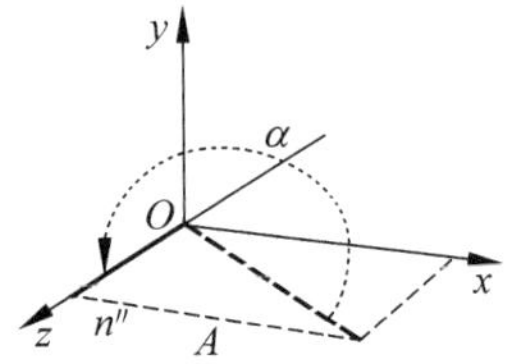

图 3.11　复合变换步骤(3)

步骤(4)：绕 z 轴旋转 θ 角，变换矩阵为

$$\boldsymbol{T}_4=\begin{bmatrix} \cos\theta & \sin\theta & 0 & 0 \\ -\sin\theta & \cos\theta & 0 & 0 \\ 0 & 0 & 1 & 0 \\ 0 & 0 & 0 & 1 \end{bmatrix}$$

步骤(5)：执行步骤(3)的逆变换，变换矩阵为 $\boldsymbol{T}_5$；

步骤(6)：执行步骤(2)的逆变换，变换矩阵为 $\boldsymbol{T}_6$；

步骤(7)：执行步骤(1)的逆变换，变换矩阵为 $\boldsymbol{T}_7$。

因此，绕直线旋转 θ 角的旋转的复合变换矩阵为

$$\boldsymbol{T}=\boldsymbol{T}_1\boldsymbol{T}_2\boldsymbol{T}_3\boldsymbol{T}_4\boldsymbol{T}_5\boldsymbol{T}_6\boldsymbol{T}_7$$

3.3　三维图形变换的应用

正投影可分为三视图变换和正轴测变换。当投影面与某一坐标轴垂直时，得到的投影为三视图(见图 3.12)；否则，得到的投影为正轴测图。

正投影变换可得到国家标准规定的 6 个基本视图——主视图、俯视图、左视图、右视图、仰视图和后视图。

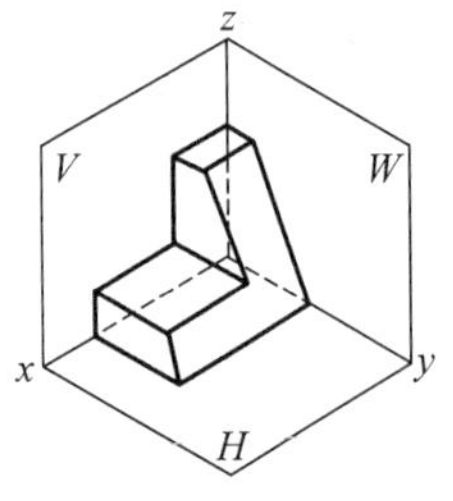

图 3.12　三视图模型

1. 主视图变换矩阵

将三维形体向 xOz 面(又称 V 面)作垂直投影，于是得到主视图。主视图变换矩阵为

$$\boldsymbol{T}_V=\begin{bmatrix} 1 & 0 & 0 & 0 \\ 0 & 0 & 0 & 0 \\ 0 & 0 & 1 & 0 \\ 0 & 0 & 0 & 1 \end{bmatrix}$$

2. 俯视图变换矩阵

三维形体向 xOy 面(又称 H 面)作垂直投影，再按右手系使 H 面绕 x 轴旋转 $-90°$，然

后使 H 面沿 z 方向平移一段距离 $-n(n>0)$，以使 V、H 投影保持一定间距。于是俯视图的投影变换矩阵为 3 个矩阵的乘积：

$$\boldsymbol{T}_H=\begin{bmatrix}1&0&0&0\\0&1&0&0\\0&0&0&0\\0&0&0&1\end{bmatrix}\begin{bmatrix}1&0&0&0\\0&0&-1&0\\0&1&0&0\\0&0&0&1\end{bmatrix}\begin{bmatrix}1&0&0&0\\0&1&0&0\\0&0&1&0\\0&0&-n&1\end{bmatrix}=\begin{bmatrix}1&0&0&0\\0&0&-1&0\\0&0&0&0\\0&0&-n&1\end{bmatrix}$$

3. 左视图变换矩阵

左视图是将三维形体往 yOz 面（侧面 W）作垂直投影，使 W 面绕 z 轴正转 90°，使 W 面沿负 x 方向平移一段距离 $-L(L>0)$，以使 V、W 投影保持一定间距。于是左视图变换矩阵为

$$\boldsymbol{T}_{左视}=\begin{bmatrix}0&0&0&0\\0&1&0&0\\0&0&1&0\\0&0&0&1\end{bmatrix}\begin{bmatrix}0&1&0&0\\-1&0&0&0\\0&1&1&0\\0&0&0&1\end{bmatrix}\begin{bmatrix}1&0&0&0\\0&1&0&0\\0&0&1&0\\-L&0&0&1\end{bmatrix}=\begin{bmatrix}0&0&0&0\\-1&0&0&0\\0&0&1&0\\-L&0&0&1\end{bmatrix}$$

4. 正轴测投影变换

正轴测投影图是工程上应用广泛的二维图形。正轴测投影图是用正投影法在二维平面上表示三维立体图，一般用向正向（xOz）投影所得到的正轴测图（见图 3.13）。

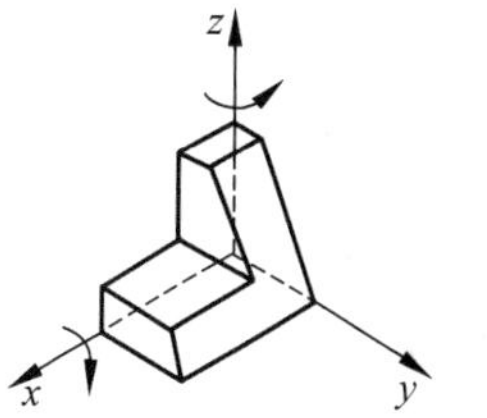

图 3.13　正轴测图模型

形成方法：先使立体绕 z 轴旋转 θ 角，再绕 x 轴旋转 $-\phi(\phi>0)$ 角，最后向 xOz 面投影，变换矩阵如下：

$$\boldsymbol{T}_{正轴测}=\begin{bmatrix}\cos\theta&\sin\theta&0&0\\-\sin\theta&\cos\theta&0&0\\0&0&1&0\\0&0&0&1\end{bmatrix}\begin{bmatrix}1&0&0&0\\0&\cos\phi&-\sin\phi&0\\0&\sin\phi&\cos\phi&0\\0&0&0&1\end{bmatrix}\begin{bmatrix}1&0&0&0\\0&0&0&0\\0&0&1&0\\0&0&0&1\end{bmatrix}$$

$$=\begin{bmatrix}\cos\theta&0&-\sin\theta\sin\phi&0\\-\sin\theta&0&-\cos\theta\sin\phi&0\\0&0&\cos\phi&0\\0&0&0&1\end{bmatrix}$$

1）正等轴测投影变换矩阵

正等轴测变换按国家标准规定，以 $\theta=45°$、$\phi=35.2644°$ 代入正轴测变换矩阵，即可得到正等轴测投影变换矩阵如下：

$$\boldsymbol{T}_{正等}=\begin{bmatrix}0.7071&0&-0.4082&0\\-0.7071&0&-0.4082&0\\0&0&0.8165&0\\0&0&0&1\end{bmatrix}$$

2）正二等轴测投影变换矩阵

按国家标准规定，以 $\theta=20.7°$、$\phi=19.47°$ 代入正轴测变换矩阵，即可得到正二等轴测投影变换矩阵如下：

$$T_{正等}=\begin{bmatrix}0.9354 & 0 & -0.1178 & 0\\ -0.3535 & 0 & -0.3117 & 0\\ 0 & 0 & 0.9428 & 0\\ 0 & 0 & 0 & 1\end{bmatrix}$$

3.4　开窗与裁剪

在设计绘图中,为使幅面很大且图形复杂的工程图中的某一局部细节能看得更清楚,一般的方法是从整幅图中选取某一区域,并将该区域内的图形取出来,放大后置于屏幕的合适位置,使得原图中的某一细节被表达得更清楚。用户选定的显示图形的某一矩形区域称为窗口,而窗口外的画面全部擦去,这一过程称为图形的裁剪。

3.4.1　基本概念和术语

(1) 用户坐标系(世界坐标系):用户用于定义所有物体的统一参考坐标系,包括常用的直角坐标系、几何坐标系等各种坐标系,用来直接描述对象。

(2) 屏幕坐标(设备坐标):图形输出时,应在输出设备上建立一个坐标系,这个坐标系称为设备坐标系。设备坐标系依据设备种类有不同的形式。取值范围受设备输入输出的精度以及画面有效范围的限制。屏幕上显示的图形均以其一个像素点单位为量化单位。

(3) 窗口:在世界坐标系中定义的一个(矩形)区域,该区域内的对象将予以显示。

(4) 视区:在设备坐标系中定义一个(矩形)区域,所有在窗口内的对象都将显示在该区域中。

(5) 裁剪:保留窗口内的画面,窗口外的部分被擦除的方法。

3.4.2　窗口-视区变换

有时为了突出图形的某一部分,可定义一个窗口,只显示窗口内的图形。视区是指在屏幕或绘图纸上定义一个矩形。窗口内的景物在视区中显示。若将窗口内容在相应视区上显示,必须进行坐标变换,其变换归结为坐标点的变换,如图 3.14 所示。

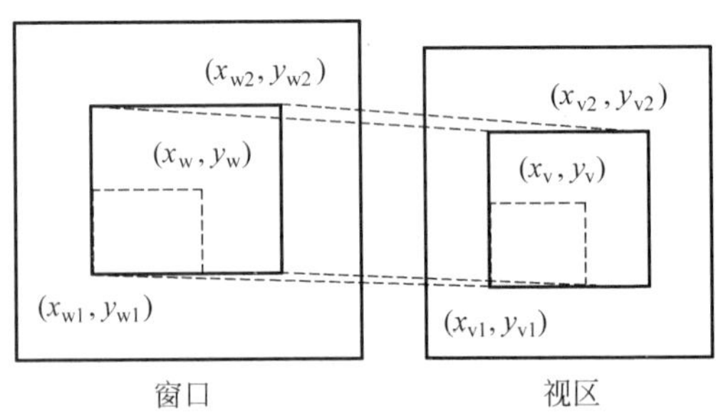

图 3.14　窗口-视区变换

窗口由点(x_{w1},y_{w1})和(x_{w2},y_{w2})决定。窗口中的图形应该成比例地变到视区。点(x_w,y_w)和(x_v,y_v)应满足下列关系:

$$\frac{x_w - x_{w1}}{x_{w2} - x_{w1}} = \frac{x_v - x_{v1}}{x_{v2} - x_{v1}}$$

$$\frac{y_w - y_{w1}}{y_v - y_{v1}} = \frac{y_{w2} - y_{w1}}{y_{v2} - y_{v1}}$$

视区变换可以通过复合变换矩阵表示如下：

$$\boldsymbol{T} = \boldsymbol{T}_1 \boldsymbol{T}_2 \boldsymbol{T}_3 = \begin{bmatrix} 1 & 0 & 0 \\ 0 & 1 & 0 \\ -x_{w1} & -y_{w1} & 1 \end{bmatrix} \begin{bmatrix} \dfrac{x_{v2} - x_{v1}}{x_{w2} - x_{w1}} & 0 & 0 \\ 0 & \dfrac{y_{v2} - y_{v1}}{y_{w2} - y_{w1}} & 0 \\ 0 & 0 & 1 \end{bmatrix} \begin{bmatrix} 1 & 0 & 0 \\ 0 & 1 & 0 \\ x_{v1} & y_{v1} & 1 \end{bmatrix}$$

$$= \begin{bmatrix} \dfrac{x_{v2} - x_{v1}}{x_{w2} - x_{w1}} & 0 & 0 \\ 0 & \dfrac{y_{v2} - y_{v1}}{y_{w2} - y_{w1}} & 0 \\ x_{v1} - x_{w1} \cdot \dfrac{x_{v2} - x_{v1}}{x_{w2} - x_{w1}} & y_{v1} - y_{w1} \cdot \dfrac{y_{v2} - y_{v1}}{y_{w2} - y_{w1}} & 1 \end{bmatrix}$$

可得：

$$x_v = x_{v1} + \frac{x_{v2} - x_{v1}}{x_{w2} - x_{w1}}(x_w - x_{w1})$$

$$y_v = y_{v1} + \frac{y_{v2} - y_{v1}}{y_{w2} - y_{w1}}(y_w - y_{w1})$$

当图形需要在多种输出设备上输出时，首先将窗口变换到规格化的设备坐标系的视区中，然后按不同输出设备的分辨率再变换到具体输出设备。

3.4.3　二维图形的裁剪

1. 点的裁剪

在图形剪裁中，最基本的是点的裁剪。对于某一点 $P(x,y)$，只要满足：

$$x_{min} \leqslant x \leqslant x_{max}, \quad y_{min} \leqslant y \leqslant y_{max}$$

则该点一定落在边界所围成的矩形框内。

2. 直线裁剪的 Cohen-Sutherland 算法

(1) 延长窗口的边界，将屏幕分为 9 个小区域，中央小区域就是窗口(见图 3.15)。每个小区域用一个 4 位二进制代码表示，其中各位数字的含义如下：

小区域在窗口之左，即 $x < x_{min}$，则 $c_1 = 1$，否则 $c_1 = 0$；

小区域在窗口之右，即 $x > x_{max}$，则 $c_2 = 1$，否则 $c_2 = 0$；

小区域在窗口之下，即 $y < y_{min}$，则 $c_3 = 1$，否则 $c_3 = 0$；

小区域在窗口之上，即 $y > y_{max}$，则 $c_4 = 1$，否则 $c_4 = 0$。

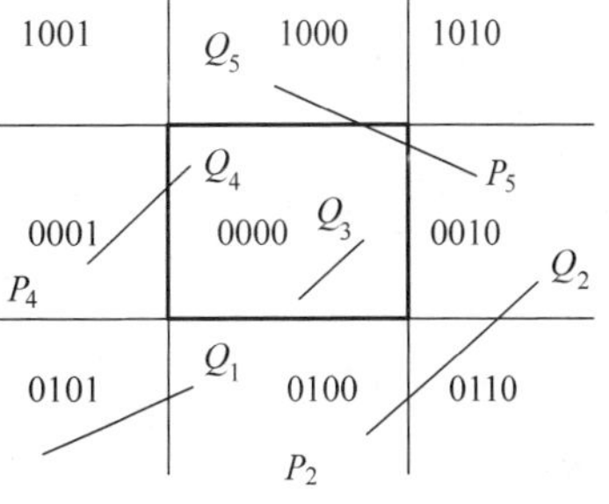

图 3.15　窗口、编码和直线段与窗口的关系

(2) 按上述规定确定被裁剪线段两端点所在的小区

域代码。

(3) 按被裁剪线段两端点代码,对被裁剪线段进行如下判断。

① 算法第一步

如果线段两个端点的4位编码全为0000组成,则此线段全部在窗口内,为可见线段,应保留;

如果线段两个端点的编码的逻辑乘结果不为0000,则这条线段是完全不可见的,可直接舍弃。

② 算法第二步

如果线段两个端点的4位编码不全由0000组成,且按位逻辑乘结果为0000,那么直线可能与窗口相交,求出该线段与窗口边框直线的交点,然后以该交点为分割点再把线段分为两段;

被分割成的两段线段,端点赋予新的代码,然后再对线段进行步骤(2)后的各步,其结果是其中必有一段可以被完全排除在窗口边框之外。

习　　题

1. 已知$\triangle P_1P_2P_3$的3个顶点坐标为(10,20)、(20,20)及(15,30),要求此三角形绕点$Q(5,25)$做二维旋转变换,旋转角度为逆时针方向30°。求出用于该组合变换的矩阵。

2. 已知正方形的棱边长为60 mm,其中一个顶点在坐标原点,且正方形位于第一挂角内,将其沿x向平移10,y向平移20,沿z向平移15,试用齐次变换矩阵求变换结果。

3. 已知某窗口的左下角为(15,10)、右上角为(30,50),现有两条线段AB和CD,已知$A(20,25)$,$B(60,70)$,$C(18,28)$,$D(28,15)$。试用编码裁剪法说明两线段的裁剪。

第 4 章　二维图形绘制

4.1　AutoCAD 2010 入门

随着计算机软硬件技术的发展，特别是微型计算机的迅速普及，计算机辅助设计在我国得到了广泛应用和推广。CAD 技术在促进设计领域发生根本性变革地同时，推动着现代设计方法和设计技术进入了一个新的发展时期。

AutoCAD 是由美国 Autodesk 公司开发的计算机辅助设计与绘图软件包，自 1982 年问世以来，已经经历了近 20 次的升级，从而使其功能逐渐强大且日趋完善。如今，AutoCAD 广泛应用于机械、建筑、航空航天、石油化工、土木工程、电子、造船、冶金、气象、纺织及轻工等领域。AutoCAD 具有易于掌握、使用方便、体系结构开放等优点，深受广大工程技术人员的欢迎。

4.1.1　AutoCAD 的基本功能

AutoCAD 具有良好的用户界面，通过交互菜单或命令行方式便可以进行各种操作。它的多文档设计环境，让非计算机专业人员也能很快地学会使用。在不断实践的过程中更好地掌握它的各种应用和开发技巧，从而不断提高工作效率。

AutoCAD 具有广泛的适应性，它可以在各种操作系统支持的微型计算机和工作站上运行，并支持分辨率由 320×200 到 2048×1024 的 40 多种图形显示设备，30 多种数字仪和鼠标器，数十种绘图仪和打印机，这就为 AutoCAD 的普及创造了条件。

1. AutoCAD 的特点

AutoCAD 软件具有如下特点：

(1) 具有完善的图形绘制功能。

(2) 有强大的图形编辑功能。

(3) 可以采用多种方式进行二次开发或用户定制。

(4) 可以进行多种图形格式的转换，具有较强的数据交换能力。

(5) 支持多种硬件设备。

(6) 支持多种操作平台。

(7) 具有通用性、易用性，适用于各类用户。

此外，从 AutoCAD 2000 开始，该系统又增添了许多强大的功能，如 AutoCAD 设计中心(ADC)、多文档设计环境(MDE)、Internet 驱动、新的对象捕捉功能、增强的标注功能以及局部打开和局部加载的功能，从而使 AutoCAD 系统更加完善。

2. AutoCAD 基本功能

(1) 平面绘图。能以多种方式创建直线、圆、椭圆、多边形、样条曲线等基本图形对象。

(2) 绘图辅助工具。AutoCAD 提供了正交、对象捕捉、极轴追踪、捕捉追踪等绘图辅助工具。正交功能使用户可以很方便地绘制水平、竖直直线,对象捕捉可帮助拾取几何对象上的特殊点,而追踪功能使画斜线及沿不同方向定位点变得更加容易。

(3) 编辑图形。AutoCAD 具有强大的编辑功能,可以移动、复制、旋转、阵列、拉伸、延长、修剪、缩放对象等。

(4) 标注尺寸。可以创建多种类型尺寸,标注外观可以自行设定。

(5) 书写文字。能轻易在图形的任何位置、沿任何方向书写文字,可设定文字字体、倾斜角度及宽度缩放比例等属性。

(6) 图层管理功能。图形对象都位于某一图层上,可设定图层颜色、线型、线宽等特性。

(7) 三维绘图。可创建 3D 实体及表面模型,能对实体本身进行编辑。

(8) 网络功能。可将图形在网络上发布,或是通过网络访问 AutoCAD 资源。

(9) 数据交换。AutoCAD 提供了多种图形图像数据交换格式及相应命令。

(10) 二次开发。AutoCAD 允许用户定制菜单和工具栏,并能利用内嵌语言 AutoLISP、Visual LISP 等进行二次开发。

4.1.2　AutoCAD 2010 的工作空间

AutoCAD 2010 工作空间是由分组组织的菜单、工具栏、选项板和功能区控制面板组成的集合,将它们进行编组和组织来创建一个面向任务的绘图环境。AutoCAD 2010 提供了“二维草图与注释”、“三维建模”和“AutoCAD 经典”3 种工作空间模式。

1. 工作空间选择

要在 3 种工作空间模式中进行切换,只需在快速访问工具栏选择“显示菜单栏”命令,在弹出的菜单中选择“工具|工作空间”命令中的子命令(见图 4.1),或在状态栏中单击“切换工作空间”按钮,在弹出的菜单中选择相应的命令选项即可(见图 4.2)。

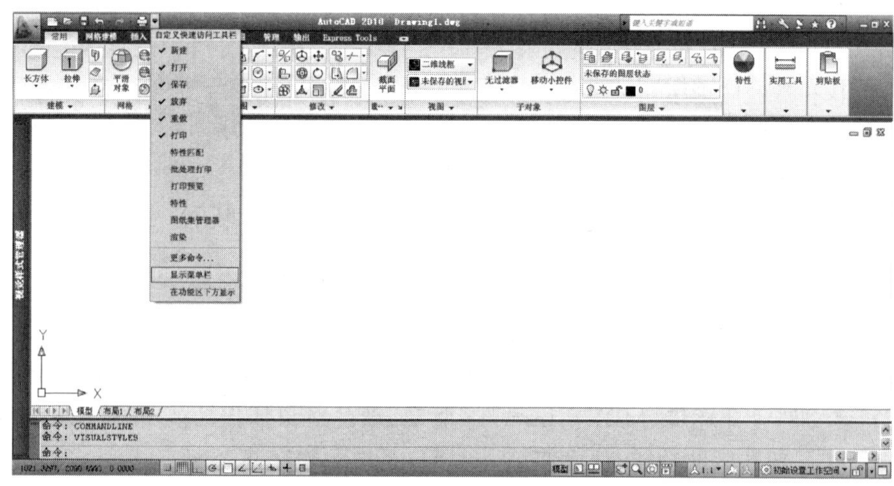

(a) 选择“显示菜单栏”命令

图 4.1　工作空间选择方法一

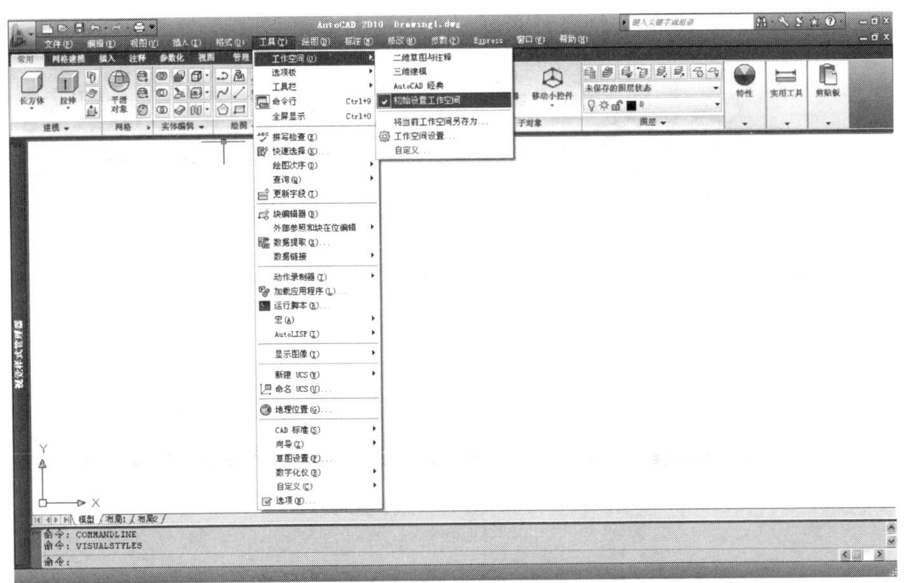

(b) 选择所需工作空间

图 4.1（续）

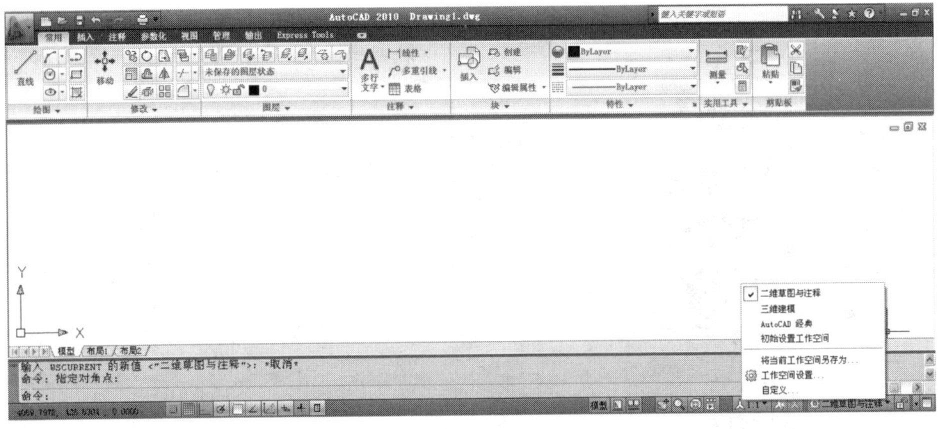

图 4.2　工作空间选择方法二

2. 二维草图与注释空间

默认状态下，打开“二维草图与注释”空间，其界面主要由应用程序按钮、快速访问工具栏、标题栏、信息中心、功能区、绘图窗口、坐标系图标、模型/布局选项卡、命令窗口、状态栏等组成，如图 4.3 所示。在该空间中，可以使用“绘图”、“修改”、“图层”、“注释”、“块”、“特性”等面板方便地绘制编辑二维图形。

1）应用程序按钮

单击界面左上角的“菜单浏览器”按钮，会弹出应用程序菜单，如图 4.4 所示，可以搜索命令，选择创建、打开和发布文件的命令。

2）快速访问工具栏

快速访问工具栏中包含多个常用命令：新建、打开、保存、放弃、重做、打印等，见图 4.1(a)。

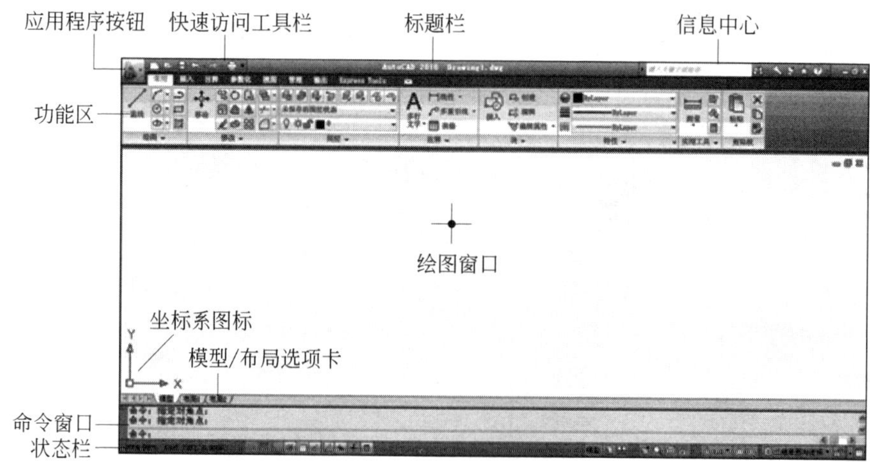

图 4.3 二维草图与注释空间界面

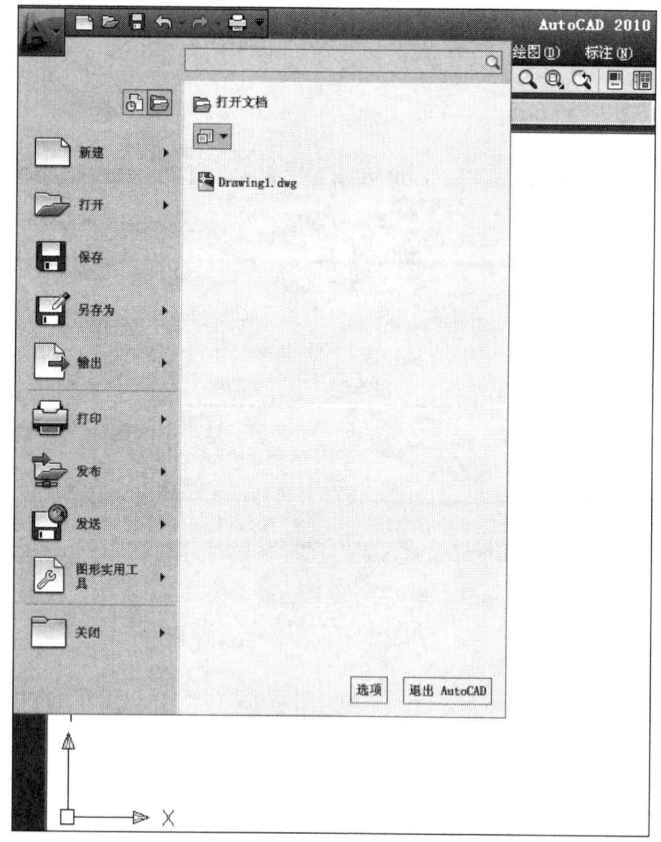

图 4.4 应用程序按钮

3）标题栏

标题栏在界面的顶部中间位置，它显示了软件的名称 AutoCAD 2010 以及当前所操作图形文件夹的名称。如果是当前新建的图形文件尚未保存，则显示“Drawing1.dwg”。

标题栏右侧是最小化窗口按钮、还原窗口按钮/最大化窗口按钮、关闭按钮。

4）信息中心

信息中心在界面右上方。通过输入关键字来搜索信息、显示“通讯中心”面板以获取产品更新和通告，还可以显示“收藏夹”面板以访问保存的主题。

5）功能区

默认情况下，在创建或打开图形时，功能区将显示在图形窗口的上面。功能区由选项卡组成。每个选项卡都含有多个带标签的面板，面板中包含许多与对话框和工具栏中相同的控件（按钮）。

6）绘图窗口

AutoCAD 界面中最大的空白区域就是绘图窗口区域。

7）坐标系图标

坐标系图标用于说明当前的坐标系形式（甚至坐标原点）。二维绘图时，坐标系图标通常位于绘图窗口的左下角。

8）模型/布局选项卡

模型/布局选项卡用于实现模型空间与图纸空间的切换。

9）命令窗口

在绘图窗口的下方是命令窗口，它是用户与 AutoCAD 进行对话的窗口，通过命令窗口发出绘图命令、显示执行的命令、系统变量、选项、信息和提示，与使用菜单命令和命令按钮的功能相同。

命令窗口由两部分组成：命令行和命令历史记录窗口。

10）状态栏

状态栏在 AutoCAD 界面的最底部，如图 4.5 所示，提供关于打开和关闭图形工具的有用信息和按钮。

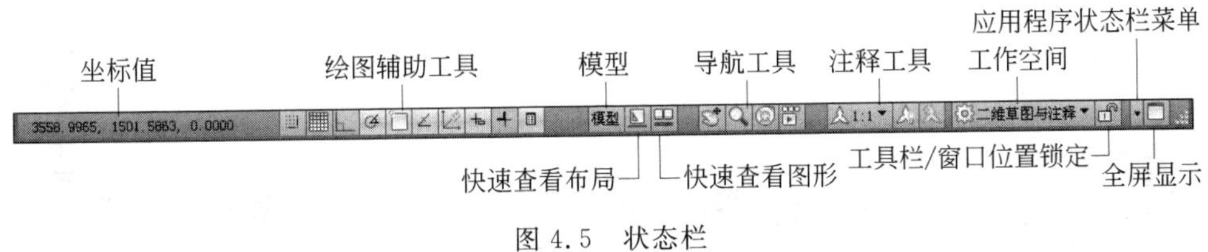

图 4.5　状态栏

3. 三维建模空间

三维建模空间集成了“常用”、“网格建模”、“渲染”、“视图”等选项卡，从而为绘制三维图形、观察图形、创建动画、设置光源、为三维对象附加材质等操作提供了非常便利的环境，如图 4.6 所示。

4. AutoCAD 经典空间

对于习惯于 AutoCAD 传统界面的用户来说，可以使用 AutoCAD 经典工作空间。其界面主要由“菜单浏览器”按钮、快速访问工具栏、菜单栏、工具栏、文本窗口与命令行、状态栏等元素组成，如图 4.7 所示。

AutoCAD 经典工作空间没有功能区命令按钮，通常使用工具栏中的命令按钮执行命令。选择菜单命令“工具|工具栏|AutoCAD”，子菜单中列出所有可选工具栏的名称。

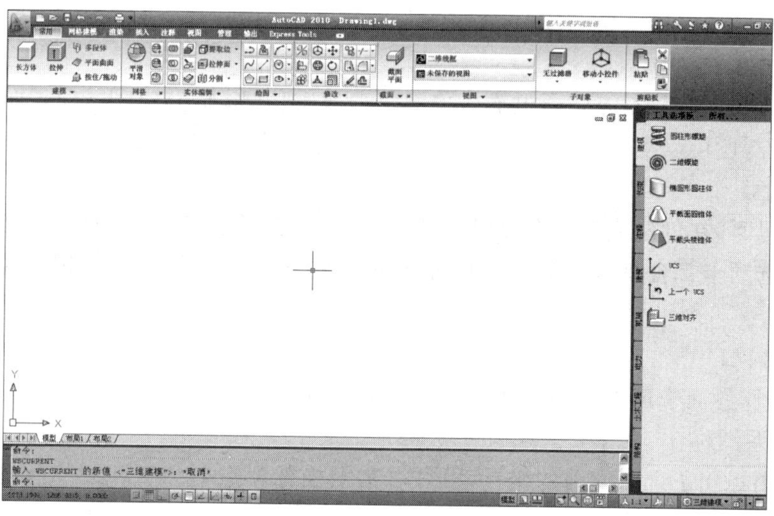

图 4.6　三维建模空间界面

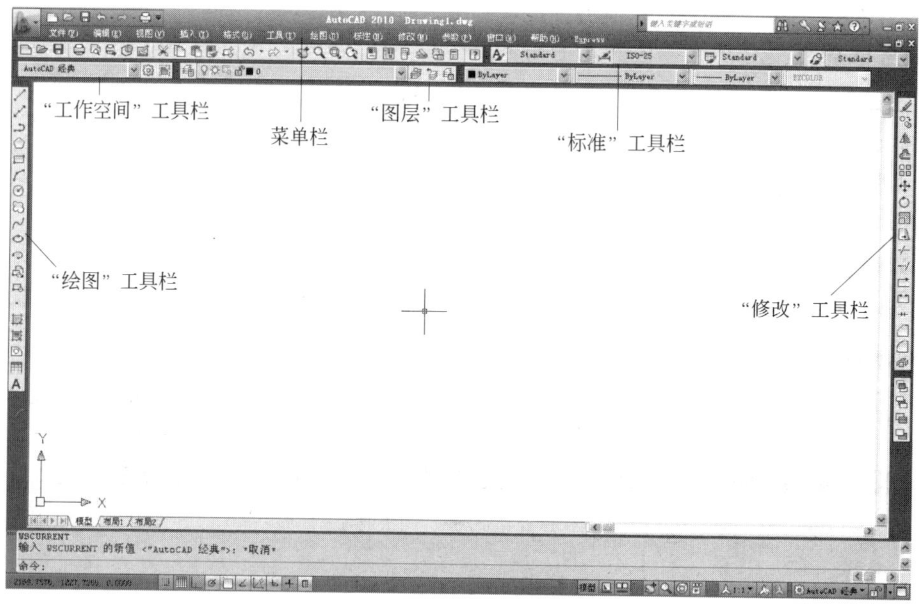

图 4.7　AutoCAD 经典空间界面

4.1.3　图形文件基本操作

在 AutoCAD 中，图形文件的基本操作一般包括新建图形文件、打开已有的图形文件、保存文件、加密文件及关闭图形文件等。

1. 新建图形文件

单击快速访问工具栏中的"新建"按钮，或单击"应用程序"按钮，在弹出的菜单中选择"新建|图形"命令，此时将打开"选择样板"对话框(见图 4.8)。通过此对话框选择样板后，单击"打开"按钮，AutoCAD 会以相应的样板为模板建立新图形。

图 4.8　“选择样板”对话框

2. 打开已有的图形文件

单击快速访问工具栏中的“打开”按钮，或单击“应用程序”按钮，在弹出的菜单中选择“打开|图形”，此时将打开“选择文件”对话框，如图 4.9 所示。

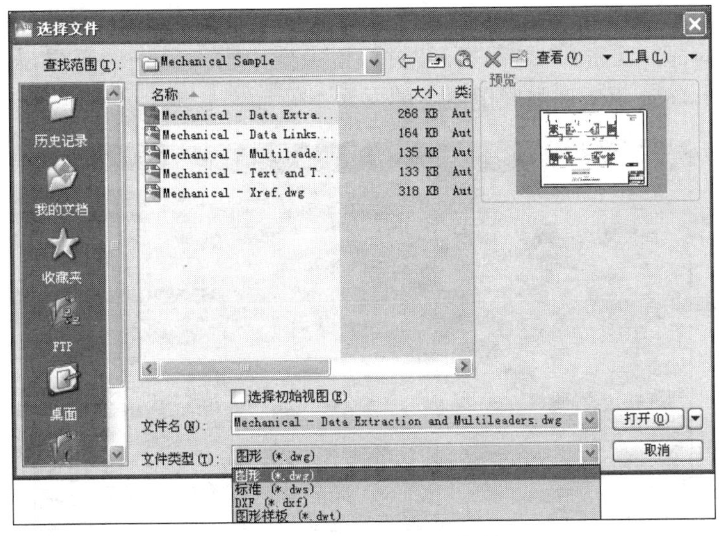

图 4.9　“选择文件”对话框

双击已存在的图形文件，也可以在 AutoCAD 2010 软件中打开该文件。

AutoCAD 2010 不仅能打开它本身格式的图形文件(DWG、DWT、DWS，DWG 为默认的图形文件格式，DWT 为图形样本文件格式，DWS 为图形标准文件格式)，还能直接读取 DXF 文件。

3. 局部打开和局部加载图形

使用局部打开，可以只打开自己所需要的内容，加快文件的加载速度，而且也减少绘图窗口中显示的图形数量。当局部打开文件之后，使用“局部加载”可以加载该文件的其他图层，进行编辑操作。

(1) 单击快速访问工具栏中的“打开”按钮，打开“选择文件”对话框，单击一个图形文件名称，再单击“打开”按钮右侧的三角形按钮，在弹出的快捷菜单中有 4 个选项，如图 4.10 所示。选择不同的打开方式所打开的文件属性不同。

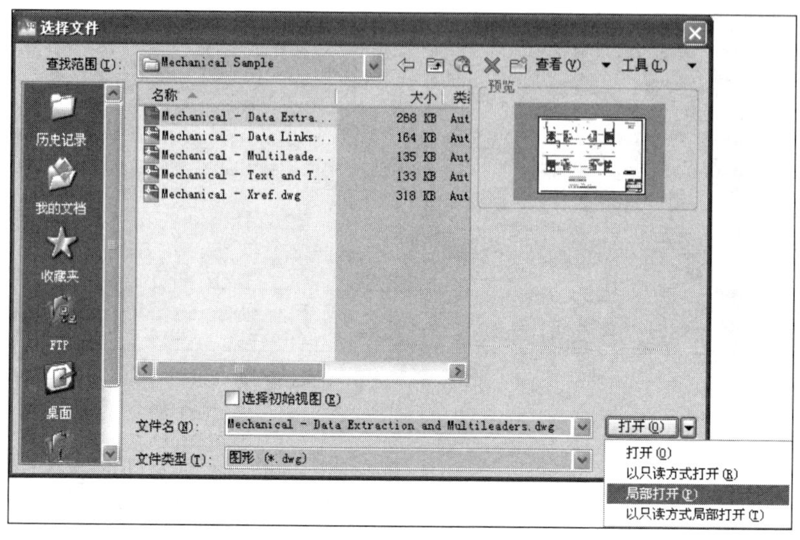

图 4.10　选择文件不同的打开方式

(2) 选择“局部打开”，在“局部打开”对话框中选中需要打开的图层，如图 4.11 所示。单击“打开”按钮，将显示所选加载图层上的图形。

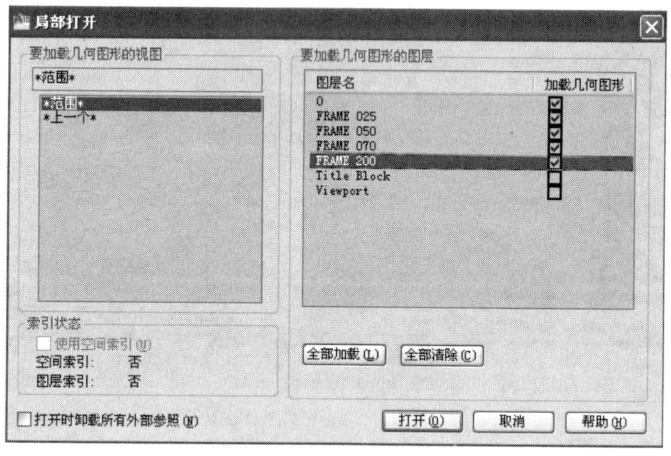

图 4.11　选择加载图层

4. 保存图形文件和样板文件

在文件编辑完成或中途退出 AutoCAD 软件时，需要将当前编辑的图形保存起来。

在设置了绘图单位格式、绘图范围、图层、文字样式、尺寸样式和图纸尺寸，并绘制了图框和标题栏之后，可将其保存为样板文件类型(DWT 格式)，以方便下次绘制同一类型图纸时调用。

在快速访问工具栏中单击“保存”按钮，或单击“应用程序”按钮，在弹出的菜单中选择

"保存"命令,以当前使用的文件名保存图形;也可以单击"应用程序"按钮,在弹出的菜单中选择"另存为|AutoCAD 图形"命令,将当前图形以新的名称保存。

5. 加密保护绘图数据

单击"应用程序"按钮,在弹出的菜单中选择"保存"或"另存为|AutoCAD 图形"命令,打开"图形另存为"对话框。在该对话框中单击"工具"按钮,在弹出的菜单中选择"安全选项"命令,如图 4.12 所示,此时将打开"安全选项"对话框。在"密码"选项卡中,可以在"用于打开此图形的密码或短语"文本框中输入密码,然后单击"确定"按钮打开"确认密码"对话框,并在"再次输入用于打开此图形的密码"文本框中输入确认密码,如图 4.13 所示。

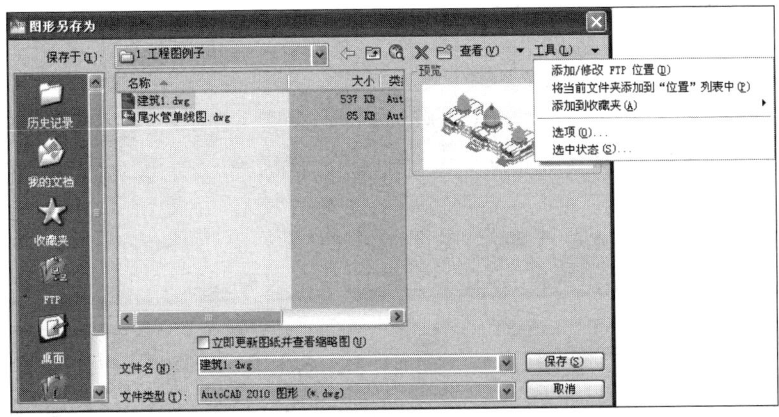

图 4.12 "图形另存为"对话框

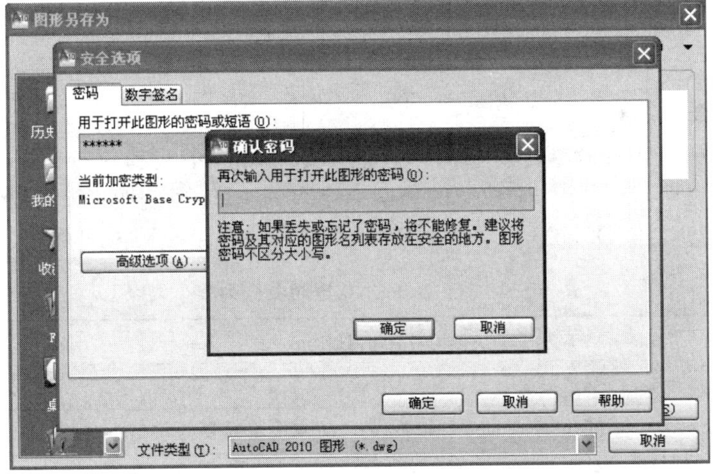

图 4.13 "确认密码"对话框

4.1.4 AutoCAD 的命令输入

1. AutoCAD 命令执行方式

AutoCAD 操作是通过执行命令完成的。一般情况下,用户可以通过以下 3 种方式执行 AutoCAD 2010 的命令。

(1) 通过键盘输入命令：当在命令窗口中给出的最后一行提示为“命令：”时，可以通过键盘输入命令，然后按 Enter 键或 Space 键的方式执行该命令。

(2) 通过菜单执行命令：单击下拉菜单或应用程序按钮中的某一命令名或按钮，执行相应的操作。

(3) 通过工具栏执行命令：单击工具栏上的某一按钮，也能够执行相应的 AutoCAD 命令。

2. 退出或取消命令

在命令的执行过程中，用户可以通过按 Esc 键；或右击(单击鼠标右键)，从弹出的快捷菜单中选择“取消”命令的方式终止 AutoCAD 命令的执行。

3. 重复执行命令

重复执行命令的具体方法如下：

(1) 按键盘上的 Enter 键或按 Space 键；

(2) 光标位于绘图窗口时，右击，AutoCAD 弹出快捷菜单，菜单的第一行为上一次所执行的命令，选择此命令即可重复执行。

4. 放弃与重做命令

使用“放弃”命令，撤销上一个动作，见图 4.14(a)。

使用“重做”命令，恢复上一个用 UNDO 或 U 命令放弃的效果，见图 4.14(b)。

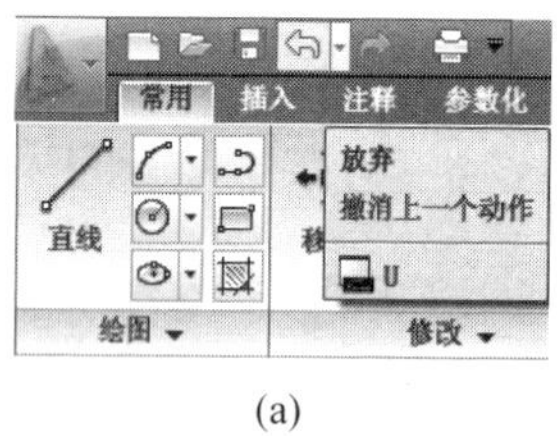

(a)

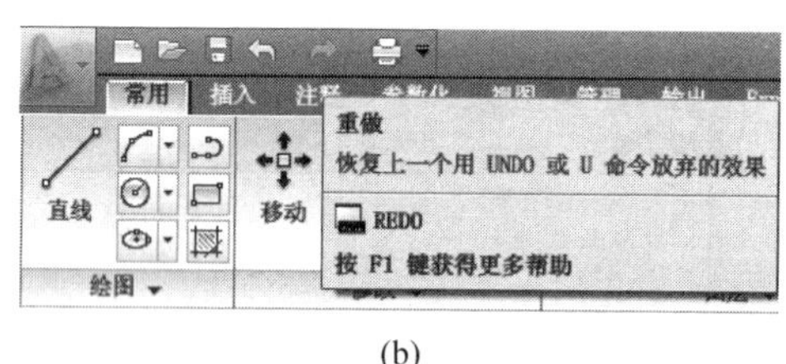

(b)

图 4.14　放弃与重做命令

5. 透明命令

AutoCAD 中有部分命令可以在执行其他命令的过程中嵌套执行而不必退出该命令，这种方式称为“透明”地执行。常使用的透明命令多为查询、改变图形设置、绘图辅助工具的命令，如 GRID、SNAP、OSNAP、ZOOM、PAN、LIST、DIST 等命令(见表 4.1)。

表 4.1　AutoCAD 透明命令列表

about	显示关于 AutoCAD 的信息
aperture	控制对象捕捉靶框大小
assist	打开“实时助手”窗口，它自动或根据需要提供上下文相关信息
attdisp	全局控制属性的可见性
base	设置当前图形的插入基点
blipmode	控制点标记的显示
cal	计算算术和几何表达式
ddptype	指定点对象的显示样式及大小
delay	在脚本文件中提供指定时间的暂停
dist	测量两点之间的距离和角度

续表

dragmode	控制 AutoCAD 显示被拖动对象的方式
dsettings	指定捕捉模式、栅格、极轴捕捉追踪和对象捕捉追踪的设置
elev	设置新对象的标高和拉伸厚度
fill	控制诸如图案填充、二维实体和宽多段线等对象的填充
filter	为对象选择创建可再度使用的过滤器
graphscr	从文本窗口切换到绘图区域
grid	在当前视口中显示点栅格
help	显示帮助
id	显示位置的坐标
isoplane	指定当前等轴测平面
layer	管理图层和图层特性
limits	在当前的模型或布局选项卡中，设置并控制图形边界和栅格显示的界限
linetype	加载、设置和修改线型
ltscale	设置全局线型比例因子
lweight	设置当前线宽、线宽显示选项和线宽单位
matchprop	将选定对象的特性应用到其他对象
ortho	限制光标的移动
osnap	设置执行对象捕捉模式
pan	在当前视口中移动视图
qtext	控制文字和属性对象的显示和打印
redraw	刷新当前视口中的显示
redrawall	刷新所有视口中的显示
regenauto	控制图形的自动重生成
resume	继续执行被中断的脚本文件
script	从脚本文件执行一系列命令
setvar	列出系统变量或修改变量值
snap	规定光标按照指定的间距移动
spell	检查图形中的拼写
status	显示图形统计信息、模式及范围
style	创建、修改或设置命名文字样式
textscr	打开 AutoCAD 文本窗口
time	显示图形的日期和时间统计信息
treestat	显示关于图形当前空间索引的信息
units	控制坐标和角度的显示格式并确定精度
zoom	放大或缩小当前视口中对象的外观尺寸

当在绘图过程中需要透明执行某一命令时，可直接选择对应的菜单命令或单击工具栏上的对应按钮，而后根据提示执行对应的操作。透明命令执行完毕后，AutoCAD 会返回到执行透明命令之前的提示，即继续执行对应的操作。

通过键盘执行透明命令的方法：在当前提示信息后输入单引号（'），再输入对应的透明命令后按 Enter 键或 Space 键，就可以根据提示执行该命令的对应操作。命令行中，透明命令的提示前有一个双折号（>>）。完成透明命令后，将继续执行原命令。

4.1.5 鼠标的使用

AutoCAD 中，鼠标键按照下述规则定义。

拾取键：通常指鼠标左键，用于指定屏幕上的点，也可以用来选择 Windows 对象、AutoCAD 对象、工具按钮和菜单命令等。

回车键：指鼠标右键，相当于 Enter 键，用于结束当前使用的命令，此时系统将根据当前绘图状态而弹出不同的快捷菜单。

弹出菜单：当使用 Shift 键和鼠标右键的组合时，系统将弹出一个快捷菜单，用于设置捕捉点的方法。对于 3 键鼠标，弹出按钮通常是鼠标的中间按钮。

滑轮鼠标的两个按键之间有一个小滑轮。转动滑轮可以对图形进行缩放和平移，而无需使用任何命令。默认情况下，缩放比例设为 10%，即每次转动滑轮都将按 10%的增量改变图形大小。

4.1.6 指定点位置的方法

1. 用鼠标在屏幕上拾取点

移动鼠标，光标移到相应的位置时（AutoCAD 一般会在状态栏动态地显示出光标的当前位置坐标），单击鼠标左键。

2. 利用对象捕捉方式捕捉特殊点

利用 AutoCAD 提供的对象捕捉功能，可使用户准确地捕捉到一些特殊点，如圆心、切点、中点、交点等。

3. 通过键盘输入点的坐标

可采用绝对坐标模式，也可以采用相对坐标模式。每一种坐标模式又包括了直角坐标、极坐标、球坐标、柱坐标等四种。

4.1.7 坐标系

1. 绝对坐标

二维绘图时，有直角坐标和极坐标两种形式。

（1）直角坐标用点的 x、y、z 坐标值表示该点，且各坐标值之间用逗号隔开。绘制二维图形时，点的 z 坐标为 0，且用户不需要输入 z 坐标值。

（2）点的极坐标表示方法为：距离<角度。

2. 相对坐标

相对坐标是指相对于前一坐标点的坐标。相对坐标也有直角坐标、极坐标等形式，其输入格式与绝对坐标相同,但要在输入的坐标前加前缀“@”。

相对极坐标中的角度是新点和上一点连线与 x 轴的夹角。

4.1.8　绘图设置

使用 AutoCAD 绘图前,需要对绘图环境进行设置,从而提高绘图效率。

1. 设置图形界限

图形界限就是绘图区域,也称为图限。为便于将绘制的图纸打印输出,在绘图前应设置好图形界限。

在 AutoCAD 2010 中,可以在快速访问工具栏选择“显示菜单栏”命令,在弹出的菜单中选择“格式|图形界限”命令,即执行 LIMITS 命令,AutoCAD 提示:

```
指定左下角点或[开(ON)/关(OFF)]< 0.0000,0.0000> :(指定图形界限的左下角位置。如果直接按 Enter 键或 Space 键则采用默认值)
```

开(ON)选项用于打开绘图范围检验功能,即执行该选项后,用户只能在设定的图形界限内绘图,如果所绘图形超出界限,AutoCAD 将拒绝执行,并给出相应的提示信息。关(OFF)选项用于关闭 AutoCAD 的图形界限检验功能。执行该选项后,用户所绘图形的范围不再受所设图形界限的限制。

指定图形界限的左下角位置后,AutoCAD 提示:

```
指定右上角点:(指定图形界限的右上角位置)
```

2. 设置绘图单位格式

设置绘图的长度单位、角度单位的格式以及它们的精度。

在快速访问工具栏选择“显示菜单栏”命令,在弹出的菜单中选择“格式|单位”命令,即执行 UNITS 命令,AutoCAD 弹出“图形单位”对话框,如图 4.15 所示。“长度”选项组确定长度单位与精度;“角度”选项组确定角度类型与精度,还可确定角度正方向、零度方向以及插入单位等。

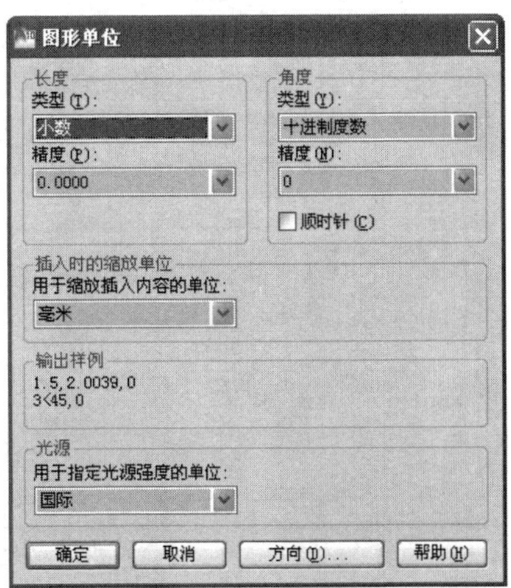

图 4.15　“图形单位”对话框

3. 设置参数选项

在快速访问工具栏选择“显示菜单栏”命令,在弹出的菜单中选择“工具|选项”按钮,打开“选项”对话框。该对话框包含“文件”、“显示”、“打开和保存”、“打印和发布”、“系统”、“用户系统配置”、“草图”、“三维建模”、“选择集”和“配置”10 个选项卡,如图 4.16 所示。

4. 设置工作空间

自定义工作空间来创建绘图环境,以便显示用户需要的工具栏、菜单和可固定的窗口。在快速访问工具栏选择“显示菜单栏”命令,在弹出的菜单中选择“工具|工作空间|自定义...”命令,打开“自定义用户界面”对话框(见图 4.17)。

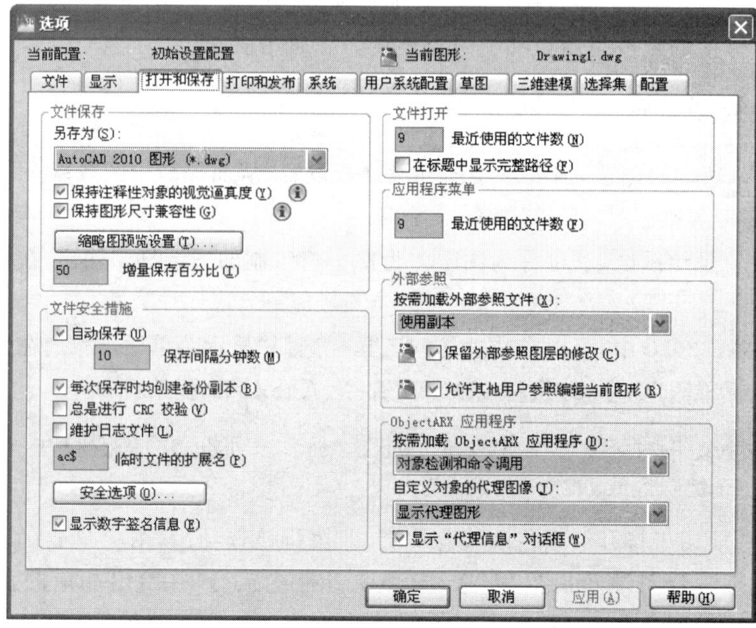

图 4.16　“选项”对话框

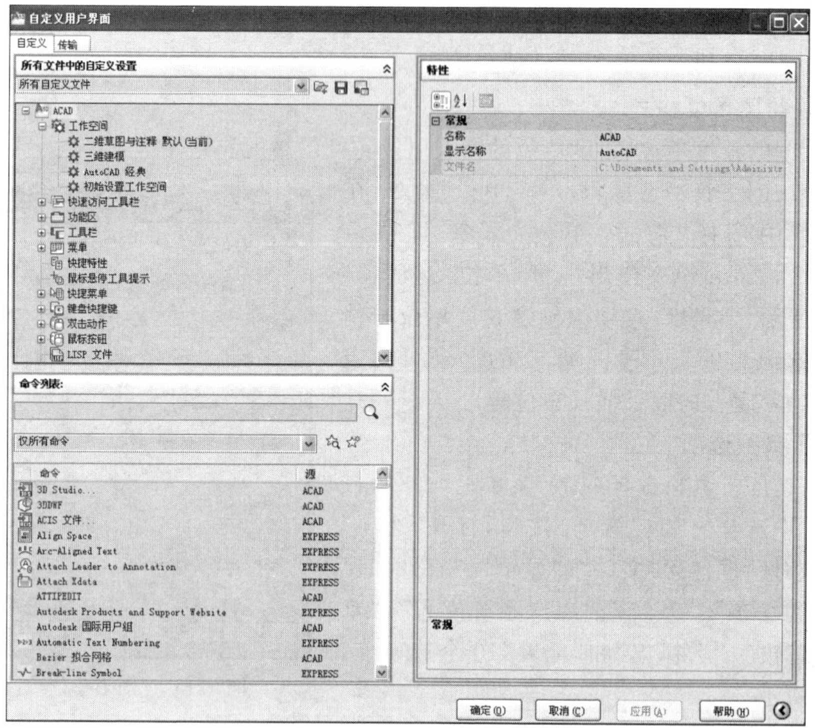

图 4.17　“自定义用户界面”对话框

4.2　图层管理

AutoCAD 图形可以设置多个图层，并可对每个图层设置颜色、线型和线宽等属性。

4.2.1　图层特点

图层是 AutoCAD 提供的重要绘图工具之一，可以把图层看作是没有厚度的透明薄片，各层之间完全对齐，一层上的某一基准点准确地对准其他各层上的同一基准点。引入图层，用户就可以为每一图层指定绘图所用的线型、颜色等，并将具有相同线型和颜色的对象或将诸如尺寸、文字这样的不同要素放在各自的图层，从而能够节省绘图工作量和图形的存储空间。

图层具有以下特点：

(1) 在一幅图中可以指定任意数量的图层。系统对图层数和每一图层上的对象数均没有限制。

(2) 每一图层有一个名称，加以区别。当开始绘制一幅新图时，AutoCAD 自动创建名为 0 的图层，为 AutoCAD 的默认图层，其余图层由用户定义。

(3) 一般情况下，同一图层上的对象具有相同的线型、颜色。用户可以改变各图层的线型、颜色等特性。

(4) AutoCAD 允许建立多个图层，但只能在当前图层上绘图。

(5) 各图层具有相同的坐标系、绘图界限和显示缩放倍数。

(6) 可以对位于不同图层上的图形对象同时进行编辑操作。

(7) 可以对各图层进行打开、关闭、冻结、解冻、锁定与解锁等操作，以决定各图层的可见性与可操作性。

4.2.2　图层工具栏

通过图层工具栏可进行图层特性设置、将图层置为当前层、匹配图层、隔离或恢复图层状态、冻结图层及其他操作，图层工具栏如图 4.18 所示。相应的菜单命令位于菜单栏的“格

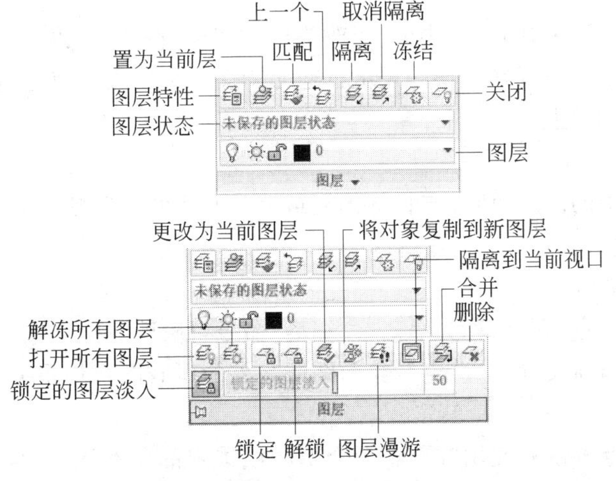

图 4.18　图层工具栏(未展开/展开)

式”菜单中。

1. 图层特性

单击“图层”工具栏上的“图层特性”按钮，或者选择菜单栏中的“格式|图层”命令，或者直接执行 LAYER 命令，打开用于图层管理的图层特性管理器(见图 4.19)。

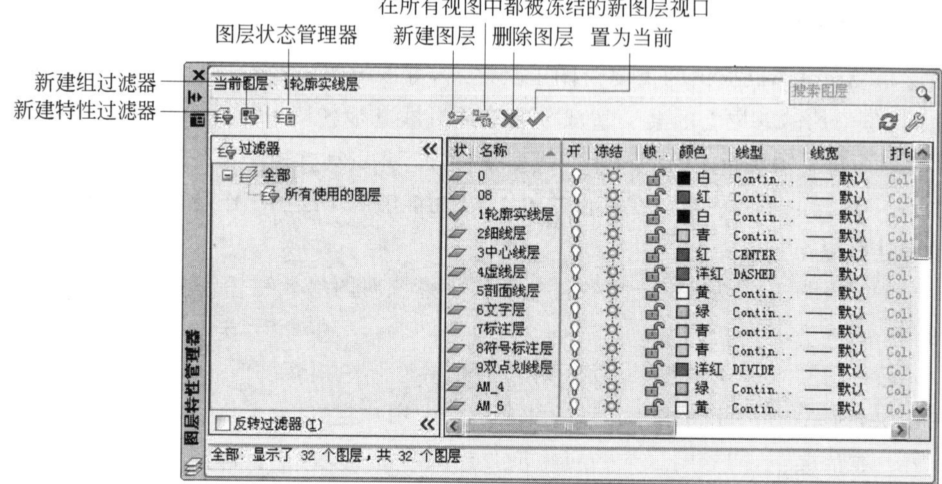

图 4.19 图层特性管理器

通过“图层特性管理器”对话框可建立新图层，为图层设置线型、颜色、线宽以及其他操作等。

2. 置为当前层

(1) 在功能区中选择“常用”选项卡，在“图层”面板中单击“置为当前层”按钮，选择将要使其图层成为当前图层的对象，并按 Enter 键，可以将对象所在图层置为当前图层。

(2) 在功能区中选择“常用”选项卡，在“图层”面板的“图层”下拉列表框中选择某一图层，就可将该层设置为当前层。

(3) 在图层特性管理器的图层列表中，选择某一图层后，单击“置为当前”按钮，可将所选图层置为当前层。

另外，通过“图层”(展开)面板中的“更改为当前图层”按钮，可以将选定对象的图层特性更改为当前图层。如果发现在错误图层上创建了对象，使用“更改为当前图层”按钮可以将其快速更改到当前图层上。

3. 匹配

转换当前图形中的图层，使之与目标图层或 CAD 标准文件相匹配，实现图形的标准化和规范化。

4. 隔离/取消隔离

保持可见且未锁定的图层称为隔离。“隔离”命令可隐藏或锁定除选定对象的图层之外的所有图层。根据当前设置，除选定对象的图层之外的所有图层均将关闭、在当前布局视图中冻结或锁定。

“取消隔离”命令可恢复使用“隔离”命令隐藏或锁定的所有图层，但使用“隔离”命令之后对图层设置所做的任何其他更改都将保留。

另外，只要未更改图层设置，也可以通过使用“图层”工具栏上的“上一个图层”按钮将图层恢复为上一个图层状态。

5. 冻结

冻结选定对象所在的图层。

冻结图层上的对象不可见。在大型图形中，冻结不需要的图层将加快显示和重生成的操作速度。在布局中，可以冻结各个布局视图中的图层。

6. 关闭

关闭选定对象的图层可使该对象不可见。如果在处理图形时需要不被遮挡的视图，或者如果不想打印细节(例如参考线)，则此命令将很有用。

7. 打开所有图层

打开图形中的所有图层。之前关闭的所有图层均将重新打开。在这些图层上创建的对象将变得可见，除非这些图层也被冻结。

8. 解冻所有图层

解冻图形中的所有图层，之前所有冻结的图层都将解冻。在这些图层上创建的对象将变得可见，除非这些图层也被关闭或已在各个布局视图中被冻结。必须逐个图层地解冻在各个布局视图中冻结的图层。

9. 锁定/解锁

锁定：锁定选定对象所在的图层。使用此命令，可以防止意外修改图层上的对象。还可以使用 LAYLOCKFADECTL 系统变量淡入锁定图层上的对象。

解锁：解锁选定对象所在的图层。用户可以选择锁定图层上的对象并解锁该图层，而无需指定该图层的名称。可以选择和修改已解锁图层上的对象。

10. 将对象复制到新图层

将一个或多个对象复制到其他图层。在指定的图层上创建选定对象的副本。用户还可以为复制的对象指定其他位置。

11. 图层漫游

显示选定图层上的对象并隐藏所有其他图层上的对象。

显示包含图形中所有图层的列表的对话框。对于包含大量图层的图形，用户可以过滤显示在对话框中的图层列表。使用此命令可以检查每个图层上的对象和清理未参照的图层。

默认情况下，效果是暂时性的，关闭对话框后图层将恢复。

12. 隔离到当前视图

冻结除当前视图外的所有布局视图中的选定图层。

通过在除当前视图之外的所有视图中冻结图层，隔离当前视图中选定对象所在的图层。可以选择隔离所有布局或仅隔离当前布局。

此命令将自动化使用图层特性管理器中的视图冻结过程。用户可以在每个要在其他布局视图中冻结的图层上选择一个对象。

13. 合并

将选定图层合并到目标图层中，并将以前的图层从图形中删除。

可以通过合并图层来减少图形中的图层数。将所合并图层上的对象移动到目标图层，并从图形中清理原始图层。

14. 删除

删除图层上的所有对象并清理该图层。

此命令还可以更改使用要删除的图层的块定义。还会将该图层上的对象从所有块定义中删除并重新定义受影响的块。

15. 锁定图层的淡入

控制锁定图层上对象的淡入程度。

淡入锁定图层上的对象以将其与未锁定图层上的对象进行对比，并降低图形的视觉复杂程度。锁定图层上的对象仍对参照和对象捕捉可见。

4.3　绘图辅助工具

灵活使用 AutoCAD 所提供的绘图辅助工具进行准确定位，可以有效地提高绘图的精确性和效率。在中文版 AutoCAD 2010 中，可以使用系统提供的栅格显示、正交、对象捕捉、对象捕捉追踪等功能，快速、精确地绘制图形。

4.3.1　捕捉、栅格和正交模式

绘制图形时，可以通过移动光标来指定点的位置，但很难精确指定点的某一位置。要精确定位点，必须输入坐标或使用捕捉功能。使用系统提供的栅格、捕捉和正交功能可精确定位点。

1. 启用栅格和捕捉

在状态栏中，单击“捕捉”按钮和“栅格”按钮，可显示栅格和启用捕捉。

栅格是点的矩阵，遍布于整个图形界限内，是一种标定位置的小点，可以作为参考图标。

捕捉模式用于限制十字光标移动的距离，使其按照用户定义的间距移动。捕捉模式可以精确地定位点在栅格点上。

在菜单栏选择“工具|草图设置...”命令，或在状态栏上的“捕捉模式”按钮或“栅格显示”按钮上右击，从快捷菜单中选择“设置”命令，可打开“草图设置”对话框(见图 4.20)，利用其可进行相关设置。

在 AutoCAD 中，还可以通过 GRID 与 SNAP 命令来设置栅格和捕捉参数。

2. 使用正交模式

在正交模式下，可以方便地绘制出与当前 x 轴或 y 轴平行的线段，对于二维绘图而言，一般就是水平线或垂直线(见图 4.21)。

打开或关闭正交方式有以下 3 种方法：

(1) 单击状态栏中“正交模式”按钮；

(2) 按 F8 键；

(3) 使用 ORTHO 命令。

3. 对象捕捉功能

在绘图过程中，经常要利用已有对象上的一些特征点，例如端点、圆心、交点等，以及切点、垂足等。为此，AutoCAD 提供了对象捕捉功能，可以迅速、准确地捕捉到这些特征点，实现精确地绘制图形。

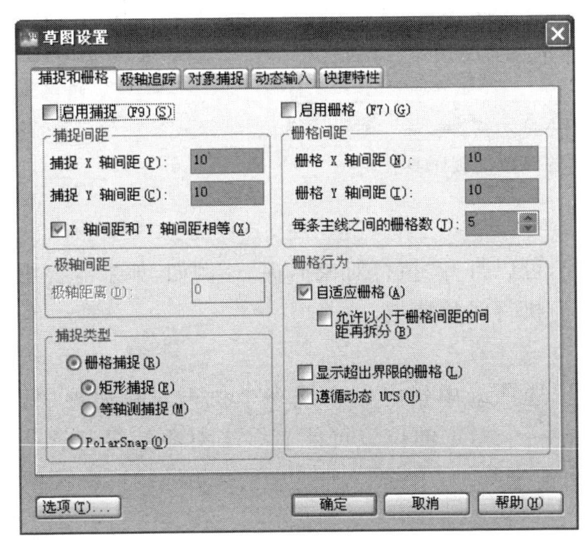

图 4.20　“捕捉和栅格”选项卡

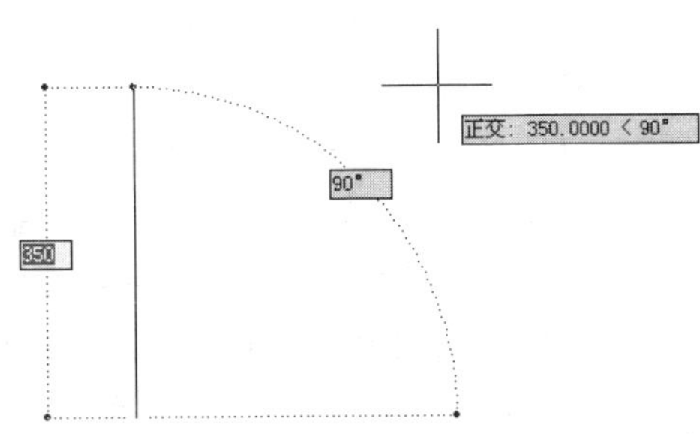

图 4.21　使用正交模式绘图

不论系统何时提示输入点，都可以指定对象捕捉。默认情况下，当光标移到对象的对象捕捉位置时，将显示标记和工具提示（见图 4.22）。此功能称为 AutoSnap（自动捕捉），提供了视觉提示，指示哪些对象捕捉正在使用。

1）临时对象捕捉模式

选择的对象捕捉模式只能使用一次，因此将这种操作称为临时对象捕捉方式。

在系统提示输入点时临时指定对象捕捉，此时可以：

（1）按住 SHIFT 键并右击以显示“对象捕捉”快捷菜单（见图 4.23(a)）。

（2）在命令提示下输入对象捕捉的名称。

（3）在状态栏的“对象捕捉”按钮上右击（见图 4.23(b)）。

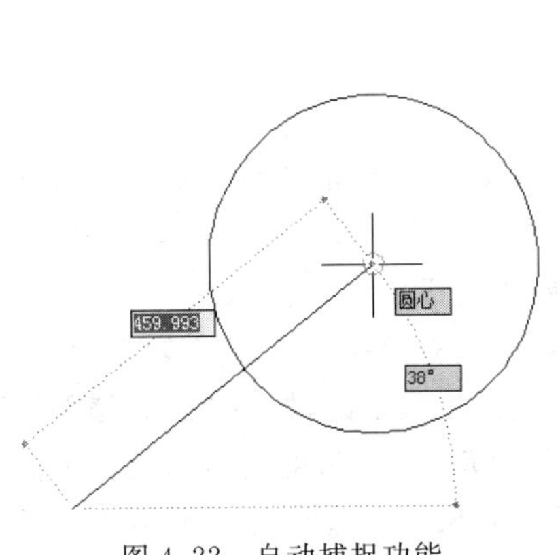

图 4.22　自动捕捉功能

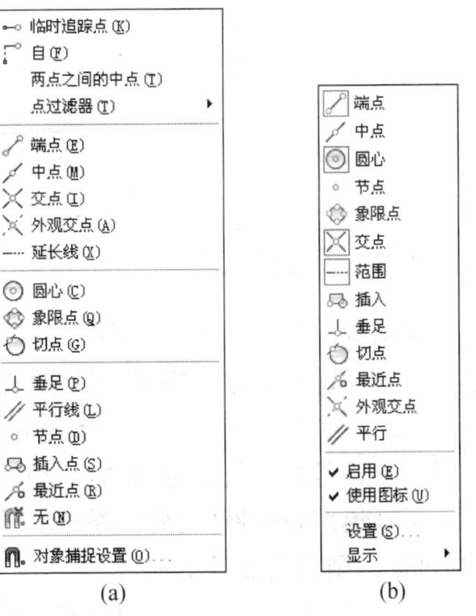

图 4.23　指定对象捕捉

(4) 选择菜单命令"工具|工具栏|AutoCAD|对象捕捉",显示浮动的对象捕捉工具栏,如图 4.24 所示,其中的按钮也是临时对象捕捉按钮。

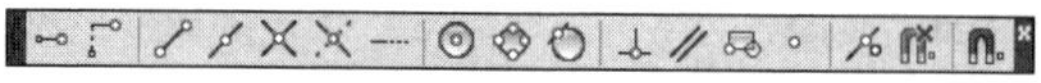

图 4.24　浮动的对象捕捉工具栏

2) 执行对象捕捉模式

如果需要重复使用一个或多个对象捕捉,可以打开"执行对象捕捉"。例如,如果需要用直线连接一系列圆的圆心,可以将圆心设置为执行对象捕捉。

打开或关闭"执行对象捕捉"的方法:

(1) 在"草图设置"对话框的"对象捕捉"选项卡中指定一个或多个执行对象捕捉(见图 4.25)。如果启用多个执行对象捕捉,则在一个指定的位置可能有多个对象捕捉符合条件。在指定点之前,按 TAB 键可遍历各种可能选择。

(2) 单击状态栏上的"对象捕捉"按钮。

(3) 按 F3 键 。

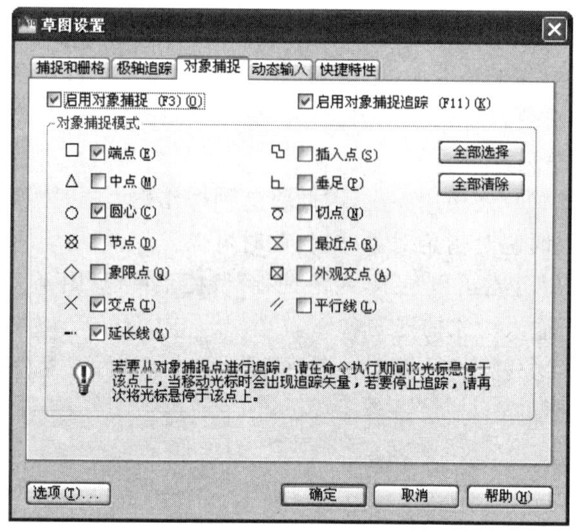

图 4.25　"对象捕捉"选项卡

4.3.2　自动追踪

自动追踪可按指定角度绘制对象,或者绘制与其他对象有特定关系的对象。自动追踪功能分极轴追踪和对象捕捉追踪两种,是非常有用的辅助绘图工具。可在"草图设置"对话框的"极轴追踪"选项卡中对极轴追踪和对象捕捉追踪进行设置(见图 4.26)。

极轴追踪是按事先给定的角度增量来追踪特征点。而对象捕捉追踪则按与对象的某种特定关系来追踪,这种特定的关系确定了一个未知角度。也就是说,如果事先知道要追踪的方向(角度),则使用极轴追踪;如果事先不知道具体的追踪方向(角度),但知道与其他对象的某种关系(如相交),则用对象捕捉追踪。极轴追踪和对象捕捉追踪也可以同时使用。

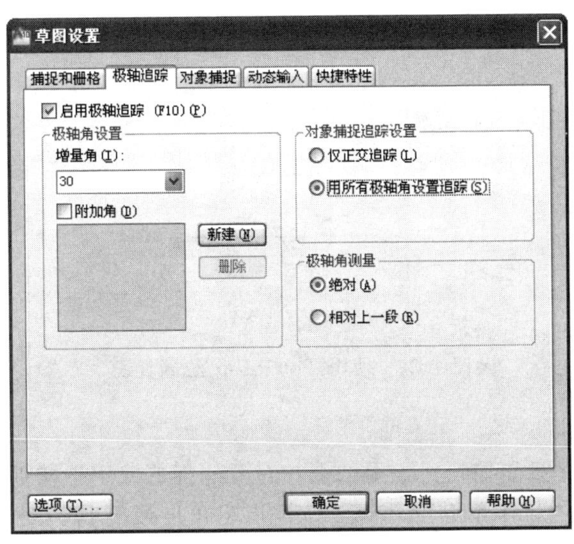

图 4.26　“极轴追踪”选项卡

1. 极轴追踪

创建或修改对象时，可以使用极轴追踪以显示由指定的极轴角度所定义的临时对齐路径，光标将按指定角度进行移动。

光标移动时，如果接近极轴角，将显示对齐路径和工具提示。默认角度测量值为 90°。可以使用对齐路径和工具提示绘制对象。

同时使用“PolarSnap”(极轴捕捉，见图 4.27)，光标将沿极轴角度按指定增量进行移动。例如，要绘制一条长度为 700 个单位、与 x 轴成 30°角的直线，如果打开了 30°极轴角增量，并使用“PolarSnap”，极轴距离设为 20，那么确定直线第二点时当光标跨过 0°或 30°角时，将显示对齐路径和工具提示，光标将按指定的极轴距离增量进行移动(见图 4.28)。

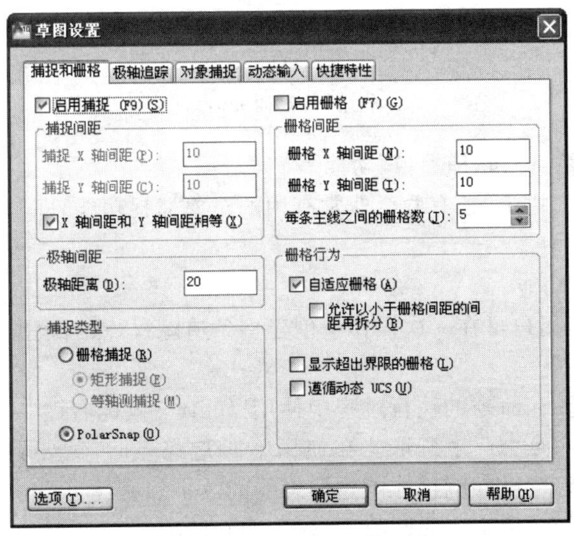

图 4.27　“PolarSnap”捕捉类型

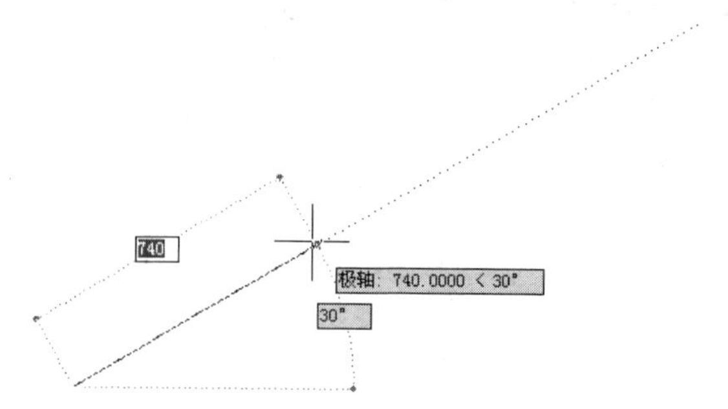

图 4.28　使用“PolarSnap”绘制直线

2. 对象捕捉追踪

启用“对象捕捉”时只能捕捉对象上的点。对象捕捉追踪用于捕捉对象以外空间的一个点，可以沿指定方向(称为对齐路径、追踪线)按指定角度或与其他对象的指定关系捕捉一个点。

使用对象捕捉追踪，可以沿着基于对象捕捉点的对齐路径进行追踪。已获取的点将显示一个小加号（+），一次最多可以获取 7 个追踪点。获取点之后，当在绘图路径上移动光标时，将显示相对于获取点的水平、垂直或极轴对齐路径。

在图 4.29 中，启用了“端点”对象捕捉。单击直线的起点 1 开始绘制直线，将光标移动到另一条直线的端点 2 处获取该点，然后沿垂直对齐路径移动光标，定位要绘制的直线的端点 3。

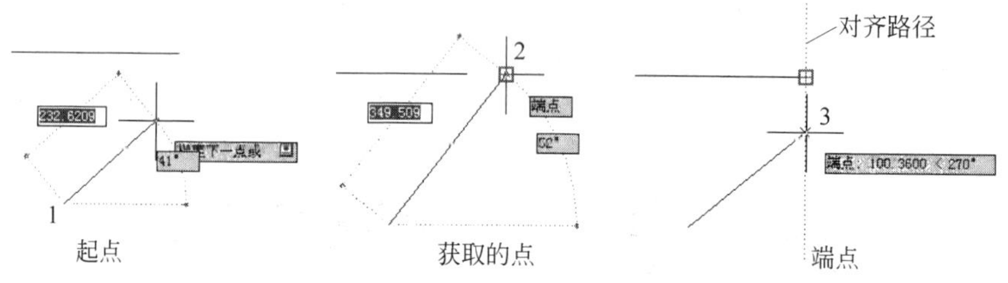

图 4.29　利用“对象捕捉追踪”绘直线

3. 使用“临时追踪点”和“捕捉自”功能

在“对象捕捉”工具栏中，还有两个非常有用的对象捕捉功能，即“临时追踪点”和“捕捉自”。

1）“临时追踪点”功能

利用临时追踪点，用户可在一次操作中创建多条追踪线，然后根据这些追踪线(虚线)确定所要定位的点。

“临时追踪点”需要在命令的执行过程中使用“Shift＋鼠标右键”、“对象捕捉”工具栏或在命令行输入其快捷命令“tt”来调取。在使用临时追踪点时，需要将状态栏中的“极轴”、“对象捕捉”、“对象追踪”分别开启，才能达到想要的效果。

例　画一个以已知矩形中心为圆心、半径为 200 的圆。

操作步骤如下：

(1) 单击按钮，开始画圆。

(2) 单击按钮，打开"临时追踪点"功能。

(3) 单击状态栏中的"对象捕捉"按钮，开启"捕捉到中点"功能。

(4) 移动光标到矩形左边线靠近中点位置，显示中点捕捉标记，单击确定中点为临时追踪点，沿水平方向移动光标将出现一条追踪线。

(5) 继续移动光标到矩形下边线上中点附近，在中点处将显示中点捕捉标记，并出现另一条过矩形下边中点的追踪线，然后再移动光标靠近矩形中心附近，直到同时出现两条追踪线相交。

(6) 单击鼠标左键，定位两条追踪线的交点为圆心。

(7) 在命令行输入半径值 200，将画出一个圆。执行过程如图 4.30 所示。

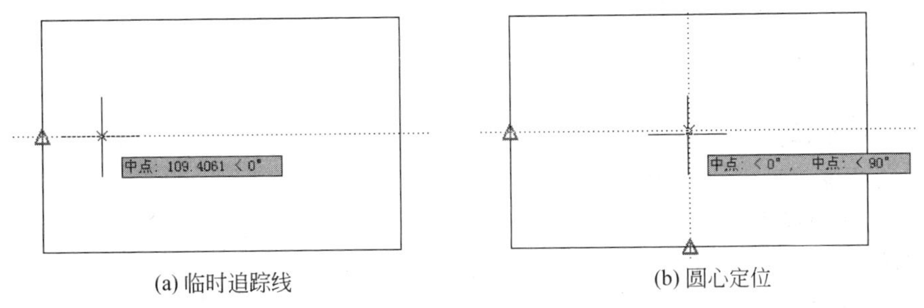

(a) 临时追踪线　　(b) 圆心定位

图 4.30　利用"临时追踪点"功能绘圆

"临时追踪线"与"对象追踪线"都是向两个方向无限延伸的虚线，但是追踪点的定位不同。"临时追踪虚线"必须拾取一点才能作为追踪点；而"对象追踪虚线"无需拾取点，只要将光标停留在特征点上，系统会自动拾取该点作为追踪点。

2) "捕捉自"功能

"捕捉自"功能经常与对象捕捉一起使用，在使用相对坐标指定下一个点时，"捕捉自"工具可以提示用户输入基点，并将该点作为临时参照点，这与通过输入前缀@使用最后一个参照点类似。

例　绘制一个与当前圆圆心相距 200 个单位、圆心连线与 x 轴夹角为 30°、半径为 100 的圆。

具体操作步骤如下：

(1) 单击工具，开始画圆。

(2) 单击工具，打开"捕捉自"功能，开启"极轴追踪"及"捕捉到圆心"功能。

(3) 将光标移动到当前圆的圆心附近捕捉该圆的圆心，单击指定基点。

(4) 输入"@200＜30"指定圆心。

(5) 输入 100 作为圆的半径，结果如图 4.31 所示。

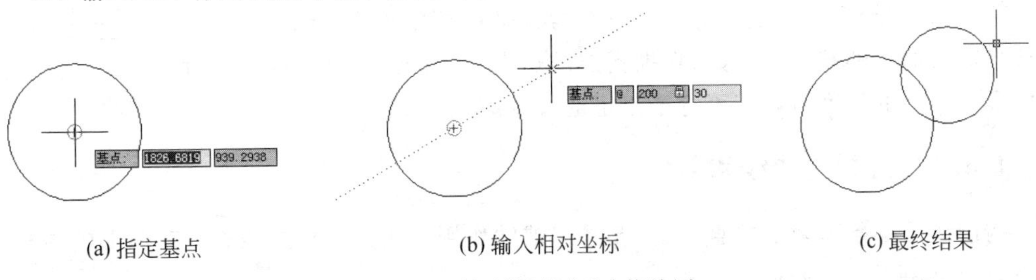

(a) 指定基点　　(b) 输入相对坐标　　(c) 最终结果

图 4.31　利用"捕捉自"功能绘圆

4.3.3 显示/隐藏线宽

线宽是指定给图形对象和某些类型的文字的宽度值。通过单击状态栏上的“线宽”按钮，可以切换显示或隐藏图形线宽效果。

4.4 绘制二维图形

不论工程图形多么复杂，一般均由基本图形对象，即直线段、圆、圆弧等图形对象组成。因此，用 AutoCAD 绘制工程图时，应首先掌握基本图形的绘制，基本二维图形是用 AutoCAD 绘制工程图的基础。

4.4.1 绘制点

点对象可用作捕捉和偏移对象的节点或参考点。可以通过“单点”、“多点”、“定数等分”和“定距等分”等 4 种方法创建点对象。

1. 定义点的样式

选择菜单命令“格式|点样式”，打开“点样式”对话框选择点的样式(见图 4.32)。

2. 绘制单点

在快速访问工具栏选择“显示菜单栏”命令，再选择菜单命令“绘图|点|单点”，输入点的坐标值或单击鼠标，可以在绘图窗口中一次指定一个点。如果当前没有显示点的图标，则应修改点的样式。

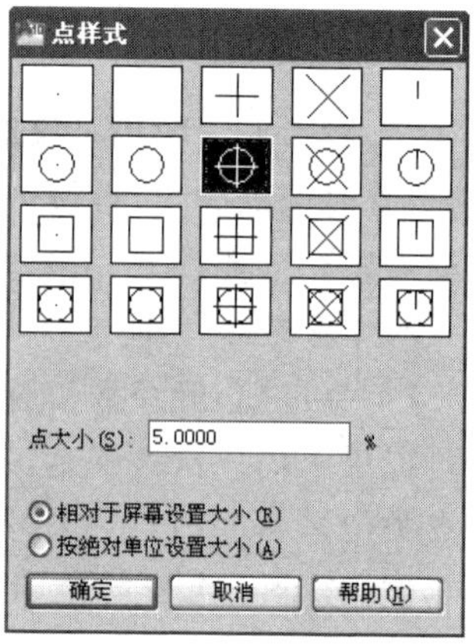

3. 绘制多点

选择菜单命令“绘图|点|多点”，或在功能区中选择“常用”选项卡，展开绘图面板，在“绘图”面板中单击“多点”按钮，在视图中连续单击可以连续绘制多个点，直到按 Esc 键结束点的绘制。

图 4.32 “点样式”对话框

4. 绘制定数等分点

绘图时绘制一个点的情况比较少，通常是执行定数等分和定距等分命令，自动生成点。菜单命令“绘图|点|定数等分”，或“绘图”面板中单击“定数等分”按钮，可以将所选对象等分为指定数目的相等长度或在等分点处插入块，但并不是将对象实际等分为单独的对象。

5. 绘制定距等分点

菜单命令“绘图|点|定距等分”，或在“绘图”面板中单击“定距等分”按钮，从最靠近选择对象的点的端点处开始，根据指定的长度，在对象上创建点或插入块。但有时等分对象的最后一段的长度有可能不等于指定的长度。

4.4.2 绘制构造线和射线

构造线是一条无限长的直线，主要是起辅助作用。例如用构造线查找三角形的中心，创建临时交点用于对象捕捉等。

在快速访问工具栏选择“显示菜单栏”命令，在弹出的菜单中选择“绘图|构造线”命令，或在功能区中，选择“常用”选项卡，在“绘图”面板中单击“构造线”按钮，都可绘制构造线。

构造线是向两个相反的方向无限延伸的，而射线是一端固定、另一端无限延伸的直线。使用射线代替构造线有助于减少视图混乱。

菜单命令“绘图|射线”，或在“绘图”面板中单击“射线”按钮，指定射线的起点和通过点即可绘制一条射线。

4.4.3 绘制直线

单击“绘图”面板上的“直线”按钮，或选择“绘图|直线”菜单命令，或直接执行 LINE 命令，可绘制直线段。

可以根据世界坐标值、极坐标值或相对坐标值绘制直线。启动“正交”模式时，可以绘制出垂直或水平的直线。

4.4.4 绘制矩形

单击“绘图”面板上的“矩形”按钮，或选择“绘图|矩形”菜单命令，或者直接执行 RECTANGLE 命令，可绘制出倒角矩形、圆角矩形、有宽度的矩形等多种矩形，如图 4.33 所示。

4.4.5 绘制正多边形

单击“绘图”面板上的“正多边形”按钮，或选择“绘图|正多边形”菜单命令，或者直接执行 POLYGON 命令，可绘制边数为 3～1024、内接于圆或外切于圆的正多边形，如图 4.34 所示。

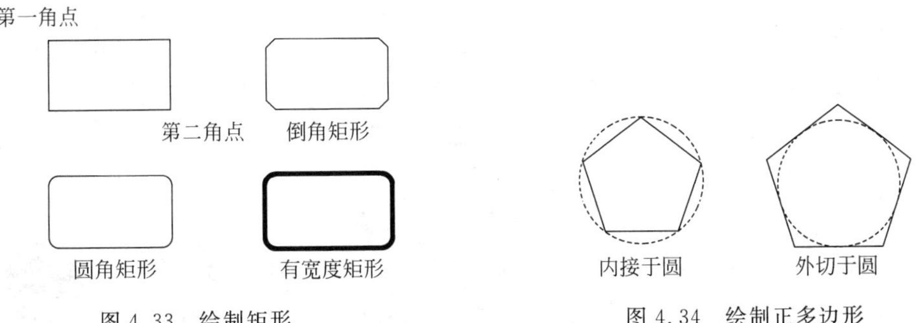

图 4.33　绘制矩形

图 4.34　绘制正多边形

4.4.6 绘制曲线对象

1. 绘制圆弧

在快速访问工具栏选择“显示菜单栏”命令，在弹出的菜单中选择“绘图|圆弧”命令，或在功能区中选择“常用”选项卡，在“绘图”面板中单击“三点”按钮右侧的下拉按钮，弹出子命令按钮列表，单击任意一个子命令按钮，即可绘制圆弧(见图 4.35)。在 AutoCAD 2010 中，

绘制圆弧的方法共有 11 种。除第一种“三点”方法外，其他方法都是从起点到端点逆时针绘制圆弧。

2. 绘制圆

在快速访问工具栏选择“显示菜单栏”命令，在弹出的菜单中选择“绘图|圆”命令，或在“功能区”选项板中选择“常用”选项卡，在“绘图”面板中单击“圆心、半径”按钮右侧的下拉按钮，弹出子命令按钮列表，单击任意一个子命令按钮，即可绘制圆（见图 4.36）。在 AutoCAD 2010 中，共有 6 种方法绘制圆。

3. 绘制椭圆和椭圆弧

在快速访问工具栏选择“显示菜单栏”命令，在弹出的菜单中选择“绘图|椭圆”命令，或在功能区中选择“常用”选项卡，在“绘图”面板中单击“椭圆弧”按钮右侧的下拉按钮，弹出子命令按钮列表，单击子命令按钮，即可绘制椭圆或椭圆弧（见图 4.37）。

4. 绘制圆环

在快速访问工具栏选择“显示菜单栏”命令，在弹出的菜单中选择“绘图|圆环”命令，或在“功能区”选项板中选择“常用”选项卡，在“绘图”面板单击“圆环”按钮◎，创建实心圆或较宽的环（见图 4.38）。

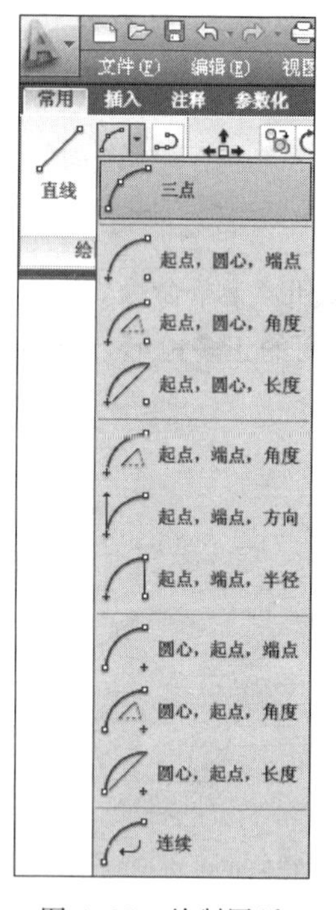

图 4.35　绘制圆弧

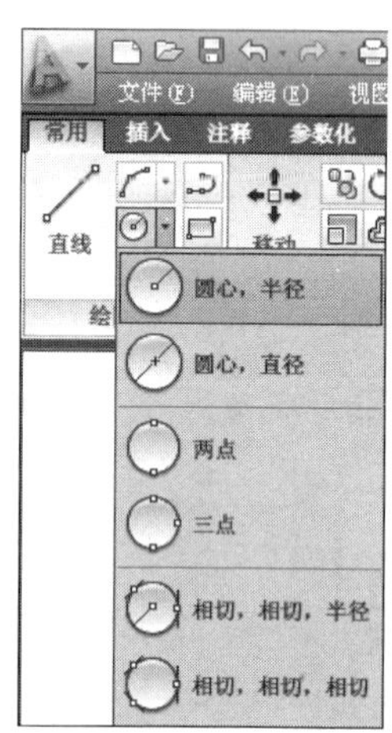

图 4.36　绘制圆

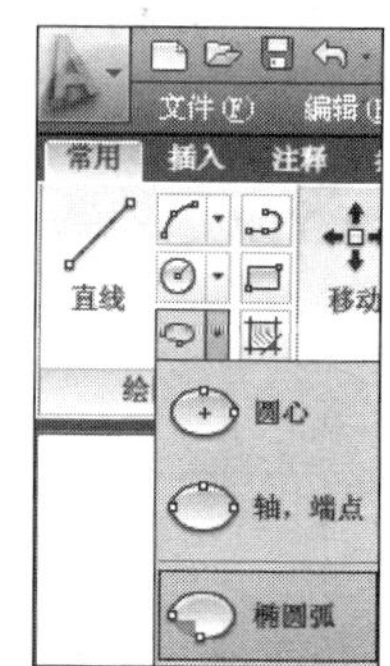

图 4.37　绘制椭圆、椭圆弧

图 4.38　绘制圆环

要创建实心的圆，将内径值指定为零。

圆环内部的填充方式取决于 FILL 命令的当前设置。

4.4.7　绘制与编辑多线

多线由 1～16 条平行线条组成，每条平行线是一个元素，常用于绘制建筑图中的墙体、电子线路图等平行线对象。

平行线之间的间距和数目可以调整，平行线可以有不同的线型和颜色，用户通过定义多线样式来设置多线的线条数以及各线的线型与颜色。

1. 绘制多线

选择"绘图|多线"命令，或者直接执行 MLINE 命令，可绘制多线。

执行 MLINE 命令，AutoCAD 提示：

```
当前设置：对正=上，比例=20.00，样式=STANDARD
指定起点或 [对正(J)/比例(S)/样式(ST)]:
```

提示第一行表明当前的绘图模式，多线对正方式为上，比例为 20.00，样式为 STANDARD；第二行为绘制多线时的选项，"指定起点"用于确定多线的起始点，"对正(J)"控制如何在指定的点之间绘制多线，"比例(S)"用于确定所绘多线的宽度相对于多线定义宽度的比例，"样式(ST)"确定绘制多线时采用的多线样式。

2. 创建多线样式

选择菜单命令"格式|多线样式"，打开"多线样式"对话框(见图 4.39)，可以由用户自定义样式，根据需要定义不同的线数、线型、封口和颜色等。

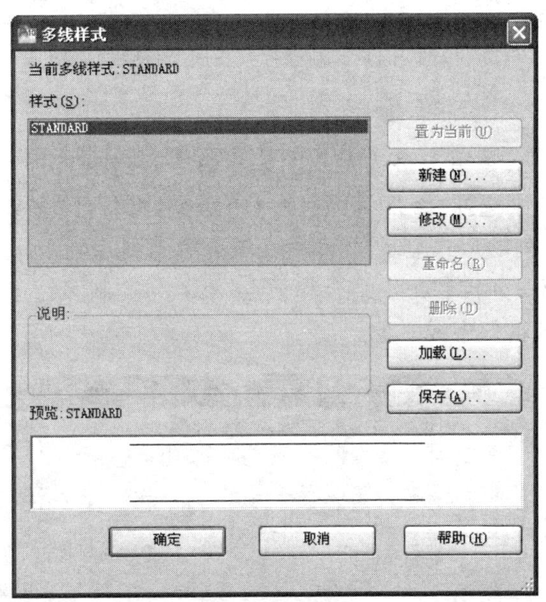

图 4.39　"多线样式"对话框

单击"新建"按钮，AutoCAD 打开"创建新的多线样式"对话框，如图 4.40 所示。

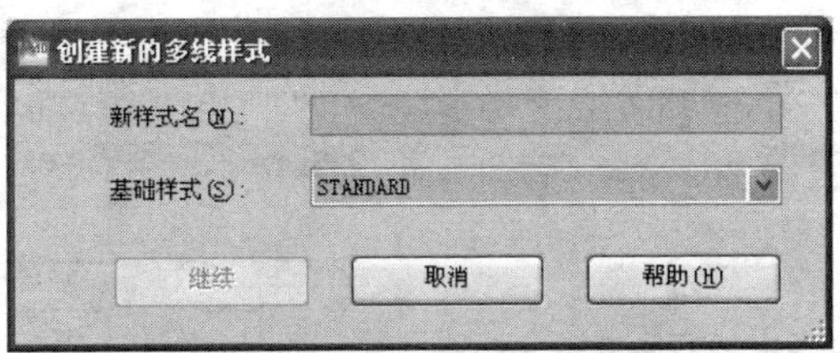

图 4.40　"创建新的多线样式"对话框

在对话框的“新样式名”文本框中输入新样式的名称，并通过“基础样式”下拉列表框选择基础样式后，单击“继续”按钮，AutoCAD 打开“新建多线样式”对话框，如图 4.41 所示。该对话框用于新多线样式的设置。

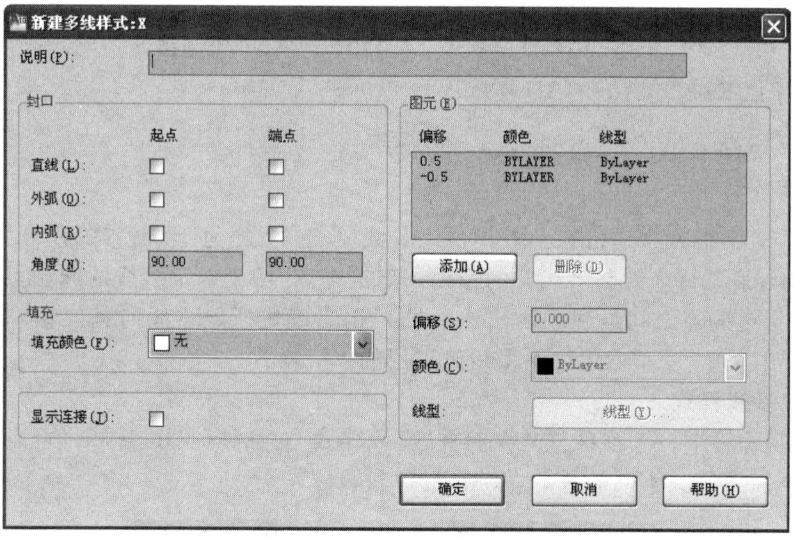

图 4.41　“新建多线样式”对话框

3. 修改多线

多线编辑命令是一个专用于多线对象的编辑命令，在快速访问工具栏选择“显示菜单栏”命令，在弹出的菜单中选择“修改|对象|多线”命令，将打开“多线编辑工具”对话框（见图 4.42）。对话框以 4 列的形式显示了 12 个工具：第 1 列控制十字交叉的多行；第 2 列控制 T 形相交的多行；第 3 列控制角点结合和顶点；第 4 列控制多行中的打断。要使用工具，先单击图标再选择要编辑的多线对象。

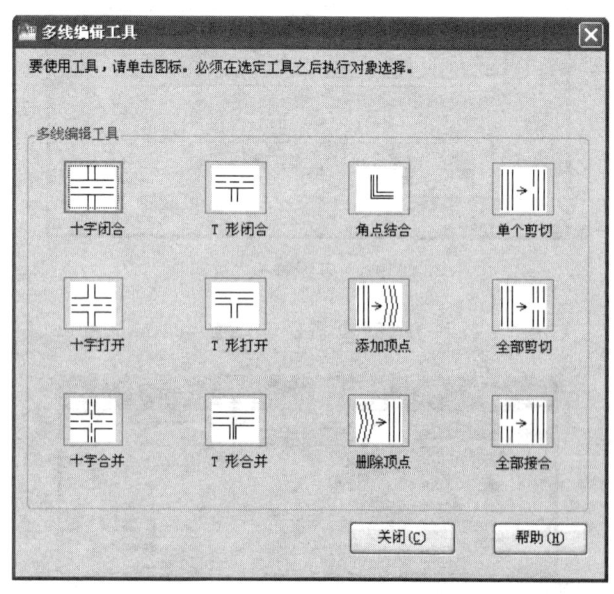

图 4.42　“多线编辑工具”对话框

4.4.8　绘制与编辑多段线

二维多段线是一种非常有用的线段对象，是相互连接的线段序列，可以创建直线段、圆弧段或两者的组合线段。

1. 绘制多段线

在快速访问工具栏选择“显示菜单栏”命令，在弹出的菜单中选择“绘图|多段线”命令，或在功能区中选择“常用”选项卡，在“绘图”面板单击“多段线”按钮，可以绘制多段线。

在实际绘图中，利用多段线可以改变宽度这一特性，可绘制具有宽度的直线、起点端点宽度不同的箭头、指示线等，如机械零件图剖面符号、建筑及装修平面图中楼梯上、下指示线等（见图 4.43）。

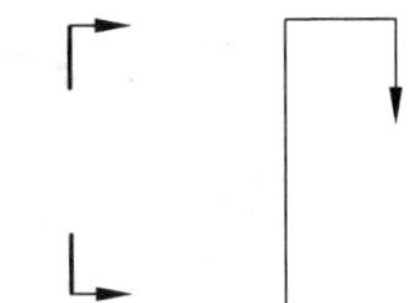

图 4.43　利用多段线绘制箭头

2. 编辑多段线

可以一次编辑一条或多条多段线。在快速访问工具栏选择“显示菜单栏”命令，在弹出的菜单中选择“修改|对象|多段线”命令(PEDIT)，或在功能区中选择“常用”选项卡，在“修改”面板中单击“编辑多段线”按钮，可对二维多段线进行编辑。

PEDIT 的常见用途包含合并二维多段线、将线条和圆弧转换为二维多段线以及将多段线转换为近似 B 样条曲线的曲线(拟合多段线)。

4.5　图 形 编 辑

AutoCAD 2010 提供了丰富的图形编辑命令，如删除、复制、移动、旋转、镜像、偏移、阵列、拉伸及修剪等(见图 4.44)。使用这些编辑命令，可以修改已有图形或通过已有图形构造出新的复杂图形。

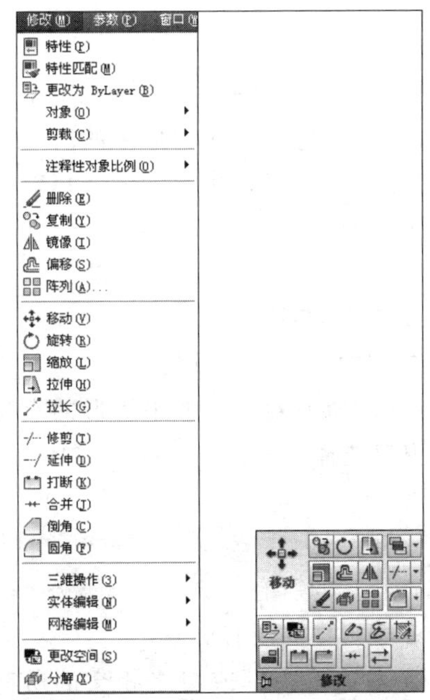

图 4.44　“修改”菜单和“修改”面板

4.5.1　选择一种修改对象的方法

用户可以从以下方法中选择一种以确定修改对象：

(1) 先输入命令，然后选择要修改的对象。

(2) 先选择对象，然后输入用于修改对象的命令。

(3) 选择一个对象并在其上右击，以显示具有相关选项的快捷菜单。

(4) 双击对象以显示“特性”选项板，或者在某些情况下，将显示一个与该类对象相关的对话框或编辑器。

4.5.2　选择对象

在编辑图形之前，首先要选择编辑的对象。Auto-

CAD 用虚线亮显所选的对象，这些对象就构成选择集。选择集可以包含单个对象，也可以包含复杂的对象编组。

1. 选择集设置

在快速访问工具栏选择“显示菜单栏”命令，在弹出的菜单中选择“工具|选项”命令，通过打开的“选项”对话框的“选择集”选项卡，设置选择集模式、拾取框的大小及夹点功能（见图 4.45）。

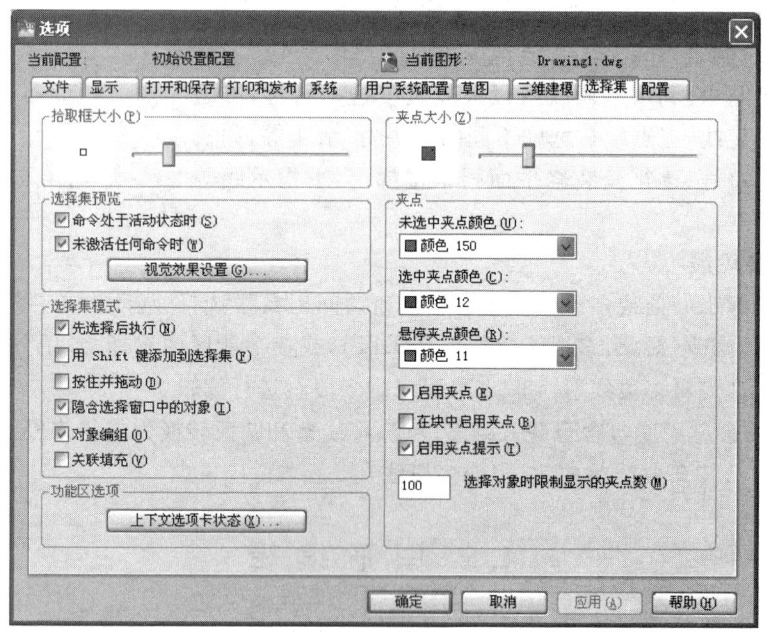

图 4.45　选择集设置

2. 常用选择对象的方法

AutoCAD 中选择对象的方法很多，例如，可以通过单击对象逐个拾取，也可利用矩形窗口或窗交（交叉窗口）选择，可以选择最近创建的对象、前面的选择集或图形中的所有对象，也可以向选择集中添加对象或从中删除对象。具体地说，AutoCAD 中常用的选择对象的方法有以下几种。

（1）单击对象直接拾取。

（2）窗口选择：从左向右拖动光标，仅选择完全位于窗口中的对象。

（3）窗交选择：从右向左拖动光标，以选择矩形窗口包围的或相交的对象。

（4）框选：由两点确定矩形，选择矩形内部或与之相交的所有对象。如果矩形的点是从右至左指定的，则框选与窗交选择等效。否则，框选与窗口选择等效。

（5）选择全部对象。

（6）上一个(L)：选择最近一次创建的可见对象。

（7）栏选：选择栏的外观类似于多段线，选择与选择栏相交的所有对象。

（8）圈围：通过待选对象周围的点定义多边形，选择多边形中的所有对象。

（9）圈交：通过待选对象周围的点定义多边形，选择多边形内部或与之相交的所有对象。

(10) 编组：选择指定组中的全部对象。

4.5.3　删除对象

在快速访问工具栏选择“显示菜单栏”命令，在弹出的菜单中选择“修改|删除”命令(ERASE)，或在功能区中选择“常用”选项卡，在“修改”面板中单击“删除”按钮，即可删除选中的对象。

4.5.4　移动或旋转对象

可以将对象移到其他位置，也可以通过按角度或相对于其他对象进行旋转来修改对象的方向。

1. 移动对象

可以从原对象以指定的角度和方向移动对象。使用坐标、栅格捕捉、对象捕捉和其他工具可以精确移动对象。

在快速访问工具栏选择“显示菜单栏”命令，在弹出的菜单中选择“修改|移动”命令(MOVE)，或在功能区中选择“常用”选项卡，在“修改”面板中单击“移动”按钮，可在指定方向上按指定距离移动对象。

2. 旋转对象

可以绕指定基点旋转图形中的对象。可以按指定角度旋转对象，通过拖动旋转对象，旋转对象到绝对角度(使用“参照”选项旋转对象，使其与绝对角度对齐)。

在快速访问工具栏选择“显示菜单栏”命令，在弹出的菜单中选择“修改|旋转”命令(ROTATE)，或在功能区中选择“常用”选项卡，在“修改”面板中单击“旋转”按钮，可以将对象绕基点旋转指定的角度。

例　要旋转图 4.46 中的直角三角形，使斜边垂直，可以先选择整个三角形，指定基点，然后输入“参照”选项，再指定斜边的两个端点，最后输入新角度 90。

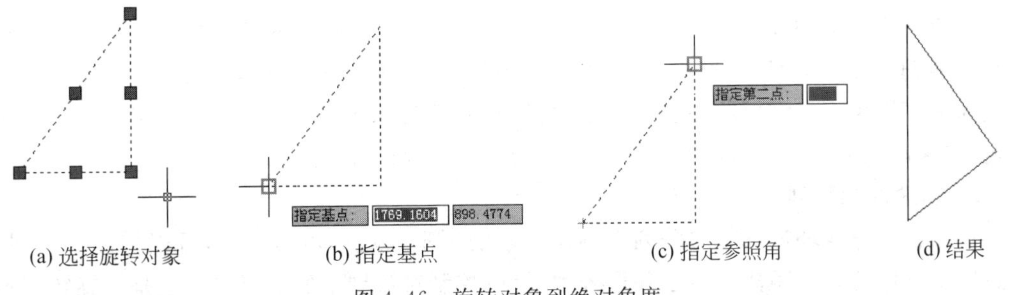

(a) 选择旋转对象　(b) 指定基点　(c) 指定参照角　(d) 结果

图 4.46　旋转对象到绝对角度

4.5.5　复制、偏移或镜像对象

可以在图形中创建对象的副本，副本可以与选定对象相同或相似。

1. 复制对象

可以从原对象以指定的角度和方向创建对象的副本。使用坐标、栅格捕捉、对象捕捉和其他工具可以精确复制对象。也可以使用夹点快速移动和复制对象。

在快速访问工具栏选择“显示菜单栏”命令，在弹出的菜单中选择“修改|复制”命令(COPY)，或在功能区中选择“常用”选项卡，在“修改”面板中单击“复制”按钮，可以对已有的对象复制出副本，并放置在指定的位置。

执行 COPY 命令，AutoCAD 提示：

```
选择对象：(选择要复制的对象)
选择对象：↙(回车，也可继续选择对象)
指定基点或 [位移(D)/模式(O)] <位移>：
```

1）指定基点

确定复制基点，为默认项。指定复制基点后，AutoCAD 提示：

```
指定第二个点或 <使用第一个点作为位移>：
```

在此提示下再确定一点，AutoCAD 将所选择对象按由两定确定的位移矢量复制到指定位置。

2）位移

指定基点时如果直接按 Enter 键或 Space 键，AutoCAD 提示：

```
指定位移<0.0000, 0.0000, 0.0000>：
```

在此提示下输入坐标值(直角坐标或极坐标)，AutoCAD 将所选择对象按与各坐标值对应的坐标分量作为位移量复制对象。

3）模式

确定复制模式。选择该选项，AutoCAD 提示：

```
输入复制模式选项 [单个(S)/多个(M)] <多个>：
```

“单个(S)”选项表示执行 COPY 命令后只能对选择的对象执行一次复制；而“多个(M)”选项表示可以多次复制，AutoCAD 默认为“多个(M)”。

可通过拖动移动和复制对象。可以单击鼠标左键选择对象，并将其拖动到新位置，同时按 Ctrl 键进行复制。使用此方法，可以在打开的图形以及其他应用程序之间拖放对象。

如果使用鼠标右键而非左键进行拖动，拖动对象后系统会显示一个快捷菜单。菜单选项包括“移动到此处”、“复制到此处”、“粘贴为块”和“取消”。

2. 创建对象阵列

可以在矩形或环形(圆形)阵列中创建对象的副本。对于矩形阵列，可以控制行和列的数目以及它们之间的距离。对于环形阵列，可以控制对象副本的数目并决定是否旋转副本。对于创建多个定间距的对象，排列比复制要快。

在快速访问工具栏选择“显示菜单栏”命令，在弹出的菜单中选择“修改|阵列”命令(ARRAY)，或在功能区中选择“常用”选项卡，在“修改”面板中单击“阵列”按钮，都可以打开“阵列”对话框，可以在该对话框中设置以矩形阵列或者环形阵列方式多重复制对象(见图 4.47)。

要修改矩形阵列的旋转角度，请在“阵列角度”旁边输入新角度。

创建环形阵列时，阵列按逆时针或顺时针方向绘制，这取决于设置填充角度时输入的是

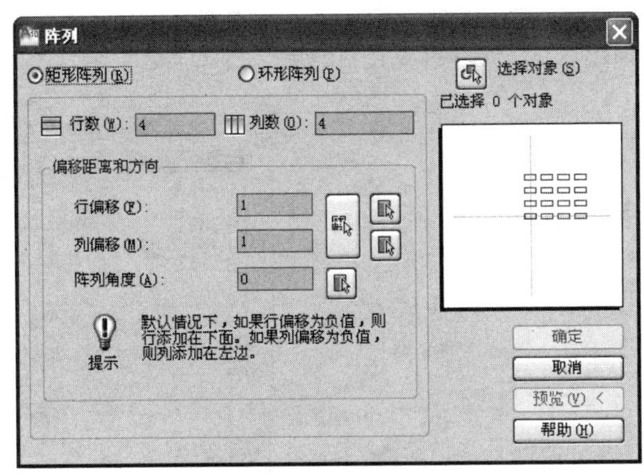

图 4.47　“阵列”对话框

正值还是负值。

3. 偏移对象

偏移操作又称为偏移复制，创建其造型与原始对象造型相平行的新对象，可用于创建同心圆、平行线或等距曲线。可以偏移直线、圆弧、圆、椭圆和椭圆弧(形成椭圆形样条曲线)、二维多段线、构造线(参照线)和射线、样条曲线。

在快速访问工具栏选择“显示菜单栏”命令，在弹出的菜单中选择“修改|偏移”命令(OFFSET)，或在功能区中选择“常用”选项卡，在“修改”面板中单击“偏移”按钮，可以对指定的直线、圆弧、圆等对象作同心偏移复制。

4. 镜像对象

可以绕指定轴翻转对象创建对称的镜像图像。镜像对创建对称的对象非常有用，因为可以快速地绘制半个对象，然后将其镜像，而不必绘制整个对象。

在快速访问工具栏选择“显示菜单栏”命令，在弹出的菜单中选择“修改|镜像”命令(MIRROR)，或在功能区中选择“常用”选项卡，在“修改”面板中单击“镜像”按钮，可以将对象以镜像线对称复制。

4.5.6　修改对象的形状和大小

可以使用以下几种方法调整现有对象相对于其他对象的长度，而无论是否对称。

1. 修剪或延伸对象

可以通过缩短或拉长，使对象与其他对象的边相接。这意味着可以先创建对象(例如直线)，然后调整该对象，使其恰好位于其他对象之间。

选择的剪切边或边界无需与修剪对象相交。可以将对象修剪或延伸至投影边或延长线交点，即对象延长后相交的地方。

1) 修剪对象

可以修剪对象，使它们精确地终止于由其他对象定义的边界。

在快速访问工具栏选择“显示菜单栏”命令，在弹出的菜单中选择“修改|修剪”命令(TRIM)，或在功能区中选择“常用”选项卡，在“修改”面板中单击“修剪”按钮，即可修剪

对象。

例 通过修剪清理墙角多余线段(见图 4.48)。

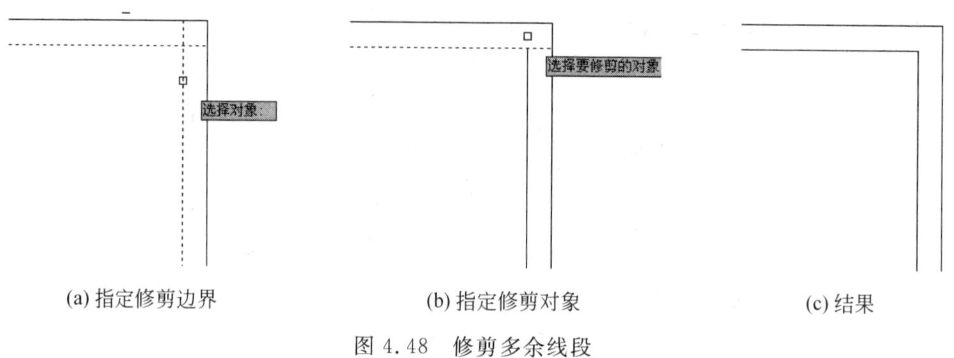

(a) 指定修剪边界　(b) 指定修剪对象　(c) 结果

图 4.48 修剪多余线段

2) 延伸对象

延伸对象,使它们精确地延伸至由其他对象定义的边界边。延伸的操作方法与修剪相似。

在快速访问工具栏选择"显示菜单栏"命令,在弹出的菜单中选择"修改|延伸"命令(EXTEND),或在功能区中选择"常用"选项卡,在"修改"面板中单击"修剪"按钮右侧的下拉按钮,在弹出的按钮列表中单击"延伸"按钮,即可延长指定对象与另一对象相交或外观相交。

例 延伸弧线至边界(见图 4.49)。

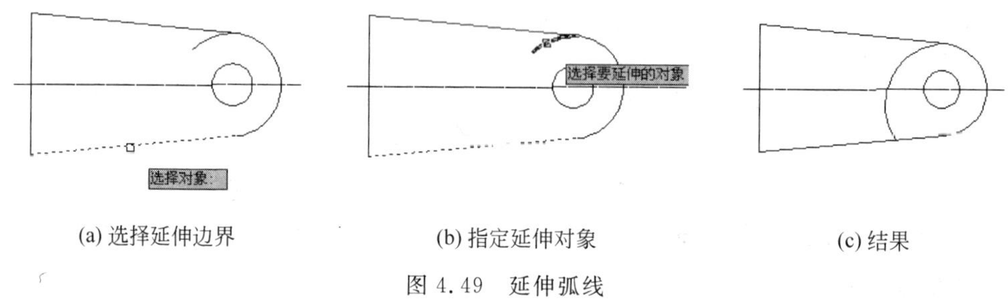

(a) 选择延伸边界　(b) 指定延伸对象　(c) 结果

图 4.49 延伸弧线

2. 调整对象大小或形状

可以调整对象大小使其在一个方向上或是按比例增大或缩小。还可以通过移动端点、顶点或控制点来拉伸某些对象。

1) 拉长对象

使用"拉长"可以更改圆弧的夹角,及直线、圆弧、开放的多段线、椭圆弧、开放的样条曲线的长度。

用户可以动态拖动对象的端点,按总长度或角度的百分比指定新长度或角度,指定从端点开始测量的增量长度或角度,指定对象的总绝对长度或包含角等方法拉长对象。

在快速访问工具栏选择"显示菜单栏"命令,在弹出的菜单中选择"修改|拉长"命令(LENGTHEN),或在功能区中选择"常用"选项卡,在"修改"面板中单击"拉长"按钮,即可修改线段或者圆弧的长度。

动态拖动模式通过拖动选定对象的端点之一来改变其长度。其他端点保持不变。不改变其位置或方向，对选择对象进行拉长或截断。

2）拉伸对象

使用 STRETCH，可以重定位穿过或在窗交选择窗口内的对象的端点。

在快速访问工具栏选择“显示菜单栏”命令，在弹出的菜单中选择“修改|拉伸”命令(STRETCH)，或在功能区中选择“常用”选项卡，在“修改”面板中单击“拉伸”按钮，即可以移动或拉伸对象。

执行拉伸命令时，使用交叉窗口或交叉多边形选择对象，然后执行以下操作之一：

(1) 以相对笛卡儿坐标、极坐标、柱坐标或球坐标的形式输入位移。无需包含@符号，因为相对坐标是假设的。在输入第二个位移点提示下，按 Enter 键。

(2) 指定拉伸基点，然后指定第二点，以确定距离和方向。

最后将拉伸交叉窗口部分包围的对象，移动(而不是拉伸)完全包含在交叉窗口中的对象或单独选定的对象(见图 4.50)。

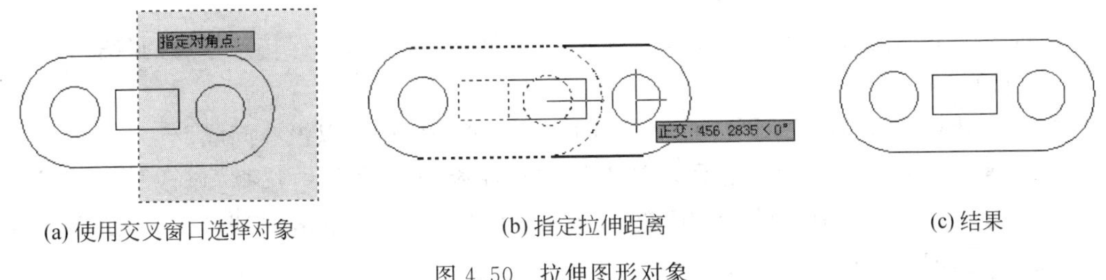

(a) 使用交叉窗口选择对象　(b) 指定拉伸距离　(c) 结果

图 4.50　拉伸图形对象

3）使用比例因子缩放对象

使用 SCALE，可以将对象按统一比例放大或缩小。要缩放对象，需指定基点和比例因子。比例因子大于 1 时将放大对象，比例因子小于 1 时将缩小对象。

在快速访问工具栏选择“显示菜单栏”命令，在弹出的菜单中选择“修改|缩放”命令(SCALE)，或在功能区中选择“常用”选项卡，在“修改”面板中单击“缩放”按钮，即可启动缩放图形对象的操作。

4.5.7　圆角、倒角、打断或合并对象

可以修改对象使其以圆角或平角相接，也可以在对象中创建或闭合间隔。

1. 圆角

使用与对象相切并且具有指定半径的圆弧连接两个对象。可以对圆弧、圆、椭圆、椭圆弧、直线、多段线、射线、样条曲线和构造线执行圆角操作。

在快速访问工具栏选择“显示菜单栏”命令，在弹出的菜单中选择“修改|圆角”命令(FILLET)，或在功能区中选择“常用”选项卡，在“修改”面板中单击“圆角”按钮，即可对对象倒圆角。

第一次使用 FILLET 命令输入的圆角半径值将成为后续 FILLET 命令的当前半径。修改此值并不影响现有的圆角弧。

可以使用“修剪”选项指定是否修剪选定对象、将对象延伸到创建的弧的端点，或不作修

改(见图 4.51)。

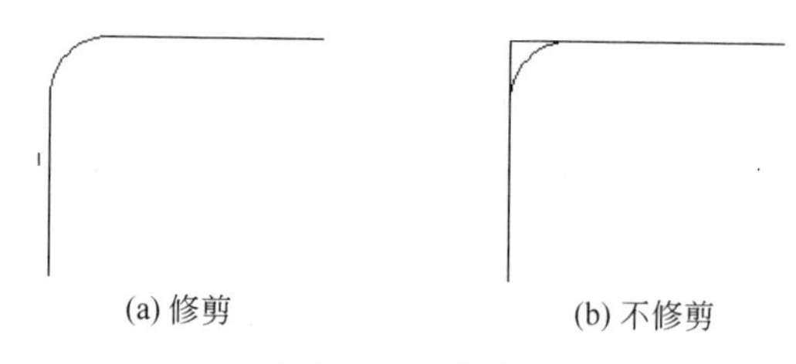

图 4.51　修剪选项

2. 倒角

倒角使用成角的直线连接两个对象。将按用户选择对象的次序应用指定的距离和角度。可以倒角直线、多段线、射线和构造线。

在快速访问工具栏选择“显示菜单栏”命令,在弹出的菜单中选择“修改|倒角”命令(CHAMFER),或在功能区中选择“常用”选项卡,在“修改”面板中单击“圆角”按钮的右侧下拉按钮,再单击“倒角”按钮,即可为对象绘制倒角。

默认情况下,对象在倒角时被修剪,但可以用“修剪”选项指定保持不修剪的状态。

3. 打断对象

将一个对象打断为两个对象,对象之间可以具有间隔,也可以没有间隔。

在快速访问工具栏选择“显示菜单栏”命令,在弹出的菜单中选择“修改|打断”命令(BREAK),或在功能区中选择“常用”选项卡,在“修改”面板中单击“打断”按钮或“打断于点”按钮,即可执行打断操作。

默认情况下,在选择对象上指定的点为第一个打断点。要选择其他断点对,请输入 f(第一个),然后指定第一个断点。

要打断对象而不创建间隔,请在相同的位置指定两个打断点。完成此操作的最快方法是在提示输入第二点时输入@0,0,或直接单击“打断于点”按钮。

可以在大多数几何对象上创建打断,但不包括块、标注、多线、面域。

4. 合并对象

合并相似的对象以形成一个完整的对象。要合并的对象必须位于相同的平面上。可以使用圆弧和椭圆弧创建完整的圆和椭圆。可以合并圆弧、椭圆弧、直线、多段线、样条曲线。

在快速访问工具栏选择“显示菜单栏”命令,在弹出的菜单中选择“修改|合并”命令(JOIN),或在功能区中选择“常用”选项卡,在“修改”面板中单击“合并”按钮,即可执行合并操作。

4.6　块和图案填充

绘图时,可以把要重复绘制的图形创建成块,指定块的名称、用途及设计者等信息,在需要时直接插入它们,这样既能提高绘图效率,又能节省存储空间、便于修改图形并能够为其添加属性。

利用 AutoCAD 的图案填充功能,可以方便地为指定的区域填充剖面线,或为对象附上外观纹理等图案,广泛应用于机械图、建筑图及地质构造图等各类图形中。

4.6.1　块

块是图形对象的集合。可以把需要经常绘制的图形，如标准件、常用符号等，定义成块。

1. 创建块

在快速访问工具栏选择“显示菜单栏”命令，在弹出的菜单中选择“绘图|块|创建...”命令(BLOCK)，或在功能区中选择“常用”选项卡，在“块”面板中单击“创建”按钮，打开“块定义”对话框(见图 4.52)，可以将已绘制的对象创建为块。

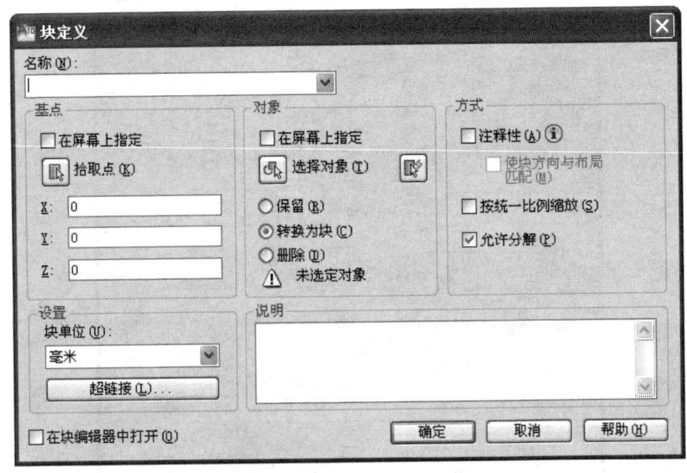

图 4.52　“块定义”对话框

“块定义”对话框中，“名称”用于指定块的名称；“基点”用于指定块的插入基点；“对象”用于指定新块中要包含的对象，以及创建块之后如何处理这些对象，是保留还是删除选定的对象或者是将它们转换成块实例；“方式”用于指定块的行为；“设置”用于指定块的设置，如块单位、超链接等；“说明”用于指定块的文字说明。

2. 插入块

在快速访问工具栏选择“显示菜单栏”命令，在弹出的菜单中选择“插入|块”命令(INSERT)，或在功能区中选择“常用”选项卡，在“块”面板中单击“插入”按钮，将打开“插入”对话框(见图 4.53)。

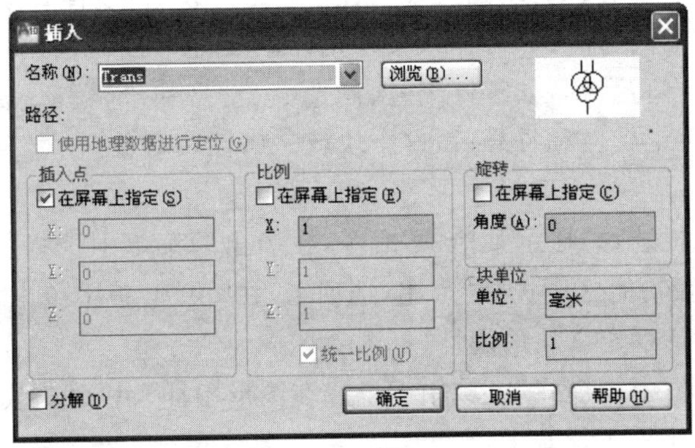

图 4.53　“插入”对话框

使用该对话框，可以在图形中插入块或其他图形，在插入的同时还可以改变所插入块或图形的比例、旋转角度，甚至分解块。

3. 创建用作块的图形文件(定义外部块)

创建用作块的单独图形文件，用于作为块插入到其他图形中。作为块定义源，单个图形文件容易创建和管理。符号集可作为单独的图形文件存储并编组到文件夹中。

执行 WBLOCK 命令将打开“写块”对话框，如图 4.54 所示。

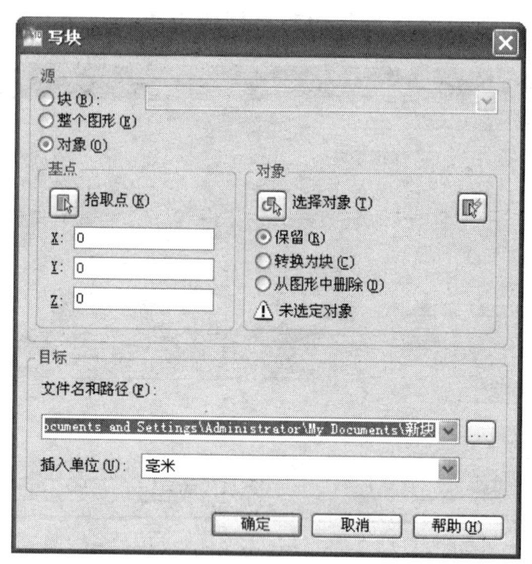

图 4.54　“写块”对话框

“写块”对话框中，“源”区域用于指定块和对象，将其另存为文件并指定插入点；“基点”区域用于指定块的基点，默认值是(0,0,0)；“对象”区域用于指定构成块的对象，以及创建块之后如何处理这些对象；“目标”区域用于指定文件的新名称和新位置以及插入块时所用的测量单位。

用 WBLOCK 命令创建块后，该块以 DWG 格式保存，即以 AutoCAD 图形文件格式保存。

4. 属性

块对象附带的文字信息称为块的属性。在定义一个块时，属性必须预先定义而后选定。创建了带属性的块之后，在插入时可输入文字信息。属性可以将数据附着到块的标签或标记上。属性可能包含多种数据，如零件编号、制造商、型号和价格等。属性必须指定属于哪一个块，当块中包括标记属性和符号后，这个块就是属性块对象。

1) 定义属性

在快速访问工具栏选择“显示菜单栏”命令，在弹出的菜单中选择“绘图|块|定义属性”命令(ATTDEF)，或在功能区中选择“常用”选项卡，在“块”面板中单击“定义属性”按钮，将打开“属性定义”对话框定义块的属性(见图 4.55)。

“属性定义”对话框中，“模式”区域用于设置在图形中插入块时与块关联的属性值选项，包括：

(1) 不可见——指定插入块时不显示或打印属性值。

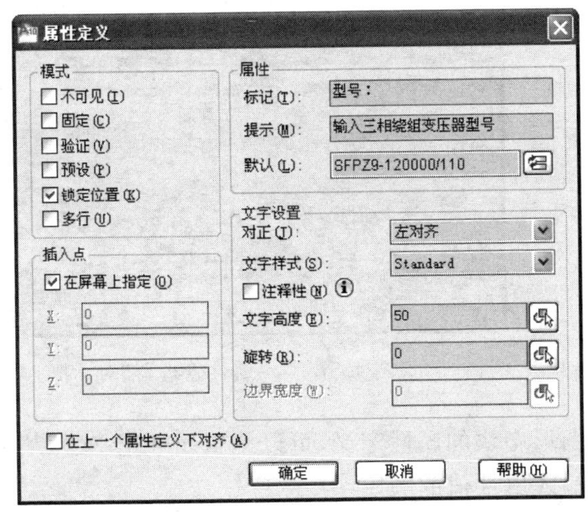

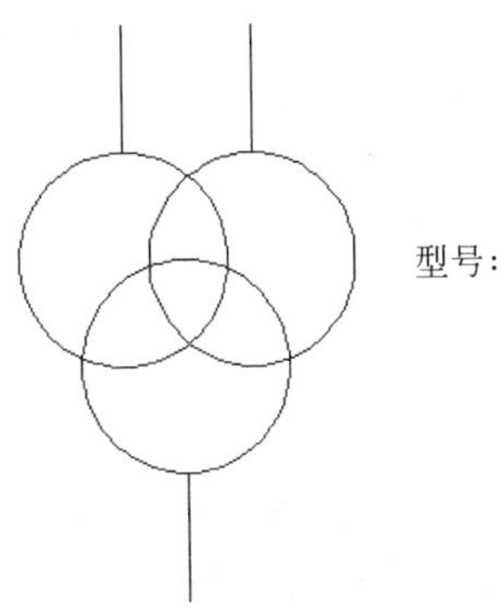

图 4.55　“属性定义”对话框

(2) 固定——在插入块时赋予属性固定值。

(3) 验证——插入块时提示验证属性值是否正确。

(4) 预设——插入包含预设属性值的块时，将属性设置为默认值。

(5) 锁定位置——锁定块参照中属性的位置。解锁后，属性可以相对于使用夹点编辑的块的其他部分移动，并且可以调整多行文字属性的大小。

(6) 多行——指定属性值可以包含多行文字。选定此选项后，可以指定属性的边界宽度。

“属性”区域用于设置属性数据，包括：

(1) 标记——标识图形中每次出现的属性。使用任何字符组合(空格除外)输入属性标记。小写字母会自动转换为大写字母。

(2) 提示——指定在插入包含该属性定义的块时显示的提示。如果不输入提示，属性标记将用作提示。如果在“模式”区域选择“常数”模式，“属性提示”选项将不可用。

(3) 默认——用于设置属性的默认值。

“插入点”区域用于确定属性值的插入点，即属性文字排列的参考点。

“文字设置”区域用于确定属性文字的格式。

2) 插入带属性定义的块

首先要创建带有附加属性的块，在选择对象时既要选择组成块的图形对象，也要选择对应的属性标记。

重新定义带属性的三相绕组变压器符号块，定义块名为 THCL Trans。

带有属性的块创建完成后，就可以使用“插入”对话框在图形文件中插入该块，效果如图 4.56 所示。

3) 块属性管理器

在快速访问工具栏选择“显示菜单栏”命令，在弹出的菜单中选择“修改|对象|属性|块属性管理器...”命令(BATTMAN)，或在功能区中选择“常用”选项卡，在“块”面板中单击“管理属性”按钮，都可打开“块属性管理器”对话框(见图 4.57)。

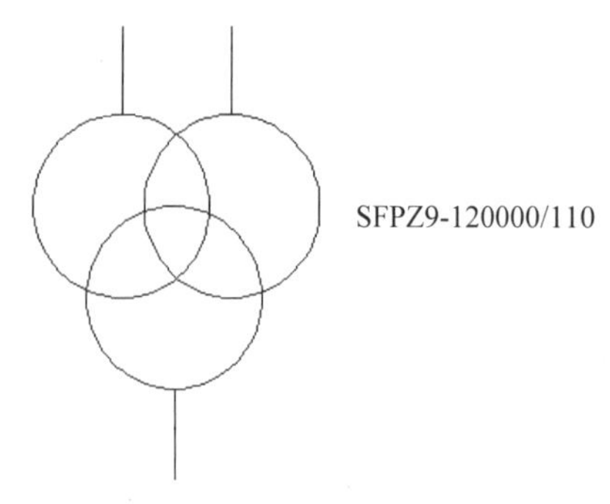

图 4.56 插入带属性的三相绕组变压器符号块

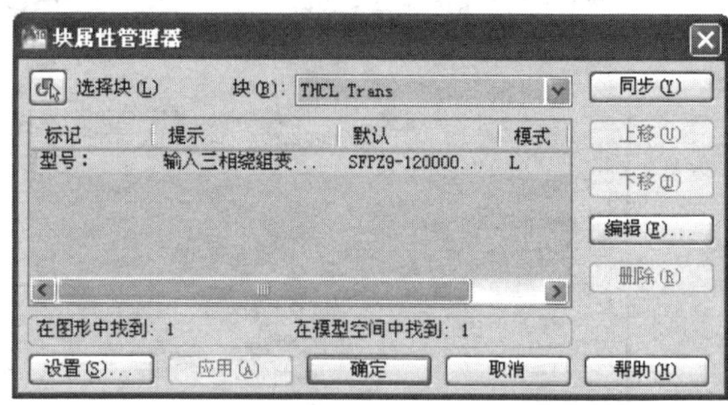

图 4.57 "块属性管理器"对话框

可以用"块属性管理器"管理当前图形中块的属性定义，可以编辑属性定义、从块中删除属性以及更改插入块时系统提示用户输入属性值的顺序。

选定块的属性显示在属性列表中。默认情况下，标记、提示、默认值、模式和注释性属性特性显示在属性列表中。选择"设置"，可以指定要在列表中显示的属性特性。

4.6.2 图案填充

1. 图案填充

使用填充图案、实体填充或渐变填充来填充封闭区域或选定对象。

在快速访问工具栏选择"显示菜单栏"命令，在弹出的菜单中选择"绘图|图案填充"命令(BHATCH)，或在功能区中选择"常用"选项卡，在"绘图"面板中单击"图案填充"按钮，将打开"图案填充和渐变色"对话框(见图 4.58)。

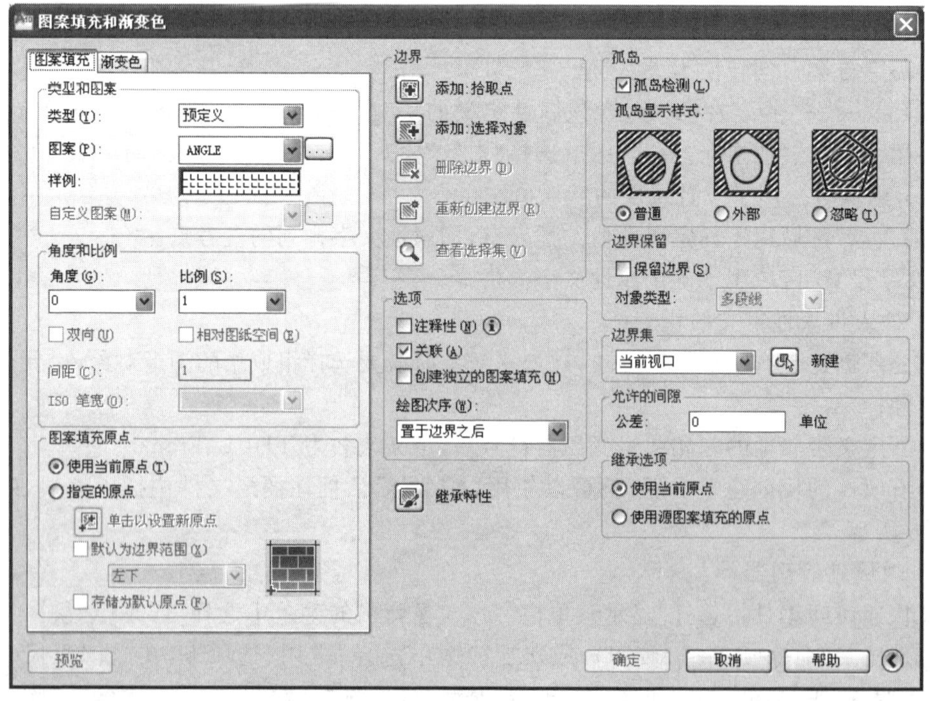

图 4.58 "图案填充和渐变色"对话框

通过“图案填充和渐变色”对话框可定义图案填充和渐变填充对象的边界、图案类型、图案特性和其他特性。对话框中有“图案填充”和“渐变色”两个选项卡：“图案填充”选项卡用于设置填充图案以及相关的填充参数，“渐变色”选项卡可创建单色或双色渐变色填充模式。

单击“图案填充和渐变色”对话框右下角的按钮，将显示更多选项，可以对孤岛和边界进行设置。

AutoCAD 2010 允许对并没有完全封闭的区域做填充。在“允许的间隙”文本框中指定间隙值，该值就是 AutoCAD 填充时可以允许的最大间隙。

2. 编辑图案填充

在快速访问工具栏选择“显示菜单栏”命令，在弹出的菜单中选择“修改|对象|图案填充”命令(HATCHEDIT)，或在功能区中选择“常用”选项卡，在“修改”面板中单击“编辑图案填充”按钮，在绘图窗口中单击需要编辑的填充图案后，将打开“图案填充编辑”对话框(见图 4.59)，即可修改填充图案或图案区域的边界。

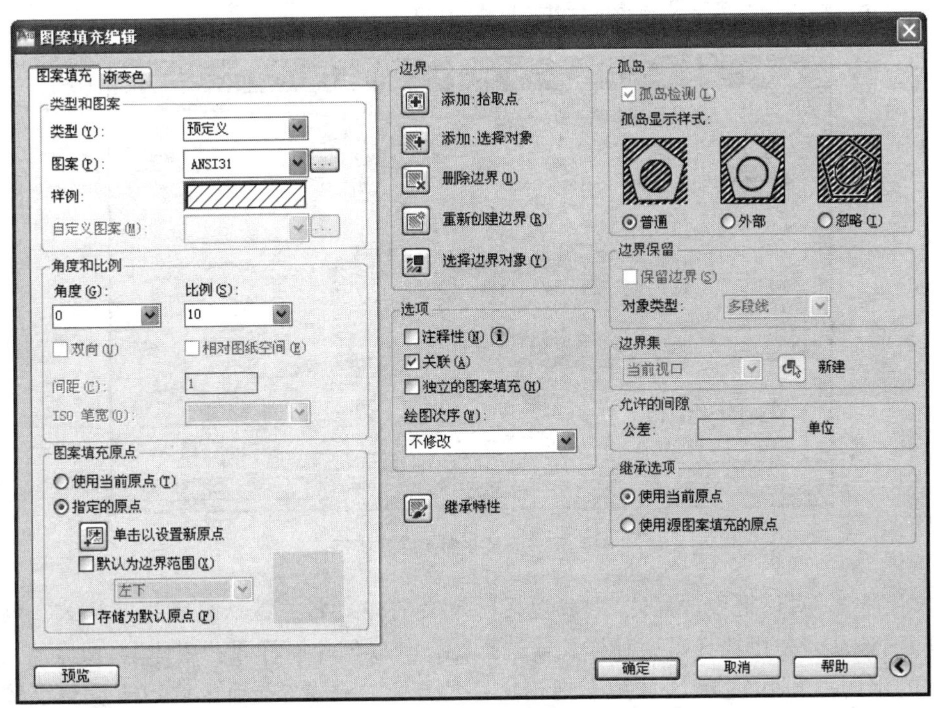

图 4.59　“图案填充编辑”对话框

“图案填充编辑”对话框中各选项的含义与“图案填充和渐变色”对话框中各对应项的含义相同。利用此对话框，用户就可以对已填充的图案进行诸如更改填充图案、填充比例、旋转角度等操作。

4.7　文字和表格

工程制图时经常需要标注一些文字，如机械工程图中的技术要求、装配说明，以及工程制图中的材料说明、施工要求等，一般还要填写标题栏和明细栏等。AutoCAD 2010 提供了完善的文字标注功能，不仅能够方便地标注文字，而且还能够设置文字的标注样式，如字体、文字高度以及是否倾斜等。

在 AutoCAD 2010 中，用户能够直接创建表格，或从其他软件复制表格，大大简化了制表操作。

4.7.1　文字

1. 文字样式

AutoCAD 图形文件中的文字是根据当前文字样式标注的。文字样式包括字体、字高、字颜色、文字标注方向等。在标注文字时，通常使用当前的文字样式，也可以根据具体要求重新设置文字样式或创建新的样式。

在快速访问工具栏选择"显示菜单栏"命令，在弹出的菜单中选择"格式|文字样式"命令(STYLE)，或在功能区中选择"常用"选项卡，单击"注释"面板名称，展开面板，再单击"文字样式"按钮，将打开"文字样式"对话框(见图 4.60)。

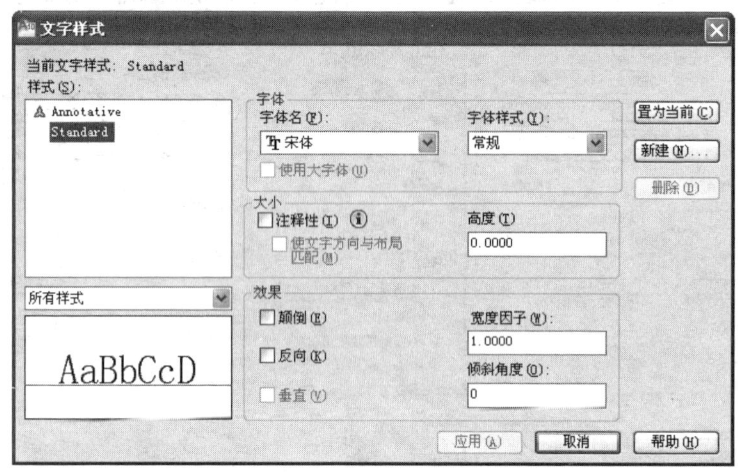

图 4.60　"文字样式"对话框

"文字样式"对话框中，"样式"列表包括已定义的样式名并默认显示当前样式。要更改当前样式，请从列表中选择另一种样式或选择"新建"以创建新样式；"字体"选项区域用于设置样式的字体；"大小"选项区域用于指定文字的高度；"效果"选项区域用于设置字体的特性，例如宽高比、宽度因子、倾斜角以及是否颠倒显示、反向或垂直对齐；预览框用于预览所选择或所定义文字样式的标注效果；"新建"按钮用于创建新样式；"置为当前"按钮用于将选定的样式设为当前样式；"应用"按钮用于确认用户对文字样式的设置。

2. 标注文字

1) 创建单行文字

选择"绘图|文字|单行文字"命令(DTEXT)，或在功能区中选择"常用"选项卡，在"注释"面板中单击"单行文字"按钮，均可在图形中创建创建一行或多行文字，每行文字都是独立的对象。

2) 创建多行文字

选择"绘图|文字|多行文字"命令(MTEXT)，或在功能区中选择"常用"选项卡，在"注

释”面板中单击“多行文字”按钮A，在绘图窗口中指定一个用来放置多行文字的矩形区域后，将打开文字输入窗口和“文字编辑器”选项卡。利用它们可以设置多行文字的样式、字体及大小等属性，如图 4.61 所示。

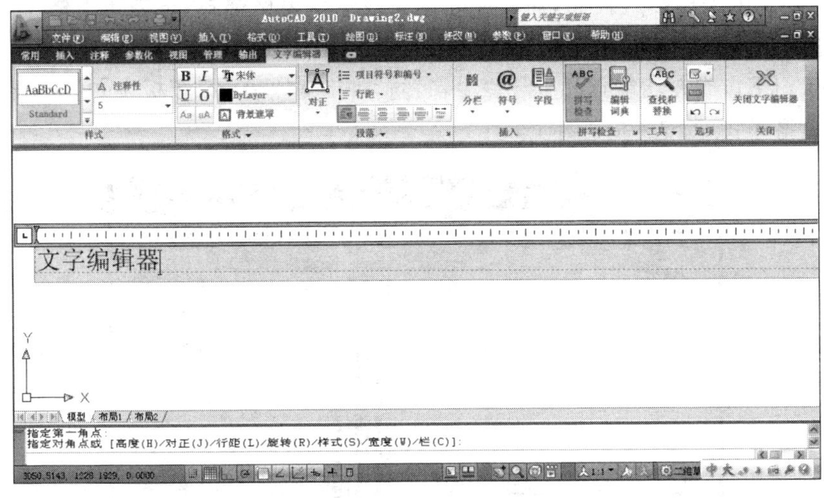

图 4.61　“文字编辑器”选项卡

3）创建特殊字符或符号

标注文字时，有时需要标注一些特殊字符，由于这些特殊字符不能从键盘上直接输入，因此 AutoCAD 提供了相应的控制符，以实现特殊标注要求。

在“文字编辑器”选项卡中，单击“插入”面板上的“符号”按钮@，弹出常用符号列表及其控制代码或 Unicode 字符串（见图 4.62），选择某符号，即可在文本框光标所在位置插入该符号。

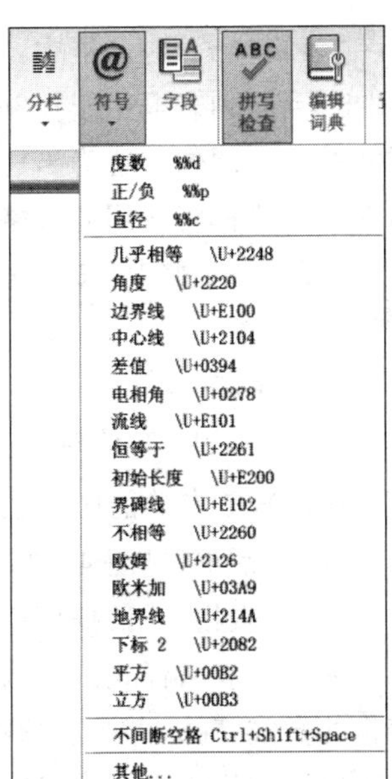

图 4.62　“符号”按钮

3. 编辑文字

在快速访问工具栏选择“显示菜单栏”命令，在弹出的菜单中选择“修改|对象|文字|编辑...”命令（DDEDIT），或在功能区中选择“注释”选项卡，在“文字”面板中单击“编辑”按钮，并选择需要编辑的文字。也可以直接双击文字对象，或选择文字对象，在绘图区域中右击，然后单击“编辑”。

标注文字时使用的标注方法不同，选择文字后 AutoCAD 给出的响应也不相同。如果所选择的文字是单行文字，选择文字对象后，AutoCAD 会在该文字四周显示出一个方框，此时用户可直接修改对应的文字；如果选择的文字是多行文字，AutoCAD 则会弹出在位文字编辑器，并在该对话框中显示出所选择的文字，供用户编辑、修改。

4.7.2　表格

在 AutoCAD 2010 中，可以使用创建表格命令直接创建表格，还可以从 Excel 中复制表格，并将其作为 AutoCAD 表格对象粘贴到图形中，也可以从外部直接导入表格对象。此外，还可以输出 AutoCAD 的表格数据，供在 Excel 或其他应用程序使用。

1. 表格样式

表格的外观由表格样式控制，通常应先创建或选择表格样式，再创建表格。

在快速访问工具栏选择“显示菜单栏”命令，在弹出的菜单中选择“格式|表格样式”命令(TABLESTYLE)，或在功能区中选择“注释”选项卡，在“表格”面板中单击右下角的按钮，打开“表格样式”对话框(见图 4.63)。

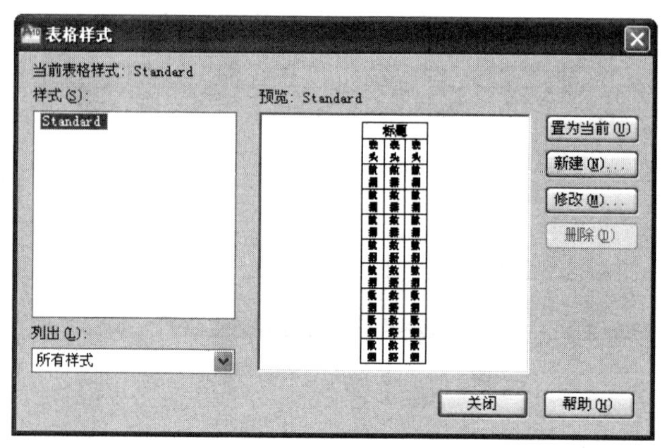

图 4.63　“表格样式”对话框

“表格样式”对话框中，“样式”列表格中列出了满足条件的表格样式，当前样式被亮显；“列出”下拉列表框用于控制“样式”列表格的内容；“预览”框用于显示“样式”列表格中选定样式的预览图像；“置为当前”按钮用于将在“样式”列表框中选中的表格样式设为当前样式，所有新表格都将使用此表格样式创建；“删除”按钮用于删除在“样式”列表框中选中的表格样式；“新建”、“修改”按钮分别用于新建表格样式、修改已有的表格样式，将打开相应的对话框。

2. 创建表格

在快速访问工具栏选择“显示菜单栏”命令，在弹出的菜单中选择“绘图|表格”命令(TABLE)，或在功能区中选择“注释”选项卡，在“表格”面板中单击“表格”按钮，打开“插入表格”对话框(见图 4.64)。

“插入表格”对话框用于选择表格样式，设置表格的有关参数：“表格样式”选项用于选择所使用的表格样式；“插入选项”选项区域用于确定如何为表格填写数据；预览框用于预览表格的样式；“插入方式”选项区域用于设置将表格插入到图形时的插入方式；“列和行设置”选项区域则用于设置表格中的行数、列数以及行高和列宽；“设置单元样式”选项区域用于设置第一行、第二行和其他行的单元样式。

通过“插入表格”对话框确定表格数据后，单击“确定”按钮，而后根据提示确定表格的位置，即可将表格插入到图形。插入表格后，AutoCAD 将显示“文字编辑器”选项卡，并将表格中的第一个单元格醒目显示，此时就可向表格中输入文字，如图 4.65 所示。输入文字时，可以利用 Tab 键和箭头键在各单元格之间进行切换。

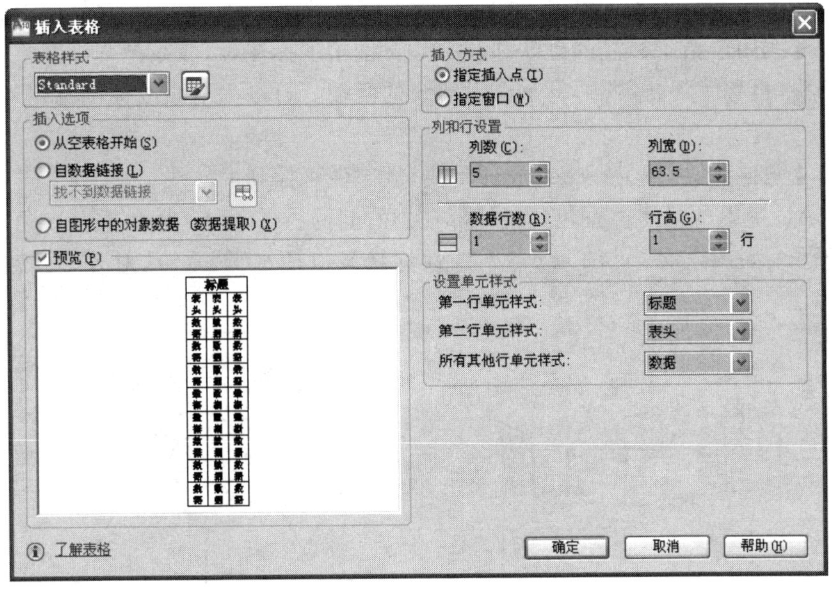

图 4.64　“插入表格”对话框

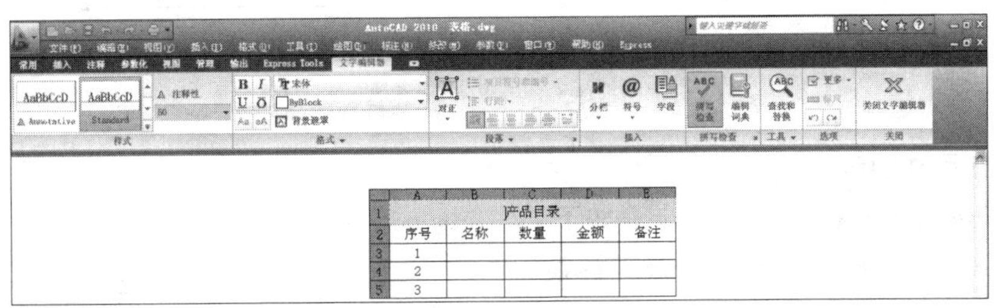

图 4.65　创建表格

4.8　尺寸标注

尺寸标注是工程制图中的一项重要内容。图形除了形状外，还有大小及位置，而这需要用尺寸来表示。AutoCAD 提供了灵活、快捷的尺寸标注工具，用户可以为各种对象创建不同类型的标注，如线性标注、角度标注、直径标注等。同时，AutoCAD 允许用户定义尺寸标注样式，以满足不同国家、不同行业对尺寸标注的要求。

1. 基本概念

标注是向图形中添加测量注释的过程。用户可以为各种对象沿各个方向创建标注。

在 AutoCAD 中，一个完整的尺寸包括标注文字、尺寸线、箭头和尺寸延伸线(尺寸界线)4 部分，如图 4.66 所示。

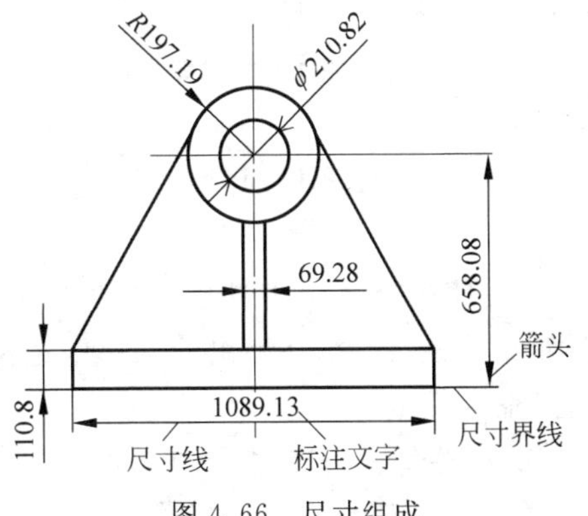

图 4.66　尺寸组成

(1) 标注文字是用于指示测量值的文本字符串。文字还可以包含前缀、后缀和公差。

(2) 尺寸线用于指示标注的方向和范围。对于角度标注,尺寸线是一段圆弧。

(3) 箭头,也称为终止符号,显示在尺寸线的两端。可以为箭头或标记指定不同的尺寸和形状。

(4) 尺寸延伸线,也称为投影线或证示线,从部件延伸到尺寸线。

AutoCAD基本的标注类型包括线性标注、径向标注(半径、直径和折弯)、角度标注、坐标标注和弧长标注等类型(见图4.67)。线性标注又包括水平、垂直、对齐、旋转、基线或连续(链式)标注。

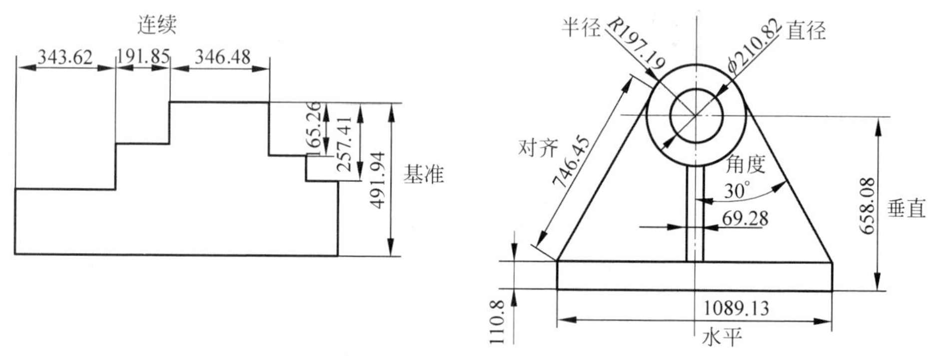

图4.67　尺寸标注类型

2. 标注尺寸的步骤

对图形进行尺寸标注的基本步骤如下:

(1) 创建一个新的图层,用于尺寸标注;

(2) 利用"文字样式"对话框创建一种文字样式,用于尺寸标注;

(3) 利用"标注样式管理器"对话框设置标注样式;

(4) 使用对象捕捉及标注等功能,对图形对象进行标注。

3. 执行尺寸标注命令的方法

用户可以选择以下5种方法中的一种进行尺寸标注:

(1) 在命令行直接输入尺寸标注命令;

(2) 在快速访问工具栏选择"显示菜单栏"命令,在"标注"菜单选择相应的菜单项(见图4.68);

(3) 在功能区中选择"常用"选项卡,在"注释"面板中单击"线性"按钮;

(4) 在功能区中选择"注释"选项卡,在"标注"面板中单击"标注"按钮;

(5) 使用"标注"工具栏(见图4.69)。在快速访问工具栏选择"显示菜单栏"命令,在弹出的菜单中选择"工具|工具栏|AutoCAD|标注"命令。

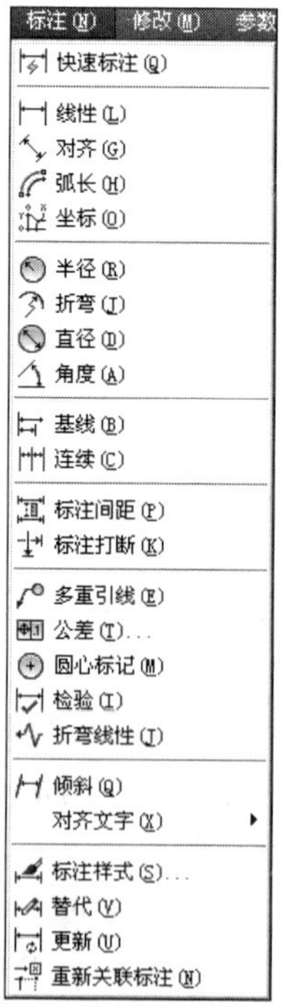

标注(N)　修改(M)　参数
快速标注(Q)
线性(L)
对齐(G)
弧长(H)
坐标(O)
半径(R)
折弯(J)
直径(D)
角度(A)
基线(B)
连续(C)
标注间距(P)
标注打断(K)
多重引线(E)
公差(T)...
圆心标记(M)
检验(I)
折弯线性(J)
倾斜(Q)
对齐文字(X)
标注样式(S)...
替代(V)
更新(U)
重新关联标注(N)

图4.68　"标注"菜单

4. 标注样式管理器

在创建标注前应当选择或设置适合当前图形的标注样式,否则

图 4.69　“标注”工具栏

标注的文字、箭头会很小或很大。

在快速访问工具栏选择“显示菜单栏”命令，在弹出的菜单中选择“格式|标注样式”命令(DIMSTYLE)，或在功能区中选择“注释”选项卡，在“标注”面板中单击“标注样式”按钮 ，打开“标注样式管理器”对话框(图 4.70)。

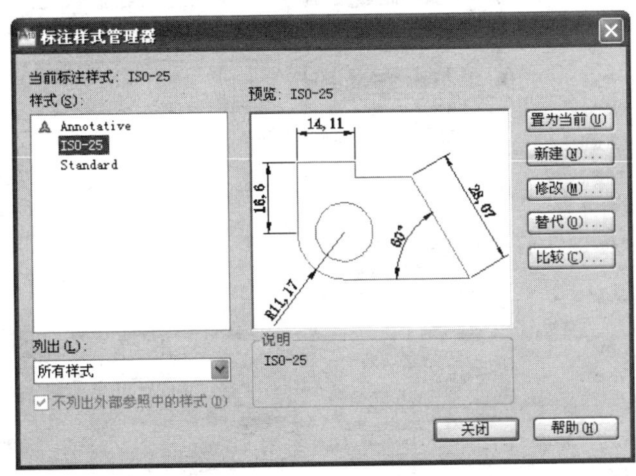

图 4.70　“标注样式管理器”对话框

(1) “当前标注样式”标签显示当前标注样式的名称。

(2) “样式”列表框用于列出已有标注样式的名称。

(3) “列出”下拉列表框用于控制在“样式”列表框中列出哪些标注样式。

(4) “预览”图片框用于显示“样式”列表框中所选中标注样式的图示。

(5) “说明”标签框用于显示“样式”列表框中所选定标注样式的说明。

(6) “置为当前”按钮把指定的标注样式置为当前样式。

(7) “新建”按钮用于定义新标注样式，将显示“创建新标注样式”对话框。

(8) “修改”按钮则用于修改已有标注样式，将显示“修改标注样式”对话框，对话框选项与“新建标注样式”对话框中的选项相同。

(9) “替代”按钮用于设置标注样式的临时替代值。

(10) “比较”按钮用于对两个标注样式进行比较，或列出某一样式的所有特性。

5. 定义新标注样式

在“标注样式管理器”对话框中单击“新建”按钮，将弹出“创建新标注样式”对话框，如图 4.71 所示。

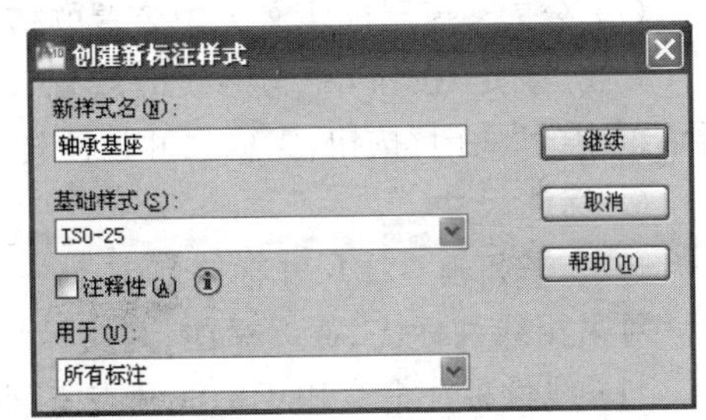

图 4.71　“创建新标注样式”对话框

“创建新标注样式”对话框各选项含义如下：

(1) “新样式名”文本框用于指定新的样式名；

(2) “基础样式”下拉列表框用于设置新标注

样式的基础样式；

(3)"注释性"复选框用于指定新标注样式为注释性；

(4)"用于"下拉列表框用于确定新标注样式的适用范围。列表中有"所有标注"、"线性标注"、"角度标注"、"半径标注"、"直径标注"、"坐标标注"和"引线和公差"等选项。

指定新样式名并进行相关设置后，单击"继续"按钮，AutoCAD将打开"新建标注样式"对话框，如图4.72所示。

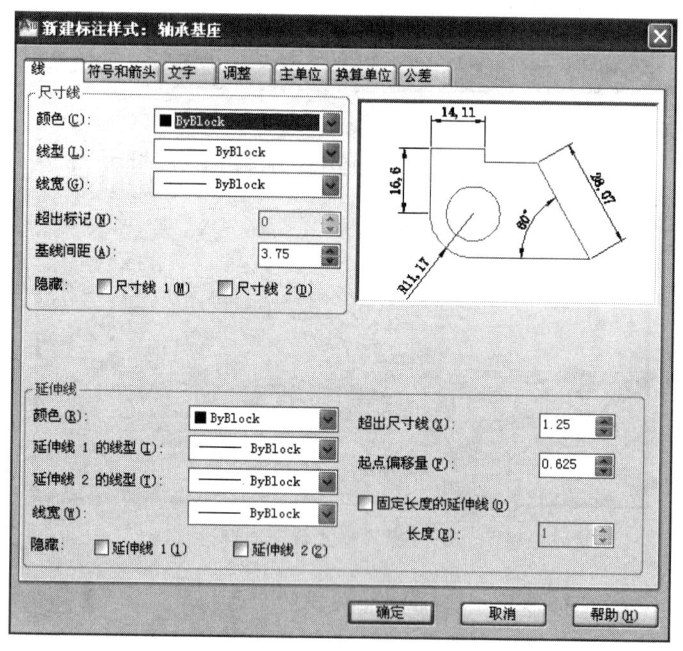

图4.72 "新建标注样式"对话框

"新建标注样式"对话框中有"线"、"符号和箭头"、"文字"、"调整"、"主单位"、"换算单位"和"公差"7个选项卡。

(1) 线：设置尺寸线、延伸线、箭头和圆心标记的格式和特性。

(2) 符号和箭头：设置箭头、圆心标记、弧长符号和折弯半径标注的格式和位置。

(3) 文字：设置标注文字的格式、放置和对齐。

(4) 调整：控制标注文字、箭头、引线和尺寸线的放置。

(5) 主单位：设置主标注单位的格式和精度，并设置标注文字的前缀和后缀。

(6) 换算单位：指定标注测量值中换算单位的显示并设置其格式和精度。

(7) 公差：控制标注文字中公差的格式及显示。

单击"确定"按钮，完成样式的设置，AutoCAD返回至"标注样式管理器"对话框，单击对话框中的"关闭"按钮，完成尺寸标注样式设置。

6. 标注尺寸

1) 水平和垂直线尺寸标注

可采用线性标注、连续标注、基线标注来标注水平和垂直线。

(1) 线性标注命令用于标注两点之间的水平和垂直距离。

(2) 连续标注是指首尾相连的多个标注。

(3) 基线标注是指从同一基线处测量的多个标注。在创建基线标注或连续标注之前，必须先创建一个线性、对齐或角度标注。

2) 对齐标注

对齐标注可创建与指定位置或对象平行的标注，在测量斜线长度或非水平、垂直距离时可以使用对齐标注。

3) 半径和直径标注

半径和直径标注用于测量圆弧或圆的半径、直径尺寸。

4) 折弯的半径标注

当圆弧或圆的中心位于布局之外并且无法在其实际位置显示时，就需要用“折弯”命令为圆和圆弧创建折弯的半径标注(见图 4.73)。“折弯”命令需指定一个圆心，以替代圆弧或圆的实际圆心。

5) 弧长标注

弧长标注用于测量圆弧或多段线弧线段上的距离，经常用于测量围绕凸轮的距离或表示电缆的长度。

为区别于线性标注和角度标注，默认情况下，弧长标注将显示一个圆弧符号，而角度标注会显示角度符号，如图 4.73 所示。

6) 角度标注

角度标注用于测量标注两条直线或三个点之间的角度。

7) 圆心和中心线标注

为圆或圆弧创建圆心标记还是中心线，由用户选择的标注样式决定。

如果在“标注样式管理器”对话框的“符号和箭头”选项卡中，设置圆心标记为“标记”，并设置了大小，标注“圆心标记”时，圆内就会创建两条十字交叉线作为圆心标记。而如果设置圆心标记为“直线”，那会创建出两条十字交叉的点画线作为圆的中心线，如图 4.74 所示。

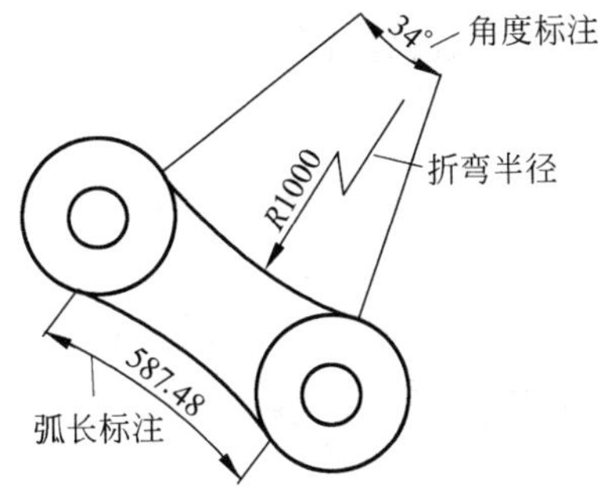

图 4.73　折弯半径、弧长和角度标注示例

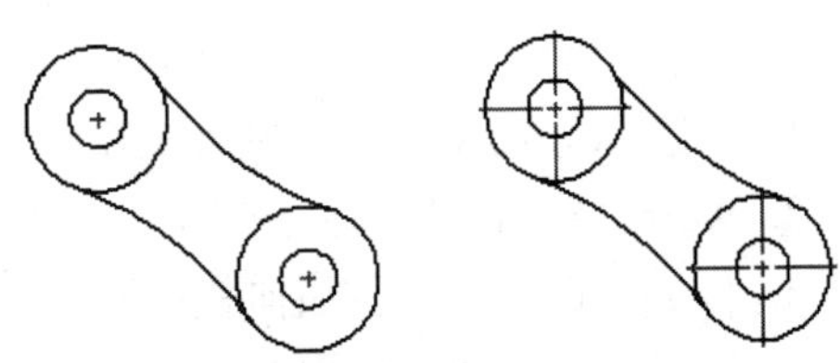

图 4.74　圆心、中心线标注示例

8) 快速标注

为提高尺寸标注速度，AutoCAD 提供了“快速标注”命令，可对选定的对象快速创建一系列标注。但快速标注不能创建对齐、角度和弧长标注。

9) 多重引线标注

利用多重引线标注，用户可以标注注释、说明等。

选择"格式|多重引线样式"命令(MLEADERSTYLE),AutoCAD 将打开"多重引线样式管理器"对话框,可创建和修改可用于创建多重引线对象的样式。

10) 标注尺寸公差

AutoCAD 2010 提供了多种标注尺寸公差的方法:

(1) 在"公差"选项卡中的"公差格式"选项区域可设置公差的标注格式,如以何种方式标注公差以及设置尺寸公差的精度、上偏差和下偏差等。设置后,使用该样式的标注对象会显示公差值。

通过双击标注对象,打开"特性"选项板,可在公差栏修改上、下偏差值。

(2) 标注尺寸时,利用在位文字编辑器以及堆叠功能,可方便地标注出尺寸公差。

11) 标注形位公差

执行标注形位公差的命令(TOLERANCE),AutoCAD 弹出"形位公差"对话框,如图 4.75 所示。

对话框中,"符号"选项区域用于确定形位公差的符号,单击其中的小黑方框,AutoCAD 弹出"特征符号"对话框(见图 4.76)。用户可从该对话框选择定所需符号。

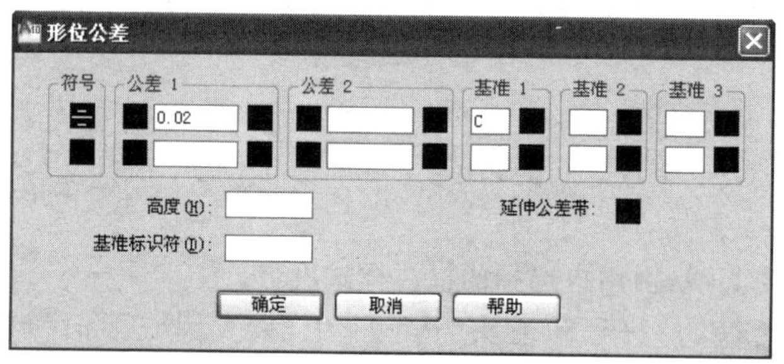

图 4.75 "形位公差"对话框

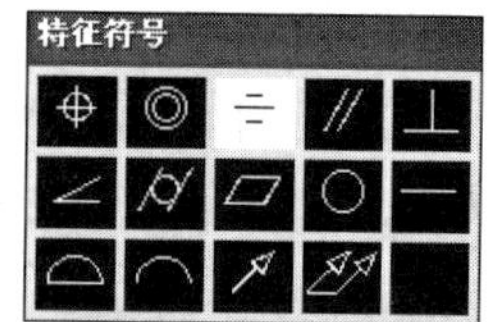

图 4.76 "特征符号"对话框

"公差 1"、"公差 2"选项组用于输入公差值。通过单击文本框前边的小方框加上直径符号;单击文本框后边的小方框,从弹出的"包容条件"对话框中确定包容条件。

"基准 1"、"基准 2"、"基准 3"选项组用于确定基准和对应的包容条件。

习 题

1. 熟悉 AutoCAD 2010 三种工作空间的界面。
2. AutoCAD 有哪几种命令执行方式? 各有什么特点?
3. 什么是透明命令? 如何执行?
4. 图层有什么特点? 它有哪些属性和状态?
5. 常用选择对象的方法有哪些?
6. 如何定义一个带属性的块?
7. 绘制如图 4.77 所示的 6 个图形,练习使用基本二维绘图、编辑命令及捕捉、自动追踪等功能。
8. 绘制如图 4.78 所示零件图,并标注尺寸。
9. 绘制一个表面粗糙度符号,并将其定义为带属性的块。

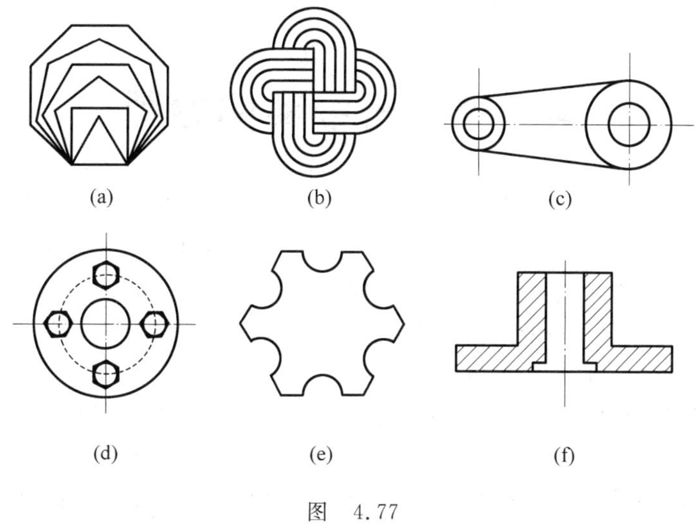

图　4.77

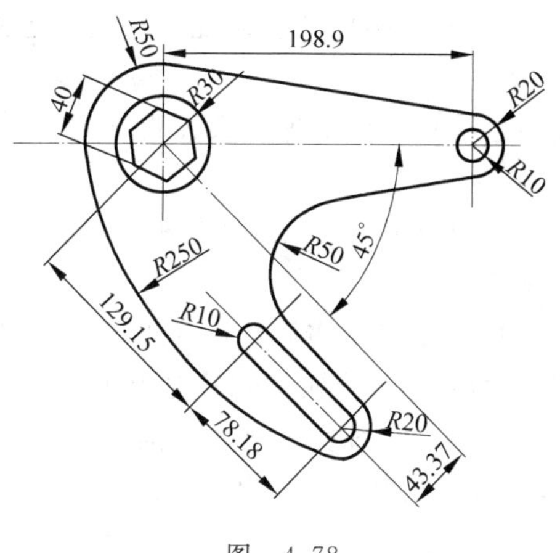

图　4.78

10. 绘制如图 4.79 所示简化的标题栏，练习创建表格、设置表格样式等操作。

			比例		
			件数		
制图			重量		共　张第　张
描图					
审核					

图　4.79

第 5 章　三维实体绘制

工程中的零件和结构件大都是以三维立体形式存在于空间，它们一般由一些简单的几何形体组成。几何造型就是利用计算机技术，有效地将一些简单的几何形体组合成较复杂的立体，即在计算机屏幕上交互地构造和修改设计对象形体，并在计算机内建立三维几何模型。其研究的重点是如何定义和储存完整的三维几何信息及如何方便地构造各种几何形状。

三维几何造型在 CAD/CAM 中主要应用在设计、图形、制造和装配 4 个方面。

(1) 设计：能随时显示零件形状，并能利用剖切来检查诸如壁的厚薄、孔是否相交等问题；能进行物体的物理特性计算，如计算体积、面积、重心、惯性矩等；能检查装配中的干涉；能作运动机构的模拟等等。这样就使设计者能及时发现问题，修改设计，从而提高设计质量。

(2) 图形：产生二维工程图，包括零件图和装配图；此外，还能产生各种真实图形及动画等。

(3) 制造：能利用生成的三维几何模型进行数控自动编程及刀具轨迹的仿真；此外还能进行工艺规程设计等。

(4) 装配：在机器人及柔性制造中利用三维几何模型进行装配规划、机器人视觉识别、机器人运动学及动力学的分析等。

本章将介绍利用 AotuCAD 实现三维实体绘制。AotuCAD 创建三维实体模型的方法有两种：一种是利用系统提供的基本三维实体创建对象来生成实体模型；另一种是由二维平面图形通过拉伸、旋转等方式生成三维实体模型。前者只能创建一些基本实体，如长方体、球体、圆柱体、圆锥体等，而后者则可以创建出许多形状复杂的三维实体模型，是三维实体建模中一个非常有效的手段。

5.1　坐　标　系

前面已经讲过坐标系的基本概念和坐标输入方法(对应于世界坐标系)，下面介绍如何建立用户坐标系。

改变坐标原点和坐标轴的正向都会改变坐标系。建立用户坐标系的命令是 UCS。用户可以通过以下 3 种方式输入 UCS 命令。

(1) 命令行：输入 UCS 并回车；

(2) 下拉菜单：单击“工具|新建 UCS”；

(3) 工具栏：单击 UCS 工具栏中的“UCS”按钮。

可以在 UCS 工具栏中进行用户坐标系的操作，UCS 工具栏如图 5.1 所示。

图 5.1　UCS 工具栏

其中，用于设置用户坐标系原点，用于改变坐标轴的方向。

5.2　绘制基本三维实体

AutoCAD 2010 提供了 6 种基本三维实体的创建功能，即 Box(长方体)、Cylinder(圆柱体)、Cone(圆锥体)、Sphere(球体)、Torus(圆环体)、Wedge(楔体)。

1. 长方体

Box 命令用于绘制长方体。用户可以通过以下方式输入 Box 命令。

1) 指定长方体的两个角点和高度绘制长方体

```
命令：Box↙
指定长方体的角点或 [中心点(CE)] <0,0,0>：指定第一个角点↙
指定角点或 [立方体(C)/长度(L)]：指定第二个角点↙
指定高度：输入长方体的高度↙
```

2) 指定长方体的角点及长、宽、高绘制长方体

```
命令：Box↙
指定长方体的角点或 [中心点(CE)] <0,0,0>：指定一个角点↙
指定角点或 [立方体(C)/长度(L)]：L↙
指定长度：输入长方体的长度↙
指定宽度：输入长方体的宽度↙
指定高度：输入长方体的高度↙
```

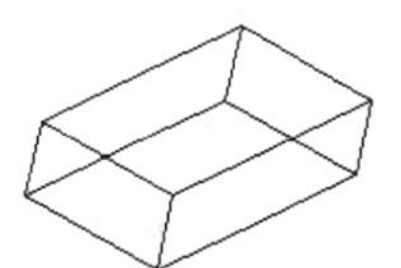
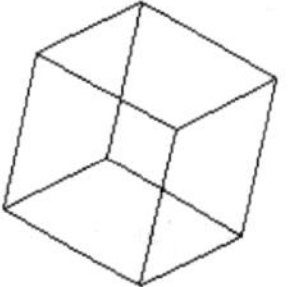

图 5.2　用 Box 生成的长方体和正方体

图 5.2 所示为用 Box 命令创建的长方体和正方体。

2. 圆柱体

Cylinder 命令用于绘制圆柱体。输入 Cylinder 命令后，AutoCAD 将提示：

```
命令：cylinder↙
当前线框密度：ISOLINES=4
指定圆柱体底面的中心点或 [椭圆(E)] <0,0,0>：
```

现在对上面的选项作一些说明。

(1) 指定圆柱体底面的中心点：要求用户输入圆柱体的顶面或底面上的中心点的位置。输入点的坐标值后，AutoCAD 出现提示：

```
指定圆柱体底面的半径或 [直径(D)]：输入圆柱的半径或直径↙
指定圆柱体高度或 [另一个圆心(C)]：输入圆柱体高度↙
```

(2) 椭圆(E)：创建椭圆柱体。选择该选项，AutoCAD 会出现提示：

```
指定圆柱体底面椭圆的轴端点或 [中心点(C)]：
```

该提示要求用户选用一定的方式来确定椭圆的形状，其操作过程与绘制椭圆的过程类似，在此不再重复。椭圆形状确定之后，AutoCAD 会提示：

```
指定圆柱体高度或 [另一个圆心(C)]：
```

圆柱体和椭圆柱体的实体建模如图 5.3 所示。

3. 圆锥体

Cone 命令用于绘制圆锥体。输入 Cone 命令后，AutoCAD 将提示：

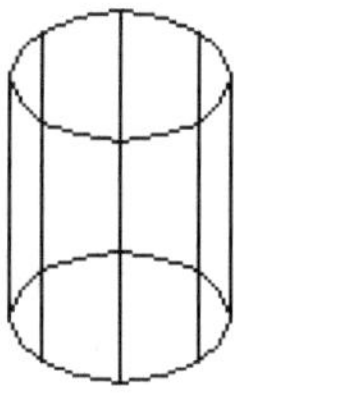
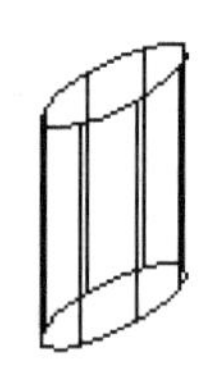

图 5.3 圆柱体和椭圆柱体

```
命令：Cone ↙
当前线框密度：ISOLINES=4
指定圆锥体底面的中心点或 [椭圆(E)] <0,0,0>:
```

有两个选项供用户选用。

(1) 指定圆锥体底面的中心点：要求用户输入圆锥体底面中心点的坐标。输入点的坐标值后，AutoCAD 出现提示：

```
指定圆锥体底面的半径或 [直径(D)]：输入圆锥底面的半径或直径↙
指定圆锥体高度或 [顶点(A)]：输入圆锥高度或锥顶的坐标↙
```

选择“顶点”选项，AutoCAD 会出现提示：

```
指定顶点：
```

在该提示下确定顶点后，系统创建出圆锥体，且圆锥体底面中心和圆锥体顶点的连线为该圆锥体的中心线。

(2) 椭圆(E)：创建椭圆锥体。选择该选项，AutoCAD 会出现提示：

```
指定圆锥体底面椭圆的轴端点或 [中心点(C)]:
```

此操作过程与绘制椭圆柱体的过程类似，此处不再重复。椭圆形状确定之后，AutoCAD 会提示：

```
指定圆锥体高度或 [顶点(A)]：输入圆锥高度或锥顶的坐标 ↙
```

圆锥体和椭圆锥体的实体建模如图 5.4 所示。

4. 球体

Sphere 命令用于绘制球体。

输入 Sphere 命令后，AutoCAD 将提示：

```
命令：Sphere ↙
当前线框密度：ISOLINES=4
指定球体球心 <0,0,0>：输入球心坐标↙
指定球体半径或 [直径(D)]：输入球体的半径或直径↙
```

提示行中“当前线框密度：ISOLINES＝4”说明当前采用的线框密度为 4，很显然 ISOLINES 的值越大，所生成球体的线框越密，如图 5.5 所示。

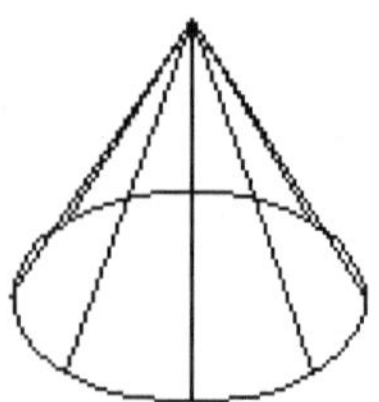
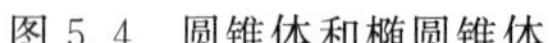

图 5.4 圆锥体和椭圆锥体

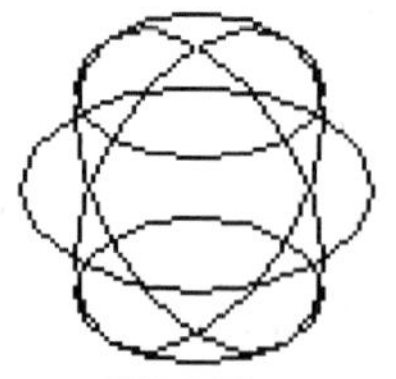

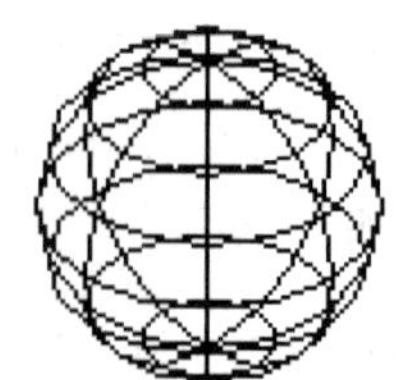

图 5.5 球体

5. 圆环体

Torus 命令用于绘制圆环体。输入 Torus 命令后，AutoCAD 将提示：

```
命令：Torus ↙
当前线框密度：ISOLINES=4
指定圆环体中心 <0,0,0>：输入圆环中心点的坐标↙
指定圆环体半径或 [直径(D)]：输入圆环的半径或直径↙
指定圆管半径或 [直径(D)]：输入圆环管体圆周的半径或直径↙
```

需要说明的是，在以上选项中圆环的半径或直径是指圆环中心圆周的半径或直径。圆环模型如图 5.6 所示。

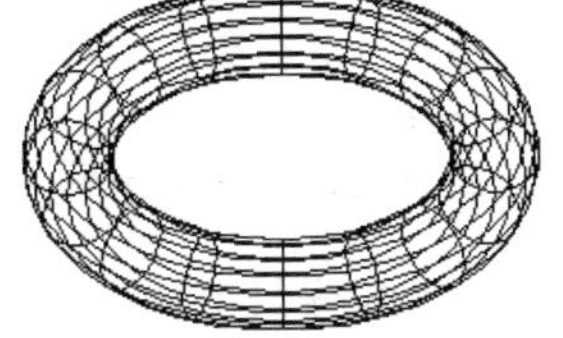

图 5.6 圆环模型

6. 楔体

Wedge 命令用于绘制楔体。输入 Wedge 命令后，AutoCAD 将提示：

```
命令：Wedge ↙
指定楔体的第一个角点或 [中心点(CE)] <0,0,0>：
```

有两个选项供用户选用。

(1) 指定楔体的第一个角点：输入楔体的角点位置。确定角点的位置后，AutoCAD 出现提示：

```
指定角点或 [立方体(C)/长度(L)]：
```

如果选择“指定角点”，直接输入第二个角点，AutoCAD 将会提示：

```
指定高度：输入楔体的高度↙
```

根据输入的楔体高度来创建一个楔形体模型。

如果用户选择“长度”选项，AutoCAD 将会提示：

```
指定长度：输入楔体的长度↙
指定宽度：输入楔体的宽度↙
指定高度：输入楔体的高度↙
```

这样，根据输入的长、宽、高来创建楔体。

(2) 中心点：根据指定的中心来创建楔体。选择该选项，AutoCAD 提示：

```
指定楔体的中心点 <0,0,0>：指定楔体的中心点↙
指定对角点或 [立方体(C)/长度(L)]：
```

提示中各选项的功能与“指定楔体的第一个角点”的选项相同，此处不再介绍。图 5.7 所示为系统绘制的楔体模型，其中左边为直角边和高度相等的楔体。

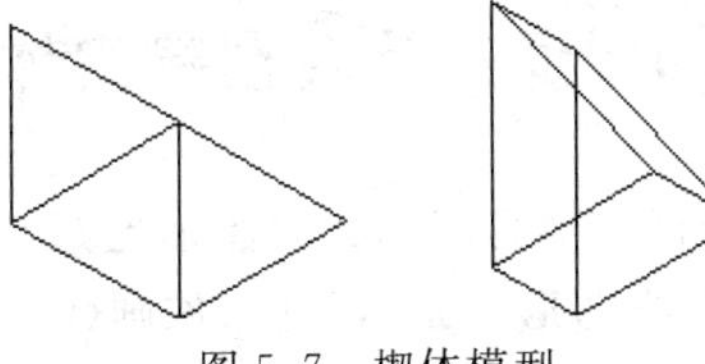

图 5.7 楔体模型

5.3　通过拉伸创建实体

在 AutoCAD 2010 中，可以将一些二维图形经过放样或拉伸直接生成三维实体模型。在进行拉伸的过程中，不仅允许指定拉伸的高度，而且还可以使实体的截面沿着拉伸方向发生变形。此外，也可以将某些二维图形沿着指定的路径进行放样，从而生成一些形状不规则的三维实体。用于拉伸放样的命令是 Extrude。输入 Extrude 命令后，AutoCAD 将提示：

```
命令：Extrude↙
当前线框密度：ISOLINES=4
选择对象：选择被拉伸的二维图形↙
选择对象：可以选择多个被拉伸的二维图形或回车结束↙
指定拉伸高度或 [路径(P)]：
```

此时，有两个选项供用户选用。

(1) 指定拉伸高度。选择该选项后，AutoCAD 提示：

```
指定拉伸的倾斜角度 <0>：输入拉伸变化角度↙
```

要求用户输入一个角度值，如果角度为 0，二维图形则被拉伸为柱体；否则拉伸后的实体截面将沿拉伸方向按此角度变化。角度允许范围为 −90°～+90°。图 5.8 所示为用 Extrude 命令创建的实体模型。

(2) Path(路径)：指定拉伸路径。选择该选项，系统将出现以下提示要求用户指定拉伸路径：

```
选择拉伸路径或 [倾斜角]：选择拉伸放样路径或倾斜角↙
```

注意：被拉伸的二维图形应是封闭的，它们可以是圆、椭圆、封闭的二维多义线、封闭的样条曲线或面域等；而拉伸放样路径则可以是封闭的，也可以是断开的，如直线、二维多义线、圆弧、椭圆弧、圆、椭圆或三维多义线等。通常先将二维图形变成面域后再进行拉伸。

图 5.9 所示的实体模型就是使用 Extrude 命令，由指定的路径曲线放样生成的空间实体。

图 5.8　用 Extrude 命令创建实体模型

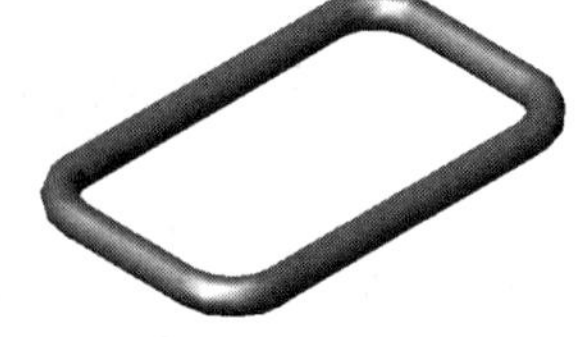

图 5.9　沿路径拉伸创建的实体模型

5.4　通过旋转创建实体

在 AutoCAD 2010 中，可以将一个封闭的二维图形通过绕一条指定的轴旋转而生成三维实体模型。能够用于旋转的二维图形应是封闭的，如圆(Circle)、椭圆(Ellipse)、封闭的二维多义线(Pline)、封闭的样条曲线(Spline)或面域(Region)等。但是,当选择二维图形作为旋转轴时,二维图形只能是线(Line)或用二维多义线(Pline)命令绘制的直线,否则就不能进行旋转操作。AutoCAD 2010 中用于旋转生成回转实体模型的命令是 Revolve。

输入 Revolve 命令后,AutoCAD 将提示:

```
命令: Revolve↙
选择对象: 选择被旋转的二维图形↙
选择对象: 可以选择多个被旋转的二维图形或回车结束↙
指定旋转轴的起点或定义轴依照 [对象(O)/X 轴(X)/Y 轴(Y)]:
```

此时,有三个选项供用户选用。

(1) 指定旋转轴的起点或定义轴依照:输入旋转轴的起点,AutoCAD 则出现以下提示要求用户输入另一个端点和旋转角来生成三维回转实体:

```
指定轴端点: 输入旋转轴的另外一个端点↙
指定旋转角度 <360>: 输入旋转角度,默认值为 360°
```

(2) 对象:选择该选项,系统将出现以下提示要求用户指定旋转轴对象:

```
选择对象: 选择一个二维对象作为旋转轴↙
指定旋转角度 <360>: 输入旋转角度,默认值为 360°
```

如前所述,作为旋转轴的二维对象只能是线(Line)或用二维多义线(Pline)命令绘制的直线,否则就不能进行旋转操作。

(3) X(axis)/Y(axis):选择该选项,则被旋转的二维图形将分别绕 x 轴、y 轴生成三维实体。

图 5.10 所示右边的三维实体模型就是使用 Revolve 命令,按照上述方法由左边二维图形绕着指定的轴线旋转 360° 生成的空间旋转实体。

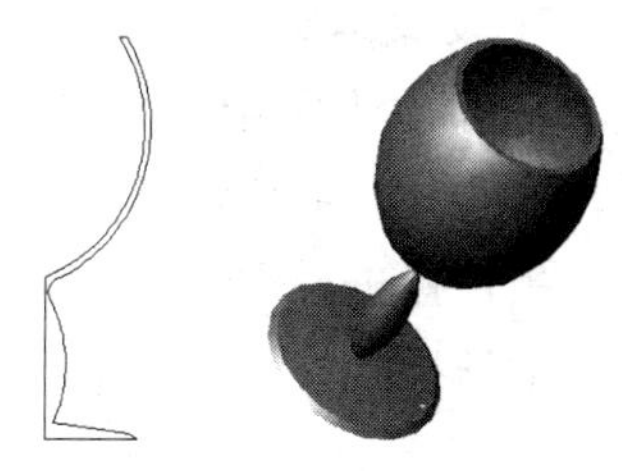

图 5.10　旋转实体

5.5　三维实体的布尔运算

有些对象可以采用前面介绍的建模方法一次生成,但大多数情况下复杂的实体对象一般不能一次生成,所以只有借助布尔运算对多个相对简单的实体进行"并"、"交"、"差"运算后,才能构造出所需的实体模型。

1. 并集运算

对所选择的实体进行并集运算,可将两个或两个以上的实体模型进行合并,使之成为一个整体。AutoCAD 2010 中用于进行并集运算的命令是 Union。

输入 Union 命令后,AutoCAD 将提示:

```
命令: Union↙
选择对象: 选择要进行并集运算的实体↙
选择对象: 继续选择实体↙
⋮
```

选择对象：继续选择实体或回车结束命令

被选择进行并集运算的多个实体间可以不接触或不重叠，对这类实体进行并集运算的结果是将它们合并成一个整体对象。如图 5.11 所示为并集运算的结果。

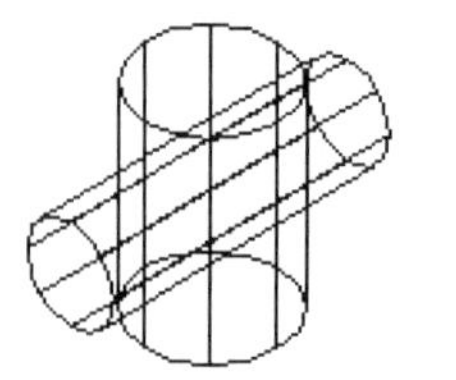
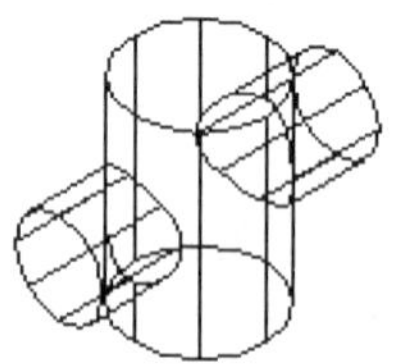

图 5.11　并集运算

2. 差集运算

对所选择的实体进行差集运算，实际上就是从一个实体中减去另外一个实体，最终得到一个新的实体，如组合体形成过程中经常进行的穿孔和挖切操作。AutoCAD 2010 中用于进行差集运算的命令是 Subtract。

被选择进行差集运算的两个实体间必须有公共部分，否则得不到预期的结果。另外在选择对象时，是先选择作为被减数的对象，再选择作为减数的对象，千万不可颠倒，否则也得不到预期的结果。如图 5.12 所示为差集运算的结果。

3. 交集运算

对所选择的实体进行交集运算，最终得到一个由它们的公共部分组成的新实体，而每个实体的非公共部分将被删除。AutoCAD 2010 中用于进行交集运算的命令是 Intersect。

被选择进行交集运算的实体间必须有公共部分，否则命令无效。如图 5.13 所示为交集运算的结果。

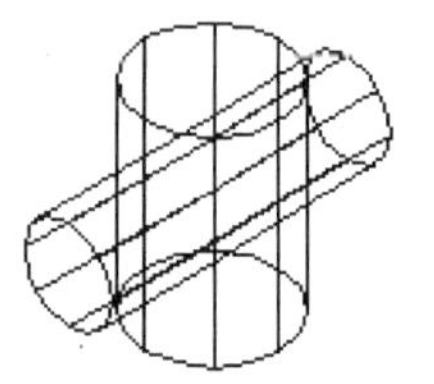
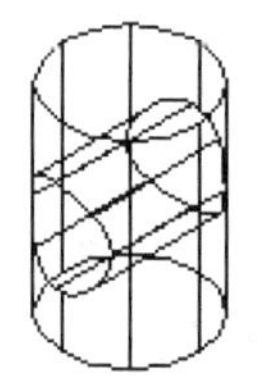

图 5.12　差集运算

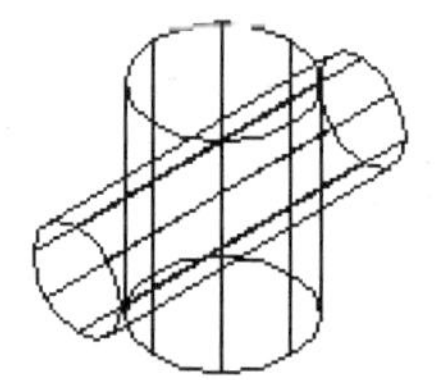
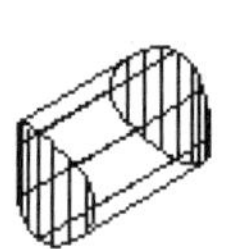

图 5.13　交集运算

4. 用布尔运算构造组合体实例

例　按图 5.14 所示投影图的尺寸，完成支架零件的三维实体造型。

(1) 绘制底板。用拉伸法先绘制出底板三维实体，如图 5.15 所示。

(2) 绘制 $\phi60$ 的圆柱体。以底板上表面中心为绘制 $\phi60$ 圆柱体的坐标原点，用绘圆柱命令 Cylinder 绘制，如图 5.16 所示。

(3) 将底板与 $\phi60$ 圆柱体做并集运算，使之成为一个整体。

(4) 绘制中心通孔 $\phi36$。以 $\phi60$ 圆柱体上表面中心为绘制 $\phi36$ 圆柱体的坐标原点，用绘圆柱命令 Cylinder 绘制 $\phi36$ 圆柱体，并做差集运算，从而得到 $\phi36$ 的中心通孔，如图 6.17 所示。

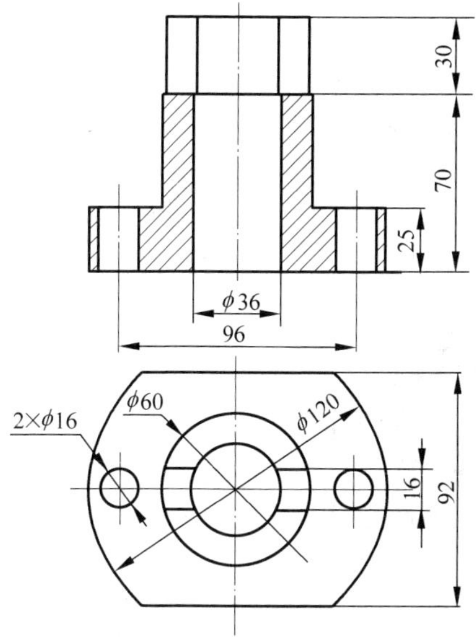

图 5.14　由支架投影图进行三维实体造型

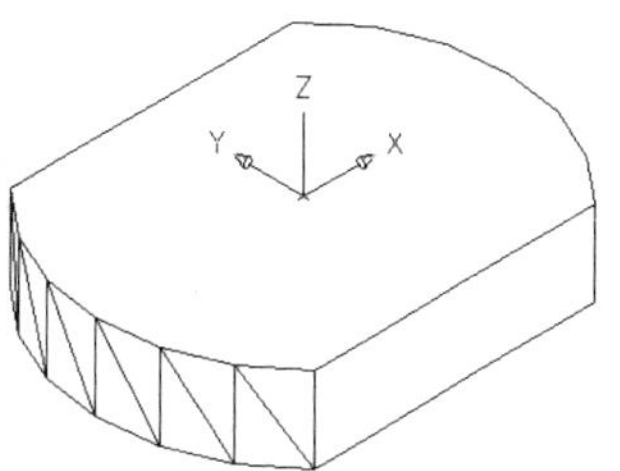

图 5.15　底板

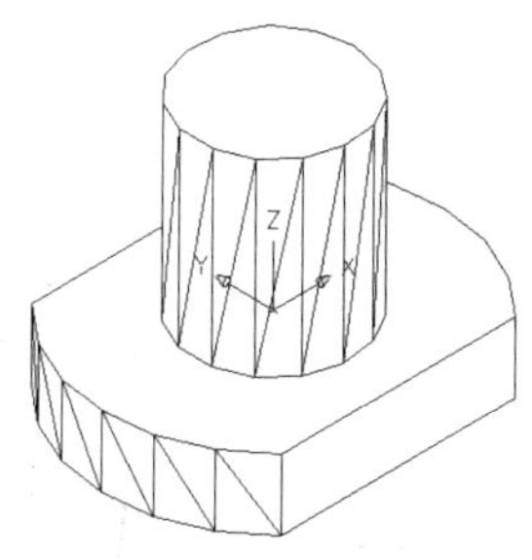

图 5.16　绘制 ϕ60 圆柱体

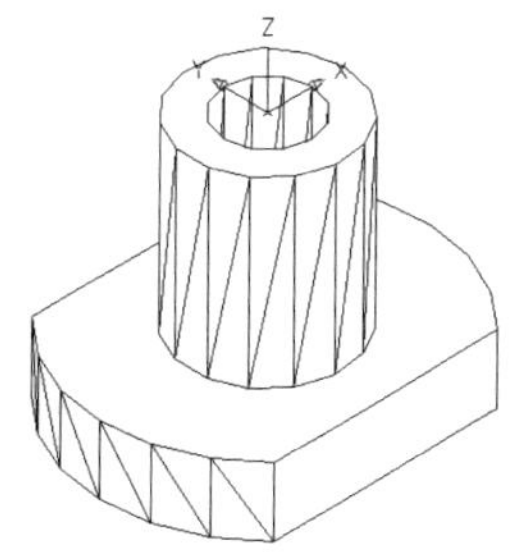

图 5.17　绘制 ϕ36 中心通孔

(5) 绘制两个 ϕ16 的螺栓孔。同第(4)步，在相应位置绘制 ϕ16 的圆柱体，并进行差集运算，就可得到 ϕ16 的两个螺栓孔，如图 5.18 所示。

(6) 绘制槽宽为 16，槽深 30 的两个槽，如图 5.19 所示。

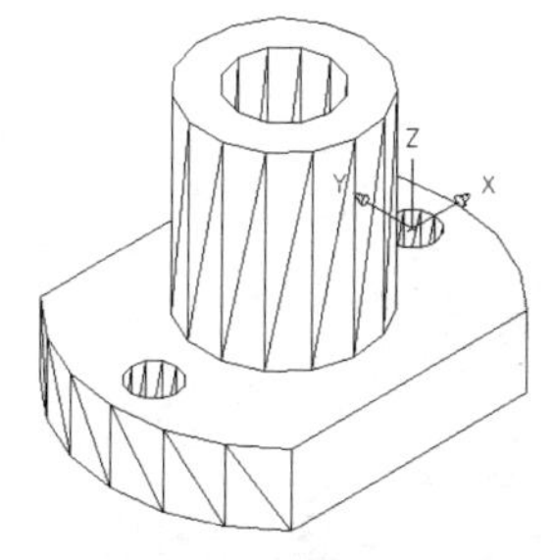

图 5.18　绘制两个 ϕ16 螺栓孔

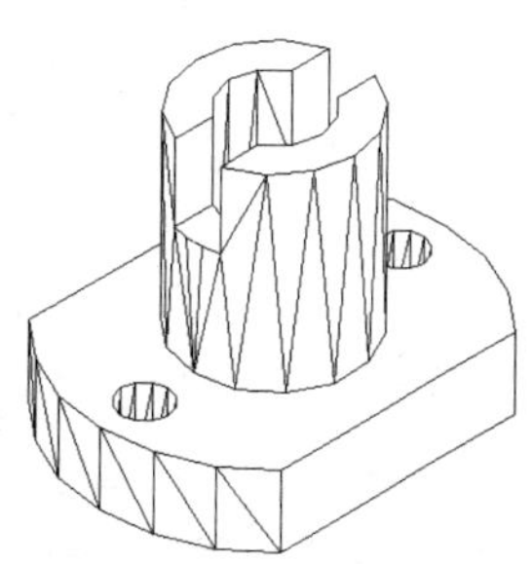

图 5.19　绘制槽

习　题

1. 按图 5.20 所示的尺寸，完成零件的三维实体造型。

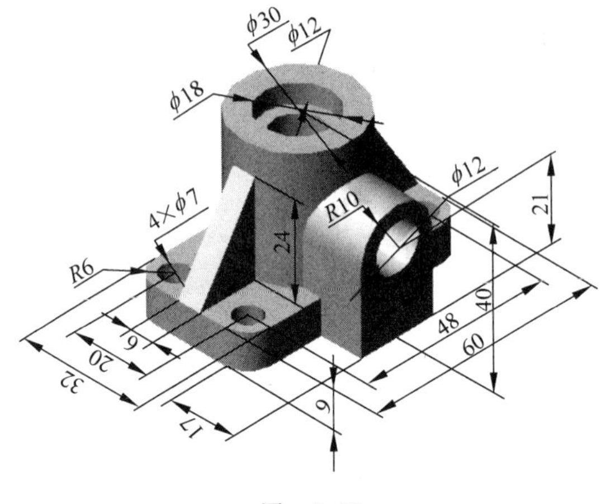

图　5.20

2. 绘制如图 5.21 所示三维实体图。

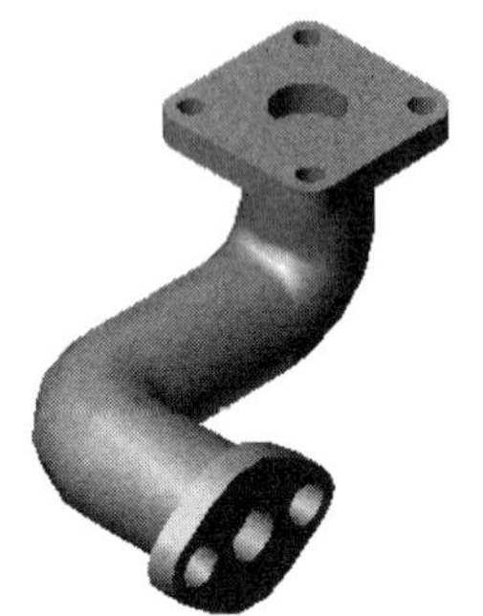

图　5.21

第 6 章　Visual LISP 语言及编程

Visual LISP 语言是 AutoCAD 自带的一种内部语言，它除了具有和 LISP 语言相同的语法和一些特性外，还增加了与 AutoCAD 相关的许多功能，如可把 Visual LISP 程序和 AutoCAD 的绘图命令透明地结合起来。

Visual LISP 是从 AutoCAD R14 以后，由 Autodesk 公司推出的软件工具，其目的是为了增强 AutoLISP 的程序开发能力，具体表现在以下 3 个方面：

(1) Visual LISP 提供了一个集成的开发环境，使得 Auto LISP 在程序设计中，编写、修改和调试程序变得更加容易。

(2) Visual LISP 为 Auto LISP 增加了许多新函数，扩展了 Auto LISP 的能力，如具有接近 ARX 程序的能力。

(3) Visual LISP 增加了 Auto LISP 应用程序的工程管理和程序包编译功能，Visual LISP 提供的程序编辑器可以将 Auto LISP 源程序编译成为二进制文件，使 Auto LISP 的效率和保密性得到很大提高。

Visual LISP 是开发 AutoCAD 的最主要的工具。用户可以利用 Visual LISP 语言实现对 AutoCAD 当前图形数据库的直接访问和修改，增加 AutoCAD 新命令和开发参数化绘图程序等。因此，学习和掌握 Visual LISP 语言，对从事 AutoCAD 应用开发的工程人员来说是很有必要的。

6.1　Visual LISP 集成开发环境

1. 启动 Visual LISP

Visual LISP 集成开发环境是在单独的窗口中运行的，用户必须启动 Visual LISP，才能在它的集成开发环境 VLIDE(Visual LISP Interactive Development Environment)中工作。在 AutoCAD 2010 环境下，用户可以通过以下两种方式启动 Visual LISP。

(1) 下拉菜单：单击“管理 | Visual LISP 编辑器”。

(2) 命令行：输入 VLISP 或 VLIDE 并回车。

2. Visual LISP 界面

启动 Visual LISP 后，将显示如图 6.1 所示的界面，Visual LISP 的工作界面主要由标题栏、菜单栏、工具栏、编辑窗、控制台窗口、跟踪窗和状态栏等组成。

1) 标题栏

标题栏位于界面的顶部，用于显示界面的名称，如图 6.1 界面的名称为“Visual LISP 为 AutoCAD＜Drawing1. dwg＞”。

2) 菜单栏

菜单栏位于标题栏下，列出了各个菜单的名称，共有 9 个菜单项：文件、编辑、搜索、视图、工程、调试、工具、窗口和帮助。但需注意，Visual LISP 的菜单是与当前的操作自动关联

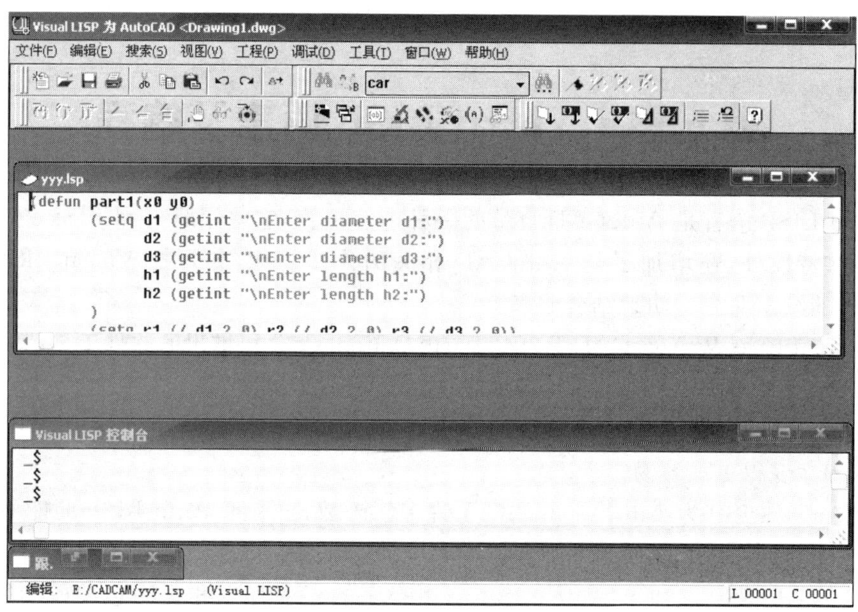

图 6.1　Visual LISP 界面

的智能化菜单，随着当前窗口和操作的变化，同一个菜单中的内容可能不同。

3）工具栏

工具栏位于菜单栏下的两行，按功能它被划分为 5 个区域：调试、编辑、查找、检验和运行，各自代表不同功能的 Visual LISP 命令组，可以通过工具栏执行大部分菜单中列出的命令。

4）编辑窗

工具栏下的一个大窗口称为编辑窗，它是 Visual LISP 专用的文本编辑器，用于生成或修改源程序。每打开一个 Visual LISP 文件，将新开一个文本编辑窗口，并在每个窗口的状态栏上显示文件名。Visual LISP 文本编辑器不仅是一个书写工具，它还是 Visual LISP 编辑环境的核心部分，它提供了以下几个功能。

(1) 语言结构特色。文本编辑器可以识别程序的不同组成部分，并给它们加上不同的颜色，使程序的层次更清晰，也便于找出符号拼写上的错误。

(2) 设置文本格式。文本编辑器允许用户设置程序源代码的书写格式，用户可以从许多种不同的格式样式中挑选自己喜欢的格式。

(3) 括号匹配。文本编辑器可以通过查找与任意左括号匹配的右括号，检测括号匹配错误。

(4) 执行表达式。不必离开文本编辑器，用户就可以试运行某个表达式和任意一行代码。

(5) 多文件查找。可以在多个文件中查找某个词和表达式。

(6) 对源代码进行语法检查。文本编辑器可以对源程序代码进行语法检查，并在“编辑输出”窗口提示检查结果。

5）控制台窗口

在控制台窗口中，可以像在 AutoCAD 命令行那样输入 Visual LISP 表达式，也可以不用菜单或工具栏而直接在控制台窗口中发出很多 Visual LISP 命令。

在控制台窗口，将显示 Visual LISP 运行诊断信息和一些 Visual LISP 函数的结果。下面是控制台窗口的一些典型功能：

（1）可以执行表达式并显示表达式的返回值。

（2）可以输入较长的表达式，每行用 Ctrl+Enter 键结束就可在下一行接着输入。

（3）在控制台窗口中可以使用大部分文本编辑命令，如复制或粘贴文本等。

（4）在控制台窗口中按 Tab 键可以回溯到以前输入的命令。

（5）按 Esc 键可以清除在控制台窗口中刚刚输入的内容。

（6）按 Shift+Esc 键将跳过在控制台提示下输入的内容，出现新的控制台提示行。

（7）在控制台窗口的任何地方单击鼠标右键将显示控制台弹出菜单。

6）跟踪窗

在控制台窗口下还有一个最小化的跟踪窗按钮，单击该按钮将弹出一个菜单，再单击菜单中的最大化菜单条，就打开了跟踪窗口。在启动时，该窗口会包含 Visual LISP 当前版本的信息，如果 Visual LISP 在启动时遇到错误，它还会包含相应的错误信息。

7）状态栏

状态栏位于 Visual LISP 界面的最底部，用于显示当前 Visual LISP 正在做的工作，如显示正在编辑某个文件夹中的 Visual LISP 源程序等。

6.2 应用程序的编译

在应用程序集中最基本的文件类型是 Visual LISP 源程序，Visual LISP 源程序的文件扩展名通常是.lsp。Visual LISP 源程序可以直接加载和运行，其优点是便于在程序编写和调试阶段进行修改和调整。但当调试成功后，再使用源程序运行就不太理想了，此时可将 Visual LISP 源程序编译成.fas 文件，这样既可以提高程序的效率，又增加了源程序的保密性。Visual LISP 提供了一套编译器，包括以下 3 类：

（1）使用"Vlisp-Compile"函数编译单个的 Visual LISP 程序。

（2）使用"工程"将一个或多个相关的 Visual LISP 程序编译成.fas 文件。

（3）使用"生成应用程序向导"生成应用程序包，编译成.vlx 文件。

下面介绍前两类编辑器的使用。

1. 用"VLisp-Compile"函数编译程序

函数的调用格式为

```
(VLisp-Compile '模式 <源程序名>  [编译后的程序名])
```

成功返回 T，否则返回 nil。

模式参数设置编译的模式，可为以下 3 种形式之一：

（1）St——标准模式，生成最小的输出文件，它只适合于单个程序。

（2）Ism——优化，不链接。

（3）lsa——优化，直接链接。

源程序指要编译的 Visual LISP 程序文件名。如果源程序放在 AutoCAD 支持的路径下，就不必指出路径名，否则必须指出全部的路径。

编译后的程序名为编译器产生的．fas 文件。如果用户省略了该项，则默认的．fas 文件与源程序名同名，扩展名为．fas。下面是将源程序 ysave.lsp 编译成 fas 文件的例子：

```
_$ (VLisp-Compile  'st  "ysave.lsp")
T
```

2．使用“工程”编译程序

在对 Visual LISP 源程序集进行调试和试运行并保证正确无误后，可使用 Visual LISP 工程对源程序集进行编译，得到编译结果文件(．fas)。其操作步骤如下所述。

1）创建一个新的工程

从 Visual LISP 界面中的菜单中选择“工程｜新建工程”，将显示如图 6.2 所示的对话框，在这个对话框中用户可指定路径和工程名，然后单击“保存”按钮，弹出如图 6.3 所示“工程特性”对话框。

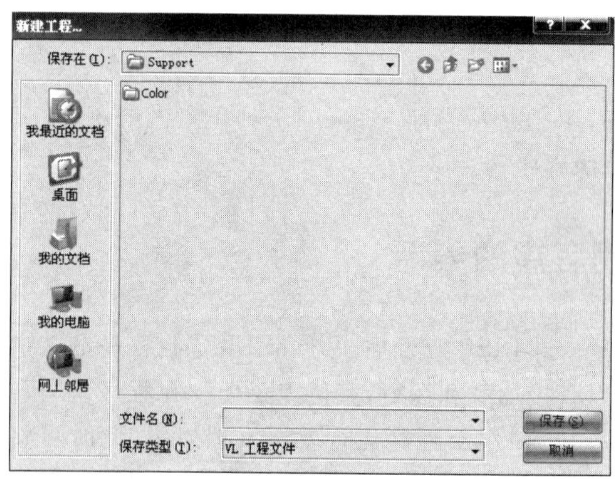

图 6.2　新建工程对话框

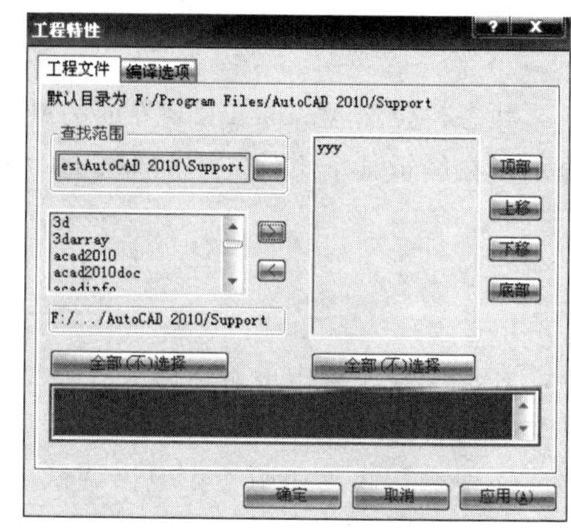

图 6.3　“工程特性”对话框

2）确定工程中 Visual LISP 源程序

在图 6.3 所示的“工程特性”对话框中选择“工程文件”选项卡，为工程指定 Visual LISP 源程序文件。在“查找范围”文本框中输入源程序的路径后按“确定”按钮，在列表框中将列出所指路径中的全部 Visual LISP 源程序。在列表框中选取相关文件，再按“>”按钮，将这个文件移到右边的框格之中。

3）选择编译器选项

在“工程特性”对话框中选择“编译选项”选项卡，将显示如图 6.4 所示的“编译选项”选项卡。

在“编译选项”选项卡中，用户需设置“编译模式”、“合并文件模式”、“链接模式”、“信息模式”、“FAS 目录”等。设置好后单击“确定”按钮，弹出如图 6.5 所示的工程窗口。

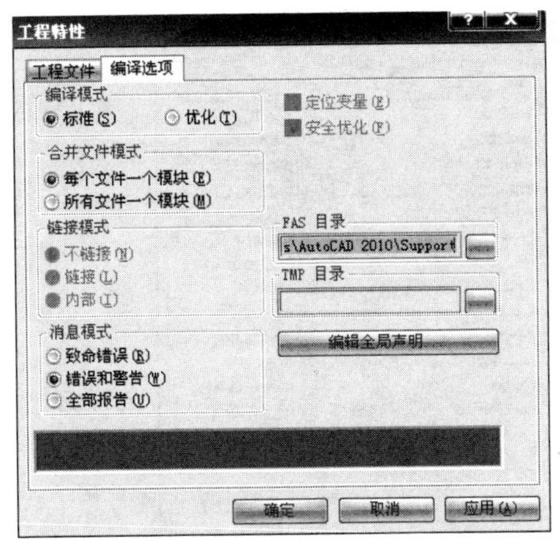

图 6.4　"编译选项"选项卡

图 6.5　工程窗口

4) 编译工程生成 fas 文件

工程窗口中按次序列出了源程序的文件名,窗口的标题栏中显示工程名,在标题栏下有 5 个图标,从左到右分别为"工程特性"、"加载工程 FAS"、"加载源文件"、"编译工程 FAS"和"重新编译工程 FAS"。用户可单击"编译工程 FAS"图标,编译全部工程源程序,生成 FAS 文件。

如果在"合并文件模式"中选取了"每个文件一个模块",则生成的 FAS 文件与源程序同名;如果在"合并文件模式"中选取了"所有文件一个模块",则生成的 FAS 文件与工程同名。

6.3　应用程序的加载与运行

Visul LISP 可加载并运行的程序可以是: *.lsp 源程序、*.fas 编译程序和 *.vlx 打包应用程序。

1. 加载和运行 Visual LISP 源程序

用户可用以下 4 种方式加载 *.lsp 源程序。

(1) 控制提示符_$ 提示下: 使用(Load)函数。

(2) 命令行: 使用(Load)函数。

(3) 在 Visual LISP 界面菜单中: "文件 | 打开文件..."。

(4) 在 Visual LISP 界面菜单中: "文件 | 加载文件..."。

图 6.6 是在 Visual LISP 界面菜单中选择"文件 | 加载文件..."后弹出的对话框。在该对话框中的"文件类型(T)"列表中指定文件类型为"LISP 源文件",再在文件列表中双击要打开的程序文件名即可。

源程序加载后,在控制提示符_$ 下或在命令行下输入要运行的函数名即可。

2. 加载和运行已编译程序

用户可以用以下 4 种方式加载已编译程序。

(1) 控制提示符_$ 提示下: 使用(Load)函数。

(2) 命令行: 使用(Load)函数。

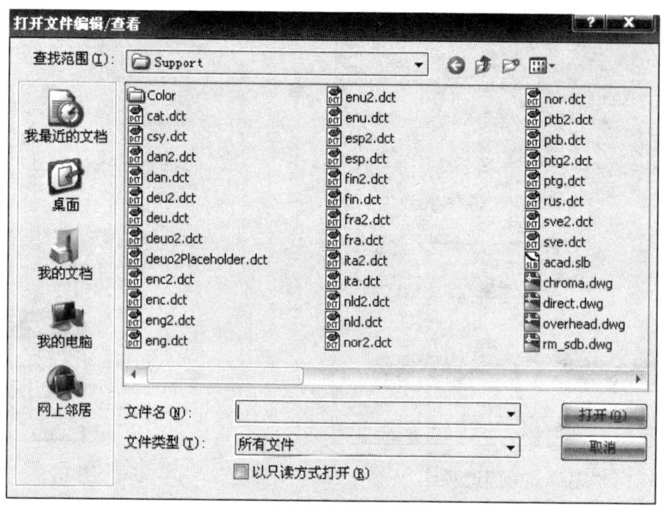

图 6.6　加载程序文件对话框

(3) 在 Visual LISP 界面菜单中："文件 | 加载文件…"。

(4) 在 AutoCAD 菜单中："工具 | 加载应用程序…"。

其中在 Visual LISP 界面菜单中："文件 | 加载文件…"加载已编译程序与加载 Visual LISP 源程序相似，只是在"文件类型"列表中指定文件类型为"编译的 AutoLISP 文件"即可。

在 Visual LISP 控制台提示符下，输入要运行的函数名，或者在 AutoCAD 命令提示符下，输入要运行的函数名，就可以运行已编译的程序。

6.4　关闭 Visual LISP

选择下拉菜单中的"文件| 退出"或单击标题栏中右上角的"关闭"按钮就可以关闭 Visual LISP。关闭并不是卸载 Visual LISP，因此在退出 AutoCAD 时，如果修改了编辑窗口中的程序代码而没有存盘，Visual LISP 会问是否想保存这些修改。Visual LISP 可以保存关闭前的状态，再次启动 Visual LISP 时，将自动打开这些文件和窗口。

6.5　Visual LISP 的数据类型

Visual LISP 常用的数据类型有 6 种，它们是：整型数(INT)、实型数(REAL)、符号(SYS)、字符串(STR)、表(LIST)和文件描述符(FILE)。

1. 整型数

整型数是由自然数加"＋"、"－"号组成，其中"＋"号可以不写。Virsual LISP 语言和 AutoCAD 之间的整型数传输被限制在 16 位数值，故整型数的范围为－32768～＋32767 之间。

2. 实型数

Visual LISP 的实型数用双精度的浮点数来表示，如 0.4537，3.684 等。实型数还可用科学记数法表示，如 1.693×10^6 表示为 1.693E6。对于 16 位机，实型数的范围为－1.7979×10^{308}～1.79793×10^{308}。

3. 符号

在 Visual LISP 语言中，符号可为除了一些特殊字符(如“(”、“)”、“.”、“‘”、“ “” 、“;”)以外的任何可打印字符，如 ABC、! B34、Af 等，且符号的大小写是等效的，如 Af 与 AF 表示同一个符号。在 Virsual LISP 程序中，符号经常用作变量名，要将整型数 27 赋值给变量 A，可用下面的表达式实现：

```
(setq  A  27)
```

4. 字符串

字符串是由双引号引起来的字符序列组成，如“ABCDE”、“CLASS”、“369532”等。

5. 表

表是 Visual LISP 语言中特有的数据类型，它是指放在一对左、右圆括号中的元素的有序集合。表中的项称为表的元素。例如：(30 26 45 67)为一个表，表中包含 4 个元素。表是可以嵌套的，即表中的元素还可以是一个表。例如：(35 (7 6) 8)表中有 3 个元素，其中第二个元素(7 6)又为一个表。

表的大小可用其长度来度量。表的长度是指表中元素的个数，如表中有表，则表的长度是指顶层元素的个数。

在 Visual LISP 语言中，用表来表示图形中点的坐标。例如(15.0 36.8)表示二维点的坐标，第一个元素为点的 x 坐标值，第二个元素为点的 y 坐标值。而(76 35 8)则表示三维点的坐标，其中第一、二、三个元素分别对应点的 x、y、z 坐标值。

6. 文件描述符

文件描述符表示用 OPEN 函数打开了的某个文件。例如：

```
(SETQ fp (OPEN "user.dat" " r"))
```

文件描述符 fp 就用来表示以“读”的模式打开的数据文件 user.dat。显然，文件描述符 fp 相当于 C 语言中的 FILE 变量。

6.6　Visual LISP 的数值函数

(1) (＋ <number> number>...)

该函数返回<number>相加的和。例如：

(＋15 20 4)返回 39

(＋ 15 20 4.0)返回 39.000000

从以上例子可知，若<number>全都为整型数，则求和返回整型值；若<number>中有一个为实型数，则求和返回实型值。这些规则同样适用于其他的数值函数。

(2) (－<number1> <number2>...)

该函数返回<number1>减去<number2>...的差。例如：

(－35 10 6)返回 19。

(3) (* <number> <number>...)

该函数返回<number>相乘的积。例如：

(* 3 6.0 2)返回 36.000000。

(4) (/ <number1> <number2>...)

该函数返回<number1>除以<number2>...的商。例如：

(/ 70 5 2)返回 7

(/ 20 40.0)返回 0.500000

(/ 20 40)返回 0 。

(5) (expt <base> <power>)

该函数返回数<base>为底的<power>次幂的值。例如：

(expt 3 2)返回 9。

(6) (sqrt <number>)

该函数返回数<number>的实型平方根。例如：

(sqrt 25)返回 5.000000。

(7) (sin <angle>)

该函数返回角度<angle>的正弦值,其中<angle>的单位为弧度。例如：

(sin 3.0)返回 0.141120。

(8) (cos <angle>)

该函数返回角度<angle>的余弦值。

(9) (fix <number>)

该函数返回小于或等于<number>的最大整数。

6.7 表处理函数

(1) (car <list>)

该函数返回表<list>的第一个顶层元素。例如：

(car '(x y))返回 x。

(car '(10 20 30 40))返回 10。

(2) (cdr <list>)

该函数返回表<list>中去掉第一个顶层元素后剩下的元素组成的表。例如：

(cdr '(x y))返回(y)。

(cdr '(10 20 30 40))返回(20 30 40)。

(3) (last <list>)

该函数返回表<list>顶层的最后一个元素。例如：

(last '(10 20 30 40))返回 40。

(4) (nth <n> <list>)

该函数返回表<list>中顶层第 n 个元素。其中 n 为大于或等于 0 的整数,n 为 0 表示第一个元素,n 为 1 表示第二个元素,以此类推。例如：

(nth 2 '(10 20 30 40))返回 30。

(5) (list <expr>...)

该函数返回所有<expr>的值构成的表。例如：

(list 1 2 3 4 5)返回(1 2 3 4 5)。

(list '(+ 4 8) 30 'x 'y))返回(12 30 x y)。

(6) (length <list>)

该函数返回表<list>的长度。例如：

(length '(10 20 30 40)) 返回 4

(length '(a (b c) (d e))) 返回 3

6.8 GET 族输入函数

GET 族输入函数接受键盘、数字化仪或鼠标器的输入。执行 GET 族输入函数时，计算机将暂停下来，等待用户的输入。

(1) (GETINT [<prompt>])

执行该函数时，将等待用户输入一个整型数，并返回该整型数。其中[<prompt>]作为提示显示在屏幕上，方括号表示该项可有可没有。例如：

```
(setq a (getint "\nEnter  an integer number: "))
```

将在屏幕的下一行出现提示：

```
Enter an integer number:
```

并等待用户输入一个整型数。若用户输入 26，则变量 a 就被赋值 26。其中"setq"为赋值函数，"\n"为换行符。

(2) (GETREAL [<prompt>])

执行该函数时，将等待用户输入一个实数，并返回该数对应的实型数。例如：

```
(setq x (getreal "\nEnter A: "))
```

将在屏幕的下一行出现提示：

```
Enter A: 50↙
```

返回 50.000000。

(3) (GETPOINT [<prompt>])

执行该函数时，将等待用户输入一个点。用户可从键盘输入点的坐标值，也可用鼠标在图形屏幕上指定一点。例如：

```
(setq pt (getpoint "\nEnter  point: "))
Enter  point: 6.5,7↙
```

返回(6.5 7)

(4) (GETANGLE [<prompt>])

执行该函数时，将等待用户输入一个角度值，并返回以弧度表示的该角度值。例如：

```
(setq ang (getangle "\nEnter  angle: "))
Enter  angle: 45↙
```

返回 0.7853398 弧度。

(5) (GETSTRING [<prompt>])

执行该函数时，将等待用户输入一个字符串，并返回该字符串。例如：

```
(setq s (getstring "\nEnter your country: "))
Enter  your country: China↙
```

返回"China"。

6.9 输出函数

(1) (print [<expr>])

该函数换行输出表达式<expr>的值，并返回该值。例如：

```
    (print 'B)
    (print (+3 4) )
B
7 7
```

(2) (prin1 [<expr>])

该函数不换行输出表达式<expr>的值，并返回该值。例如：

```
(prin1 'B)
(prin1 (+3 4) )
B  7  7
```

(3) (write-line <string>)

该函数输出字符串<string>并返回带双引号的字符串。例如：

```
(write-line "What is your name? ")
```

输出 What is your name?

返回"What is your name?"

6.10 字符串处理函数

(1) (strlen <string>...)

该函数返回字符串<string>的长度，即字符串中所含字符的个数。例如：

(strlen "abcdefg")返回 7。

(2) (atoi <string>)

该函数将数字型字符串<string>转换为一个整型数，若数字型字符串带小数点，则该函数返回"截尾取整"后的整型数。例如：

(atoi "27")返回 27

(atoi "16.2")返回 16

(3) (atof <string>)

该函数将数字型字符串<string>转换为一个实型数。例如：

(atof "27")返回 27.000000

(atof "16.2")返回 16.2000000

(4) (strcat <string1> <string2>...)

该函数返回由字符串<sting1> <string2>...构成的长字符串。例如：

(strcat "Wuhan" "China")返回"Wuhan China"

(5) (substr <string> <start> [<length>])

该函数返回从字符串<string>第<start>字符位置开始，连续长度为<length>个字符组成的一个字符串。若没有指定<length>，则子字符串是<string>中从<start>后的全部字符组成。例如：

(substr "abcdef"2 4) 返回"bcde"

(substr "abcdef" 2) 返回"bcdef"

6.11 条件分支函数

条件分支函数测试其表达式的值，根据其测试的结果执行相应的操作。

(1) (if <testexpr> <thenexpr> [<elseexpr>])

该函数根据条件的真或假来执行后面的表达式。若测试表达式<testexpr>的求值结果为非 nil，则执行表达式<thenexpr>，否则，就执行表达式<elseexpr>。例如：

```
(setq  te 5)
(if  (=te 3)  "Yes" "No")  返回"No"
(if  (=te 5)  "Yes" "No")  返回"Yes"
```

```
(2) (cond  (<test1> <action1>)
            (<test2> <action2>)
             ...
     (<testN> <actionN>)
   )
```

该函数将依次检查每一个测试条件<test>的值，若查到某个<test>的值为非 nil，则执行与该测试条件相关的<action>中的诸表达式。此时函数不再对剩余的其他分支进行测试。例如：

```
(cond  ((=te 5)
       (setq  A  "YES"))
       ((not  te  5)
       (setq A  "NO"))
)
```

上式的执行过程为：当 te 等于 5 时，将"YES"字符串赋给变量 A，并返回"YES"，执行过程结束；当 te 不等于 5 时，第一个条件分支不满足，则继续对第二个条件分支求值，显然第二个分支的测试条件满足，则将"NO"字符串赋值给变量 A，并返回"NO"，执行过程终止。

6.12 循环函数

循环可以认为是"测试一求值一测试"的过程，使一些表达式被重复执行，直到测试条件满足要求为止。

(1) (repeat <number> <expr>...)

该函数按照<number>给定的次数，重复执行后面的所有表达式，并返回最后一次循环的最后一个表达式的值。例如：以下程序可以求出 1～100 自然数的和。

```
(setq  s  0  i 1)
(repeat  100
  (setq  s  (+  s  i))
  (setq  i (+i 1))
)
```

(2) (while <testexpr> <expr> ...)

该函数先对测试表达式<testexpr>求值，若不为 nil，则执行后面所有的表达式<expr>，然后再次对测试表达式<testexpr>求值。重复上述过程，一直循环到测试表达式<testexpr>的值为 nil 为止。While 返回最后一次循环时的最后一个表达式的值。以下仍以求 1～100 自然数的和为例，介绍 while 函数的使用。

```
(setq s 0 i 1)
(while (<i 101)
    (setq s (+s i))
    (setq i (+i 1))
)
```

6.13 定义函数

Virsual LISP 允许用户根据自己的需要，定义能满足某些特殊要求的函数。Virsual LISP 提供的特殊函数 Defun 就是用来定义用户函数的，它的调用格式为

```
(defun  <sys>  <argment list>  <expr>...)
```

其中：

(1) <sys> 为所定义的函数名，将来用户在使用该自定义函数时就用此名调用。

(2) <argment list>是一个函数的参数表，一般格式为(<形参 1> <形参 2> .../<局部变量 1> <局部变量 2>...)。形参在函数调用时必须用实参代替，局部变量仅用于函数内部，不参与函数传递。

(3) <expr>为表达式部分，是用户所定义的函数的内容。这些表达式在函数调用时将依次被求值，用于完成所需的功能。

例　定义一个求 $n!$阶乘的函数。

```
(defun myfunc(n)
  (setq t 1 i 1 )
  (repeat n
    (setq t (* t i))
    (setq i (+i 1))
  )
)
```

调用该函数求 10！的值，则调用格式为

(myfunc 10)　返回 3628800

6.14　文件操作函数

(1) (open <filename> <mode>)

该函数打开一个文件，以便 Virsual LISP 的 I/O 函数进行存取，函数返回文件描述符。其中：

<filename>是一个字符串参数，它指定了要打开的文件名和扩展名，必要时还可指定路径。

<mode>为读/写模式，常用模式有："r"表示读，"w"表示写，"a"表示向打开的文件追加内容。在"w"和"a"状态下，若磁盘上无此文件，则产生并打开一个新文件。例如：

```
(setq fp (open "user.dat" "r"))
```

表示打开"user. dat"数据文件供程序进行读操作；fp 为文件描述符，代表已打开的数据文件。

(2) (close <file-desc>)

该函数关闭由文件描述符<file-desc>所指定的文件，并返回 nil。例如：要关闭上例中打开的"new. dat"文件，只需调用：

```
(close  fp)
```

(3) (read-line <file-desc>)

该函数从打开的文件<file-desc>中的当前指针位置处读入一行字符，并返回由这些字符构成的字符串，然后把文件指针移到下一行的首部。例如从"new. dat"数据文件中读入一行赋给变量 A：

```
(setq  A  (read-line  fp))
```

(4) (write-line <string> <file-desc>)

该函数将字符串<string>写到文件描述符<file-desc>表示的打开的文件中，它返回一个字符串，写入文件时不需引号。例如：

```
(setq  f  (open  "myfile.txt" "w"))
(write-line  "China" f)
```

6.15 调用 AutoCAD 标准命令的函数

Virsual LISP 提供了一个在 Virsual LISP 程序中调用 AutoCAD 标准命令的 Command 函数。该函数的调用格式为

```
(Command  <AutoCAD标准命令>  [<参数>…])
```

例 从点(40,30) 到点(70,55)画一条直线。

```
(command  "line"  "40,30"  "70,55"  "")
```

或

```
(command  "line"  '(40 30)  '(70 55)  "")
```

例 过中心(50, 35)画半径为 12 的圆。

```
(command  "circle"  '(50 35) 12)
```

6.16 Visual LISP 编程应用实例

1. 利用 Visual LISP 实现参数化绘图

人类在设计活动中，涉及许多标准化、系列化程度相当高的产品体系，如标准民用住宅楼和工业厂房、齿轮减速器、液压元件、系列化机床等等。为了提高这类产品的出图效率，缩短设计周期，利用计算机自动绘图越来越引起人们的关注。

在机械制图中，由于很多零、部件的形状是相似的，因此它们的二维视图也是相似的。例如键、销、螺钉、螺母、滚动轴承、齿轮等。绘制这类零件的视图都可以采用参数化编程方式，即编写带形参的 Visual LISP 绘图程序，用户在调用程序时，只需向程序提供所要求的参数，程序就能自动绘出相应的零件图。

下面的 Visual LISP 程序为绘制如图 6.7(a)所示零件样图的参数化绘图程序。这类零件的几何参数有 5 个(d_1、d_2、d_3、h_1、h_2)，取中心线与零件底线的交点(x_0，y_0)为绘图基点。

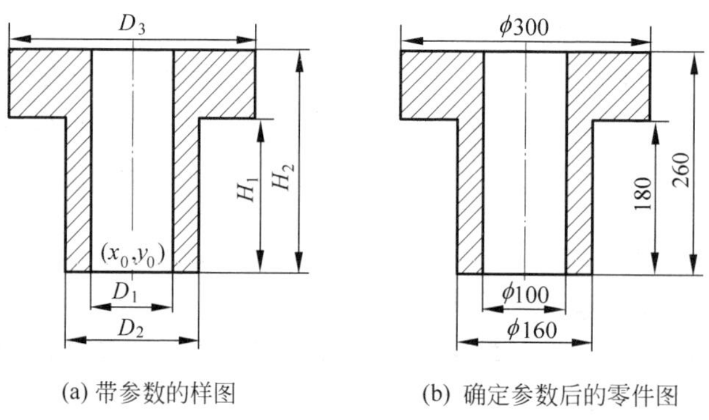

(a) 带参数的样图　　(b) 确定参数后的零件图

图 6.7　零件样图

程序中"0"图层为粗实线,"2"图层为细实线,"4" 图层为中心线。

```
(defun part1(x0 y0)
  (setq d1 (getint "\nEnter diameter d1: ")
        d2 (getint "\nEnter diameter d2: ")
        d3 (getint "\nEnter diameter d3: ")
        h1 (getint "\nEnter length h1: ")
        h2 (getint "\nEnter length h2: ")
  )
  (setq r1 (/ d1 2.0) r2 (/ d2 2.0) r3 (/ d3 2.0))
  (command "limits" (list 0 0) (list (+x0 r3 50) (+y0 h2 60)))
  (command "zoom" "a")
  (command "layer" "s" "0" "")
  (command "line" (list (-x0 r1) y0) (list (-x0 r1) (+y0 h2)) (list (-x0 r3)
  (+y0 h2)) (list (-x0 r3)(+y0 h1)) (list (-x0 r2) (+y0 h1)) (list (-x0 r2) y0) "c")
  (command "mirror" "w" (list x0 (-y0 5)) (list (-x0 r3 5) (+y0 h2 5)) "" (list x0 y0)
  (list x0(+y0 h2)) "n")
  (command "layer" "s" "2" "")
  (command "hatch" "u" "45" "4" "n" "w" (list (-x0 r3 5) (-y0 5)) (list (+x0 r3 5)
  (+y0 h2 5)) "")
  (command "layer" "s" "0" "")
  (command "line" (list (-x0 r1) y0) (list (+x0 r1) y0) "")
  (command "line" (list (-x0 r1) (+y0 h2)) (list (+x0 r1) (+y0 h2)) "")
  (command "layer" "s" "4" "")
  (command "line" (list x0 (-y0 5)) (list x0 (+y0 h2 5)) "")
  (command "layer" "s" "2" "")
  (setq d1 (itoa d1) d2 (itoa d2) d3 (itoa d3))
  (setq d1 (strcat "%%C" d1) d2 (strcat "%%C" d2) d3 (strcat "%%C" d3))
  (command "dim")
  (command "hor" (list (-x0 r1) y0) (list (+x0 r1) y0) (list x0 (-y0 15)) d1)
  (command "hor" (list (-x0 r2) y0) (list (+x0 r2) y0) (list x0 (-y0 25)) d2)
  (command "hor" (list (-x0 r3) (+y0 h2)) (list (+x0 r3) (+y0 h2)) (list x0
  (+y0 h2 10)) d3)
  (command "ver" (list (+x0 r2) y0) (list (+x0 r3) (+y0 h1)) (list (+x0 r3 10)
  (+y0 5)) h1)
  (command "ver" (list (+x0 r2) y0) (list (+x0 r3) (+y0 h2)) (list (+x0 r3 20)
  (+y0 5)) h2)
  (command "exit")
)
```

图 6.7(b)为取参数 $x_0=40$,$y_0=40$,$d_1=100$,$d_2=160$,$d_3=300$,$h_1=180$,$h_2=260$ 时所绘制的零件图。

2. 向 AutoCAD 增加新命令

任何 CAD 系统,都不可能满足所有用户的要求,特别是一些专业设计用户的要求。而 AutoCAD 的特长就是可以用简单的程序设计,给系统增加一些专业设计所需要的新命令。

利用 Visual LISP 语言编程就可以很容易地向 AutoCAD 增加新命令，用户只要用自定义函数 Defun 产生一个名为“C：XXX”的函数即可。

在机械制图中，标注粗糙度的方法除了采用插入带属性的图块的方法外，还可以采用增加新命令的方式。下面的 Visual LISP 函数就是向 AutoCAD 增加一条标注粗糙度的新命令，命令名为 CCD。其中变量“bp”表示基点，“ang”表示旋转角，“txt”表示粗糙度的值。图 6.8 分别对应旋转角为 0°、90°、180°、270°时标注的粗糙度。

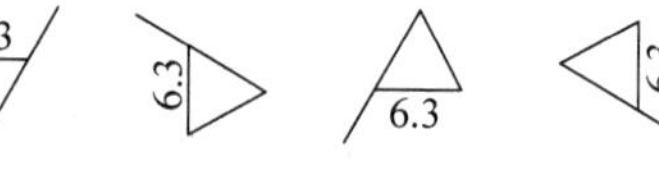

图 6.8 标注粗糙度

```
(defun C: ccd()
    (setq bp (getpoint "\nEnter basepoint: ")
        ang (getangle "\nEnter rotate angle: ")
        txt (getstring "\nEnter value: ")
    )
    (command "line" bp (polar bp (+ang (/ pi 3)) 12) "")
    (setq pt (polar bp (+ang (/ pi 1.5)) 7))
    (command "line" bp pt (polar pt ang 7) "")
    (cond ((<ang pi)
        (command "text" (polar pt (+ang 70) 1.2) "2.5" (* ang (/ 180 pi)) (eval txt)))
        (T (command "text" "j" "r" (polar pt (+ang 70) 3.7) "2.5" (* (-ang pi) (/ 180 pi))
            (eval txt)))
    )
)
```

习　题

1. Visual LISP 是如何编译和加载运行应用程序的？
2. 用 Virsual LISP 语言定义根据圆锥的底半径、高度计算其体积的函数。
3. 编写求一元二次方程实根的 Visual LISP 程序。
4. 用 Auto LISP 语言编写增加写环形文本的新命令。
5. 用 Auto LISP 语言定义绘制图 6.9 所示的带键槽轴的截面视图的命令，直径、槽宽、槽深、中心点位置以交互方式输入。

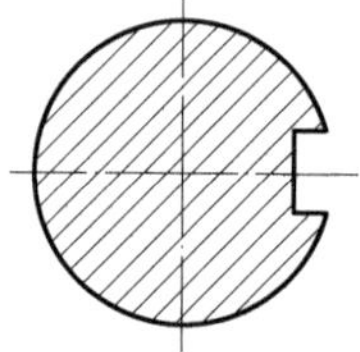

图 6.9 带键槽轴的截面

第7章　AutoCAD 二次开发技术

AutoCAD 已经成为功能齐全、性能良好、操作方便、易学实用以及具有良好的外部环境的一套通用性的图形软件系统，在机械、电子、航空、船舶、建筑等领域得到了广泛的应用。但通用性强的软件，往往其专业性较差，即没有一个软件是万能的。因此，要最大限度地满足用户的个性化要求，必须给用户提供重新设置、修改及对软件进行二次开发的功能。

AutoCAD 开放的体系结构使得对其进行二次开发成为可能，以满足不同行业及不同层次用户的需求。二次开发是指利用 AutoCAD 提供的编程环境和开发工具，通过编写程序来实现对 AutoCAD 的开发。

7.1　利用高级语言实现参数化绘图

7.1.1　命令组文件

AutoCAD 允许用户建立一个后缀为.SCR 的命令组文件（又称脚本文件），命令组文件的内容为一组命令，AutoCAD 运行这个命令组文件时，可执行预定的命令序列。

1. 命令组文件的格式

下面以绘制图 7.1 所示矩形图形为例，介绍命令组文件的格式，取命令组文件名为 YUAN. SCR。其中下划线表示空格。

```
LIMITS_0,0_500,400
ZOOM_A
BASE_70,120
LAYER_S_1_
LINE_70,120_270,120_270,240_70,240_C
LAYER_S_6_
DIM
DIMTXT_5
HOR_70,120_270,120_170,100_200_
VER_270,120_270,240_290,180_120_
EXIT
```

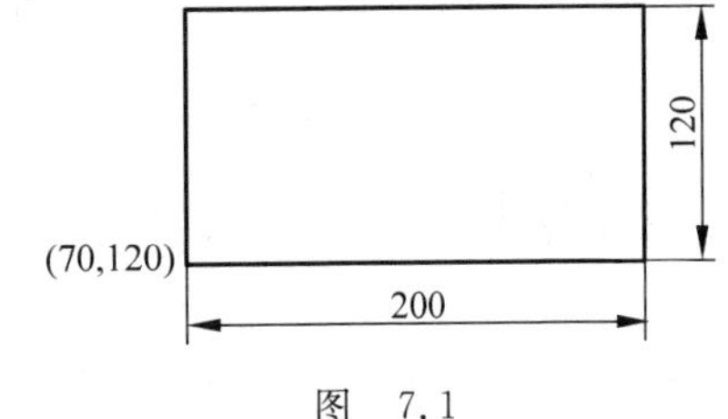

图　7.1

2. 命令组文件的调用

可以使用 AutoCAD 的 SCRIPT 命令来调用命令组文件，调用步骤如下：

命令：SCRIPT↙

将显示“选择脚本文件”对话框，供用户调用相应的命令组文件。

3. 命令组文件中常用的几个命令

1）delay 命令

delay 命令用于延时，输入 delay 命令后，AutoCAD 提示如下：

```
命令：delay↙
输入延迟时间（毫秒）：2000↙
```

2）RSCRIPT 命令

在命令组文件中加入一条 RSCRIPT 命令，可直接请求重新运行用 SCRIPT 命令调用的命令组文件。仍以绘矩形图形为例：(yuan1. scr)。

```
LIMITS_0,0_500,400
ZOOM_A
BASE_70,120
LAYER_S_1_
LINE_70,120_270,120_270,240_70,240_C
LAYER_S_6_
DIM
DIMTXT_5
HOR_70,120_270,120_170,100_200_
VER_270,120_270,240_290,180_120_
EXIT
DELAY_2000
ERASE_W_0,0_500,400_
RSCRIPT
```

例 编写绘制如图 7.2 所示图形的命令组文件。

已知：$B=60, D=60, L_1=124, L_2=200, R-24$。

确定各特征点的坐标如下：

$P_0=200,200$ $P_1=170,200$ $P_2=170,260$

$P_3=100,260$ $P_4=100,200$ $P_5=112,200$

$P_6=164,200$ $P_7=230,200$ $P_8=230,260$

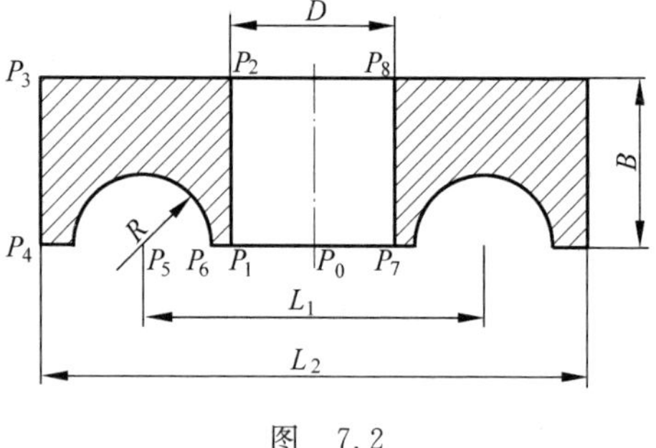

图 7.2

编写的命令组文件如下：(yg. scr)。

```
LIMITS_0,0_500,400
ZOOM_A
BASE_200,200
LAYER_S_1_
LINE_164,200_170,200_170,260_100,260_100,200_112,200_
ARC_164,200_E_112,200_A_180
MIRROR_W_98,198_172,262__200,198_200,262_N
LAYER_S_8_
HATCH_U_45_3__W_98,198_303,262_
LAYER_S_1_
```

```
LINE_170,200_230,200_
LINE_170,260_230,260_
LAYER_S_4_
LINE_200,195_200,265_
LAYER_S_6_
DIM
DIMTXT_5
HOR_170,260_230,260_200,280_%%C60_
HOR_138,200_262,200_200,180_124_
HOR_100,200_300,200_200,160_200_
VER_300,200_300,260_320,220_60_
EXIT
```

所绘零件图如图 7.3 所示。

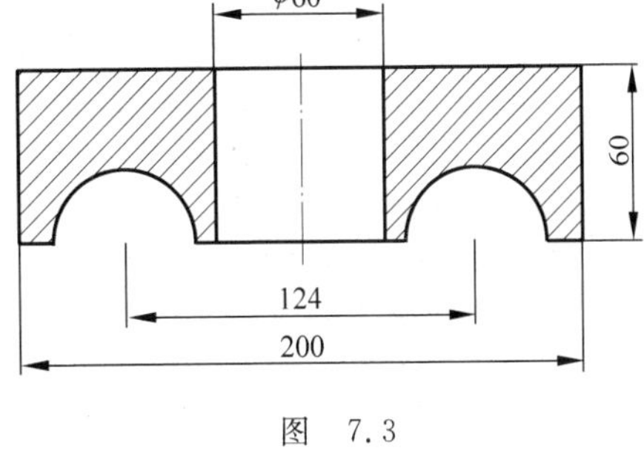

图　7.3

7.1.2　参数化绘图

可利用命令组文件实现参数化绘图。将命令组文件中的有关数值用参数表示，用高级语言给命令组文件中的参数赋值。实际上是利用高级语言的写语句，写出 SCR 文件实现参数化绘图，如图 7.4 所示。

仍以绘矩形图形为例。

已知参数：长度 L，宽度 W，起始点坐标 x_0，y_0。

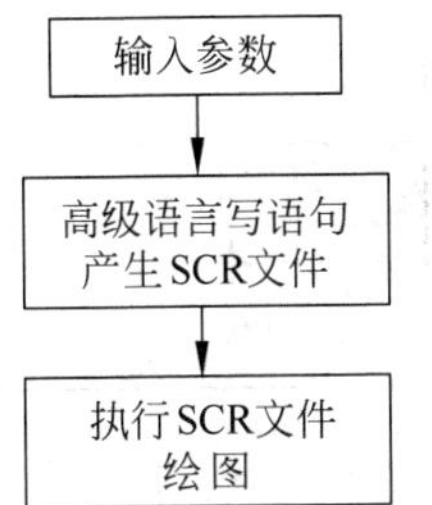

图 7.4　利用高级语言实现参数化绘图

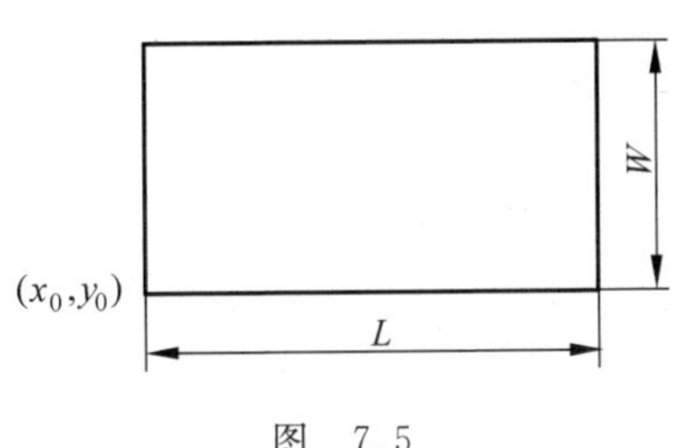

图　7.5

用 Turbo C 语言来编写绘制图 7.5 所示矩形图形的参数化绘图程序如下：

```
#include "stdio.h"
#include "string.h"
main()
{
  drawline();
  return 0;
}

int drawline()
{ FILE * fp;
  float x0,y0,l,w;
  printf("Input x0,y0,l,w: ");
```

```
    scanf("%f,%f,%f,%f", &x0,&y0,&l,&w);
    fp=fopen("yuan2.scr", "w");
    fprintf(fp,"limits 0,0 500,400\n");
    fprintf(fp,"zoom a\n");
    fprintf(fp,"layer s 1 \n");
    fprintf(fp,"line %.2f,%.2f %.2f,%.2f %.2f,%.2f %.2f,%.2f C\n",
            x0,y0,x0+l,y0,x0+l,y0+w,x0,y0+w);
    fprintf(fp,"layer s 6 \n");
    fprintf(fp,"dim\n");
    fprintf(fp,"dimtxt 5\n");
    fprintf(fp,"hor %.2f,%.2f %.2f,%.2f %.2f,%.2f %.2f \n",
            x0,y0,x0+l,y0,x0+50,y0-20,l);
    fprintf(fp,"ver %.2f,%.2f %.2f,%.2f %.2f,%.2f %.2f \n",
            x0+l,y0,x0+l,y0+w,x0+l+20,y0+50,w);
    fprintf(fp,"EXIT\n");
    fclose(fp);
    return 0;
}
```

例 试编写利用高级语言绘制图 7.6 所示套筒类零件图的参数化绘图程序。

Turbo C 语言编程如下：

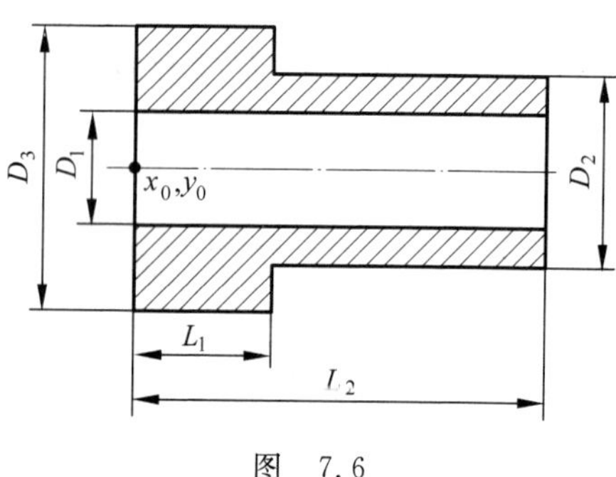

图 7.6

```
#include "stdio.h"
#include "string.h"

main()
{
  drawparts();
  return 0;
}

int drawparts()
{ FILE * fp;
  float X0,Y0,D1,D2,D3,L1,L2,R1,R2,R3;
  printf("Input X0,Y0,D1,D2,D3,L1,L2: ");
  scanf("%f,%f,%f,%f,%f,%f,%f", &X0,&Y0,&D1,&D2,&D3,&L1,&L2);
  R1=D1/2.0;    R2=D2/2.0;   R3=D3/2.0;
  fp=fopen("yuan3.scr", "w");
  fprintf(fp,"limits 0,0 500,400\n");
  fprintf(fp,"zoom a\n");
  fprintf(fp,"layer s 0 \n");
  fprintf(fp,"line %.2f,%.2f %.2f,%.2f %.2f,%.2f %.2f,%.2f %.2f,%.2f %.2f,%.2f C\n",
     X0,Y0+R1,X0,Y0+R3,X0+L1,Y0+R3,X0+L1,Y0+R2,X0+L2,Y0+R2,X0+L2,Y0+R1);
  fprintf(fp,"MIRROR W %.2f,%.2f %.2f,%.2f  %.2f,%.2f %.2f,%.2f n\n", X0-5,
     Y0-5,X0+L2+5,Y0+R3+5,X0,Y0,X0+L2,Y0) ;
  fprintf(fp,"layer s 2 \n");
```

```
    fprintf(fp,"HATCH U 45 4  w %.2f,%.2f %.2f,%.2f \n", X0-5,Y0-R3-5,X0+L2+5,
        Y0+R3+5);
    fprintf(fp,"line %.2f,%.2f %.2f,%.2f \n", X0,Y0+R1,X0,Y0-R1);
    fprintf(fp,"line %.2f,%.2f %.2f,%.2f \n", X0+L2,Y0+R1,X0+L2,Y0-R1);
    fprintf(fp,"layer s 4 \n");
    fprintf(fp,"line %.2f,%.2f %.2f,%.2f \n", X0-5,Y0,X0+L2+5,Y0);
    fprintf(fp,"layer s 2 \n");
    fprintf(fp,"dim\n");
    fprintf(fp,"dimtxt 5\n");
    fprintf(fp,"ver %.2f,%.2f %.2f,%.2f %.2f,%.2f %%%%C%.2f \n",X0,Y0-R1,X0,
        Y0+R1,X0-15,Y0,D1);
    fprintf(fp,"ver %.2f,%.2f %.2f,%.2f %.2f,%.2f %%%%C%.2f \n", X0+L2,
        Y0-R2,X0+L2,Y0+R2,X0+L2+15,Y0,D2);
    fprintf(fp,"ver %.2f,%.2f %.2f,%.2f %.2f,%.2f %%%%C%.2f \n", X0,Y0-R3,X0,
        Y0+R3,X0-30,Y0,D3);
    fprintf(fp,"hor %.2f,%.2f %.2f,%.2f %.2f,%.2f %.2f \n", X0,Y0-R3,X0+L1,Y0-R3,
        X0+10,Y0-R3-15,L1);
    fprintf(fp,"hor %.2f,%.2f %.2f,%.2f %.2f,%.2f %.2f \n", X0,Y0-R3,X0+L2,
        Y0-R2,X0+L1,Y0-R3-30,L2);
    fprintf(fp,"EXIT\n");
    fclose(fp);
    return 0;
}
```

7.2　用户界面的开发设计

用户界面用来实现用户与计算机之间的通信，是控制计算机或进行用户和计算机之间数据传送的系统部件。界面是软件与用户交换的最直接层，用户界面的好坏，直接影响用户对软件产品的评价，也关系到软件产品的竞争力、使用寿命、系统响应时间和命令交换方式。AutoCAD 用户界面是用户与图形系统之间进行信息交换的一种接口。菜单是普遍采用的界面形式，它将命令和选择项均列在相对应的交互设备上，通过鼠标控制光标等办法来点"菜"。菜单功能是通过菜单文件来实现的，AutoCAD 菜单文件是一个标准的 ASCII 文件，允许用户根据需要对它进行改造或创建，形成用户界面。

7.2.1　菜单文件的类型

菜单文件实际上是指一组协同定义和控制菜单区域的显示及操作的文件。AutoCAD 的菜单文件类型主要有以下 5 种。

(1) MNU：样板(Template)菜单文件，是 ASCII 码文本文件。用户可利用该种菜单文件定义自己的菜单源文件。

(2) MNC：将 MNU 菜单源文件编译之后得到的菜单目标文件。

(3) MNR：菜单资源文件。这种二进制文件包含有菜单所使用的位图资源。

(4) MNS：AutoCAD 系统所生成的菜单源文件。AutoCAD 在编译 MNU 用户菜单源文件时，在生成 MNC 菜单目标文件的同时，还生成更为规范的 MNS 菜单源文件。

(5) MNL：菜单 LISP 文件。该类文件包含了菜单中对 LISP 函数的定义。

AutoCAD 系统提供了一些标准菜单文件，它们分别为 ACAD. MNU，ACAD. MNC，ACAD. MNR，ACAD. MNS，ACAD. MNL，这些文件安装在 support 文件夹中。

使用 MENU 命令可引导 AutoCAD 从磁盘文件中装入标准菜单或一个用户菜单。AutoCAD 在系统登记表(registry)中保存所用的最后一个菜单名，每当重新启动 AutoCAD 时，系统自动加载上次 AutoCAD 运行时最后调用的菜单文件。

7.2.2 菜单文件的结构及格式

1. 菜单文件的结构

菜单文件一般为树型结构，层次很分明。每个菜单文件由若干段组成，每段包含若干子菜单和菜单项。AutoCAD 标准菜单包含以下 10 个菜单段。

(1) 下拉菜单段：POP1～POP11。

(2) 光标菜单段：POP0。

(3) 定点设备按钮菜单段：BUTTONS1，BUTTONS2。

(4) 辅助菜单段：AUX1～AUX4。

(5) 工具栏段：TOOLBARS。

(6) 图像块菜单段：IMAGE。

(7) 屏幕菜单段：SCREEN。

(8) 数字化仪菜单段：TABLET1～TABLET4。

(9) 快捷键段：ACCELERATORS。

(10) 状态栏帮助段：HELPSTRINGS。

2. 菜单文件的格式

菜单文件由多个菜单段组成，每段有一个段标题，单独占一行，格式如下：

```
***<段名>
```

段名标识该菜单从属于何种设备。AutoCAD 有如下段标号：

```
***MENUGROUP        菜单组名
***BUTTONSn         按钮菜单段
***AUXn             辅助菜单段
***POP0             光标菜单段
***POPn             下拉菜单段
***IMAGE            图像块菜单段
***SCREEN           屏幕菜单段
***TABLETn          数字化仪菜单段
***ACCELERATORS     快捷键段
***HELPSTRINGS      状态栏帮助段
```

菜单段以下设置子菜单或菜单项。菜单文件可以缺少任何一些菜单段。

子菜单的起始标记为“**子菜单名”，子菜单名可由用户任意指定，但各个子菜单名不能相同。

3. 子菜单的调用

用户在菜单项中可用以下格式来调用子菜单：

```
$&lt;菜单类型&gt;=[被调用子菜单名]
```

被调用子菜单的菜单类型采用缩写形式，它们分别为：

缩写形式	菜单类型
S	屏幕菜单
A1～A4	辅助菜单
B1～B4	按钮菜单
P0～P16	弹出式菜单
I	图像块菜单
T1～T4	数字化仪菜单

下面是调用子菜单的例子：

$S=TRAN　　调用屏幕子菜单 TRAN

$I=PARTS　　调用图像块子菜单 PARTS

$T1=ELEMENT　调用数字化仪子菜单 ELEMENT

如果没有指定被调用子菜单名，则返回上一菜单。例如菜单项“[AUTOCADY]$S=”用来恢复前一屏幕菜单。

4. 菜单项的表示

菜单或子菜单中包含的一行行命令串称为菜单项，菜单项有以下几种表示方法。

1) [菜单项名]命令串

该方法用于屏幕菜单项或下拉菜单项的表示。方括号中的菜单项名显示在屏幕的相应区域内，方括号外的命令串可能是 AutoCAD 的命令、关键字或子菜单调用命令。如果是 AutoCAD 的命令或关键字，则出现在命令行并执行；如果是子菜单调用命令，则调出相应的子菜单。由于屏幕菜单区的宽度有限，只能显示出菜单项的前 8 个字符，故菜单项名的有效字符数为 8。

2) [字符串]

方括号中的字符串只是作为子菜单的标题项使用。

3) 字符串

该种表示方法是第 1)种表示方法的特例，此时，字符串既作为菜单项名显示在屏幕上，又作为命令串出现在命令行。

4) [→子菜单名]和[←菜单项名]命令串

前者是调用下拉子菜单或光标子菜单的菜单项。后者是子菜单的最后一个菜单项，方括号内的菜单项名将显示在屏幕上，命令串的作用同 1)所述。

菜单项的一般格式如下：

```
command_tag [label] menu_function
```

其中：

(1) “command_tag”为命令标识符，用作标识名，它由字母、下划线和数字构成，位于菜单项名前面，是菜单项的标识。各个菜单项的标识名不能同名。

(2) “label”为项标题，方括号中的项标题作为菜单项名将显示在屏幕的相应区域内。

(3) “menu_function”为实现预定功能的操作，如执行 AutoCAD 的命令、调用子菜单或 AutoLISP 函数等。

下面的一个菜单项是合法的：

```
ID_save [Save]^C^C_save
```

其中：ID_save 是该菜单项的标识名，方括号中的 Save 是菜单项名显示在屏幕上。当该菜单项被用户选择后，save 命令将被执行。

7.2.3　用户界面开发的一般方法

用户界面(即菜单文件)的开发有两种途径：一种是在 AutoCAD 的标准菜单文件 ACAD. MNU 中增加新内容；另一种是用户建立自己的菜单文件。

1. 在 ACAD. MNU 中增加新内容

在 ACAD. MNU 标准菜单文件中增加新内容的操作步骤如下：

(1) 确定要加入的菜单类型，如下拉菜单、屏幕菜单、图像块菜单、数字化仪菜单等。

(2) 分析所要加入菜单的功能，如绘图、编辑、显示、图形库管理等，以便确定增加到 ACAD. MNU 中的那个菜单段或子菜单。

(3) 确定所要增加的菜单的位置，即菜单在屏幕上的显示位置。

(4) 用文本编辑程序调出 ACAD. MNU 文件，将要增加的菜单新内容放到相应的菜单段中或子菜单中。

(5) 用 MENU 命令装入已经增加了新内容的标准菜单。

例　在 ACAD. MNU 下拉菜单中增加一个下拉菜单段 POP14，该菜单段包含 5 个菜单项，可分别绘制圆形、三角形、梯形、平行四边形和五角星。具体操作步骤如下：

(1) 用文本编辑程序调出 ACAD. MNU 文件，在 POP11 下拉菜单段后面增加一个 POP14 下拉菜单段，内容如下：

```
***POP14
**绘特殊图形
ID_YDRAW1 [绘特殊图形]
ID_Circle [圆形]^C^Ccircle 200,180 60
ID_Angle  [三角形]^C^Cline 100,70 300,70 260,240 C
ID_Dbtx   [梯形]^C^Cline 50,50 350,50 300,280 100,280 C
ID_Pret   [平行四边形]^C^Cline 50,50 300,50 350,240 100,240 C
ID_Star   [五角星]^C^Cline 100,100 @150<0 @150<216 @150<72 @150<288 C
```

(2) 将修改后的 ACAD. MNU 文件存盘，退出文本编辑程序。

(3) 删除 ACAD. MNC、ACAD. MNS、ACAD. MNR 三个文件。

(4) 用 MENU 命令装入已经增加了新内容的标准菜单 ACAD. MNU 文件。屏幕显示的下拉菜单如图 7.7 所示。

2. 建立用户菜单

除了修改 AutoCAD 标准菜单文件 ACAD. MNU 外，还可以开发独立的用户菜单文

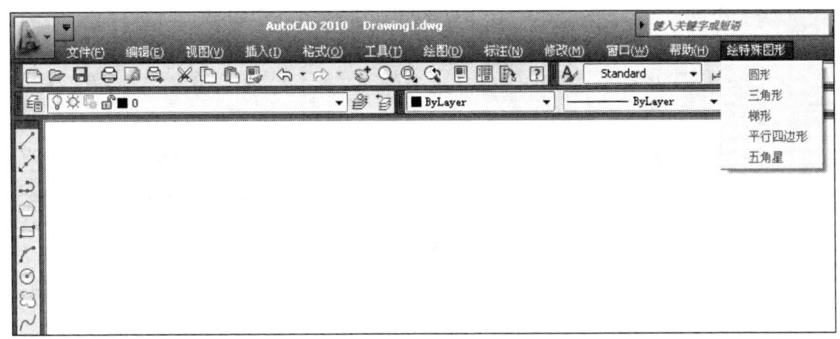

图 7.7　增加新内容后的下拉菜单

件。建立用户菜单的操作步骤如下：

(1) 确定要开发的菜单类型，如下拉菜单、屏幕菜单、图像块菜单、数字化仪菜单等。

(2) 分析所要开发的菜单的功能，如绘图、编辑、显示、图形库管理等，以便确定需开发哪些菜单段或子菜单。

(3) 确定各个菜单的位置，即菜单在屏幕上的显示位置。

(4) 用文本编辑程序编辑用户自己开发的菜单文件(.MNU 文件)，然后将其保存在对应于 AutoCAD 的相应文件夹(SUPPORT)中。

(5) 在 AutoCAD 系统环境下，使用 MENU 命令调用用户菜单，格式如下：

```
Command: MENU↙
```

执行该命令后，系统将打开一个对话框，单击用户建立的菜单文件并单击“确定”按钮，系统就开始编译用户菜单文件，在屏幕上显示出用户菜单的内容。

例　在 AutoCAD 中开发用户界面，建立一个适合机械制图的包含有“文件”、“图幅设置”、“绘图”和“尺寸标注”4 个下拉菜单的用户菜单文件，菜单文件名取为 YUAN.MNU。具体操作步骤如下所述。

(1) 用文本编辑程序编辑 YUAN.MNU 文件，该文件包含 4 个下拉菜单段 POP1、POP2、POP3 和 POP4，内容如下：

```
***POP1
**文件
ID_Title1   [文件]
ID_New      [新建]^C^Cnew
ID_Open     [打开]^C^Copen
            [--]
ID_Save     [保存]^C^Csave
ID_Saveas   [另存为]^C^Csaveas

***POP2
**图幅设置
ID_Tile2    [图幅设置]
ID_A        [0号图幅]^C^Climits 0,0 1189,841 zoom a line 0,0 @1189,0 @0,841+
            @-1189,0 C line 25,10 w 0.7  @1154,0 @0,821 @-1154,0 C
```

```
ID_A1       [1号图幅]^C^Climits 0,0 841,594 zoom a line 0,0 @841,0 @0,594+
            @-841,0 C pline 25,10 w 0.7  @706,0 @0,574 @-706,0 C
ID_A2       [2号图幅]^C^Climits 0,0 594,420 zoom a line 0,0 @594,0 @0,420+
            @-594,0 C pline 25,10 w 0.7  @559,0 @0,400 @-559,0 C
ID_A3       [3号图幅]^C^Climits 0,0 420,297 zoom a line 0,0 @420,0 @0,297+
            @-420,0 C pline 25,5 w 0.7  @390,0 @0,287 @-390,0 C
ID_A4       [4号图幅]^C^Climits 0,0 297,210 zoom a line 0,0 @297,0 @0,210
            @-297,0 C pline 25,5 w 0.7  @267,0 @0,200 @-267,0 C

***POP3
**绘图
ID_Title3   [绘图]
ID_Line     [直线]^C^Cline
ID_Pline    [多义线]^C^Cpline
ID_Circle   [圆]^C^Ccircle
ID_Arc      [圆弧]^C^Carc
ID_Text     [文本]^C^Cdtext

***POP4
**尺寸标注
ID_Title4   [尺寸标注]
ID_Hor      [水平标注]^C^Cdim hor
ID_Ver      [垂直标注]^C^Cdim ver
ID_Ali      [对齐标注]^C^Cdim ali
ID_Ang      [角度标注]^C^Cdim angular
ID_Dia      [直径标注]^C^Cdim diameter
ID_Rad      [半径标注]^C^Cdim radius
```

(2) 保存该菜单文件，将其存入对应于 AutoCAD 库搜索路径的文件夹内。

(3) 启动 AutoCAD 2010 后，在"命令"提示符下输入 MENU 命令，系统将打开"Select Menu File"(选择菜单文件)对话框，如图 7.8 所示。在该对话框中选定 YUAN. MNU 文

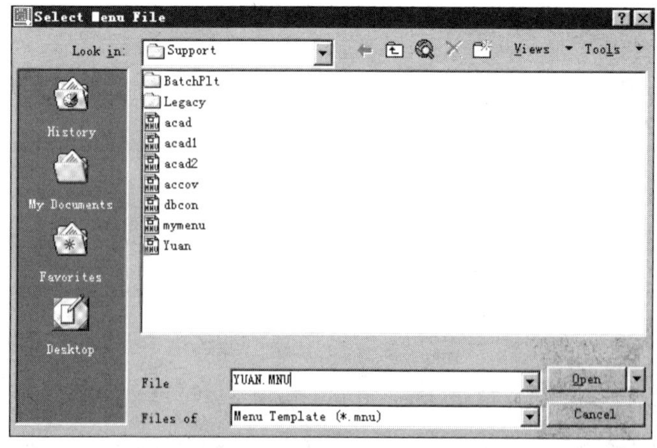

图 7.8　选择菜单文件对话框

件，然后单击“Open”（打开）按钮，系统将编译 YUAN. MNU 文件，生成 ACAD. MNC、ACAD. MNS、ACAD. MNR 三个菜单文件。这时系统弹出一个信息框，如图 7.9 所示。

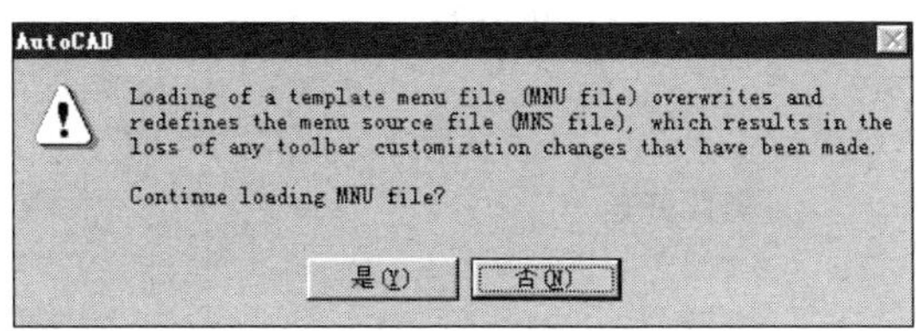

图 7.9　信息框

在上述信息框中单击“是（Y）”按钮，即完成用户菜单的调用，并显示用户建立的菜单，如图 7.10 所示。

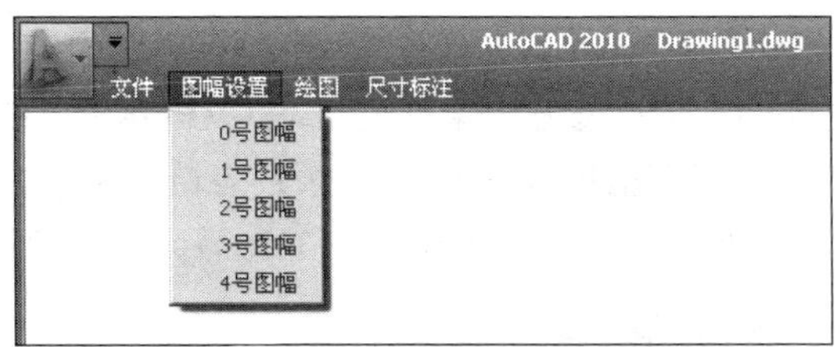

图 7.10　用户菜单

7.3　图形系统与外部程序交换信息

7.3.1　图形交换文件

AutoCAD 提供了一种固定格式的后缀为. DXF 的 ASCII 码文件，称为图形交换文件，用于与其他 CAD 系统及用户应用程序间的图形信息交换。DXF 文件具有可读性好、处理速度快、通用性强等优点，易于被其他程序处理，在 AutoCAD 二次图形开发中发挥着重要的作用。

1. 总体结构

DXF 文件由 6 个段（SECTION）组成，即标题段、类段、表段、块段、实体段和对象段。每个段均以 SECTION 的 0 组开始，最后以 ENDSEC 结束该段。

1）标题段（HEADER）

此段记录了有关图形的各种当前设置和参数，它实际上描述了 AutoCAD 系统的当前工作环境，如 AutoCAD 的版本号、插入基点、绘图界限的左下角、当前图层名和当前线型等等。标题段的一般格式为

```
  0                    ;标题段开始
SECTION
  2
HEADER
 ⋮
  0
```

```
ENDSEC                  ;标题段结束
```

2) 类段(CLASSES)

类段保存由应用程序定义的类,而该类的实体则出现在块段、实体段、对象段中。类段的一般格式为

```
  0                     ;类段开始
SECTION
  2
CLASSES
  ⋮
  0
ENDSEC                  ;类段结束
```

3) 表段(TABLES)

表段又由 9 张表组成,它们依次为:视口配置表(VPORT),线型表(LTYPE),层表(LAYER),字体表(STYLE),视图表(VIEW),坐标系表(UCS),应用程序名表(APPID),标注字体表(DIMSTYLE),块定义表(BLOCK_RECORD)。表段的一般格式为

```
  0                     ;表段开始
SECTION
  2
TABLES
  0                     ;视口配置表开始
TABLE
  2
VPORT
  ⋮
  0
ENDTAB                  ;视口配置表结束
  0                     ;线型表开始
TABLE
  2
LTYPE
  ⋮
 0
ENDTAB                  ;线型表结束
  0                     ;层表开始
TABLE
  2
LAYER
  ⋮
  0
ENDTAB                  ;层表结束

  ⋮         字体表、视图表、坐标系表、应用程序名表、标注字体表、块定义表
```

```
  0
ENDSEC                       ;表段结束
```

4）块段(BLOCKS)

此段记录在图形中所使用的块及其各块内所包含实体的描述，如块名，图层和实体的内容等。块段的一般格式为

```
  0                          ;块段开始
SECTION
  2
BLOCKS
  ⋮
  0
ENDSEC                       ;块段结束
```

5）实体段(ENTITIES)

此段包含图中所有实体的信息，包括每个实体的种类、所在图层名、实体描述字及有关的几何数据。实体段的一般格式为

```
  0                          ;实体段开始
SECTION
  2
ENTITIES
  ⋮
  0
ENDSEC                       ;实体段结束
```

6）对象段(OBJECTS)

对象段包含图形数据库中所有非图形实体的定义数据。对象段的一般格式为

```
  0                          ;对象段开始
SECTION
  2
OBJECTS
  ⋮
  0
ENDSEC                       ;对象段结束
```

7）文件结尾

只有“0”和“EOF”两行，格式为

```
 0
EOF                          ;文件结束
```

2. 组(GROUP)

DXF 文件的最小组成单元为组(GROUP)，每个组占两行，第一行为组代码，第二行为组值。组代码是非负的整数，而组值的数据类型取决于组代码的数值，其规定如下：

组代码的范围	组值的数据类型
0～9	字符型
10～59	实型
60～79	整型

常用组代码的含义如下所述。

0：标识一个事物的开始，如一个段、一个表、一个块、一个实体等。

2：名字，如段、表、块等名字。

6：线型名(固定的)。

8：图层名(固定的)。

10～18：x 坐标值。

20～28：y 坐标值。

30～37：z 坐标值。

40～48：高度、宽度、距离、半径、比例因子等。

50～58：角度值。

3. 实体(直线、圆、圆弧)的几何数据描述

1）直线的几何数据的组代码

10,20,30：起点的 x,y,z 坐标。

11,21,31：终点的 x,y,z 坐标。

2）圆的几何数据的组代码

10,20,30：圆心的 x,y,z 坐标。

40：圆的半径。

3）圆弧的几何数据的组代码

10,20,30：圆弧中心的 x,y,z 坐标。

40：圆弧的半径。

50：圆弧的起始角。

51：圆弧的终止角。

4. 图形交换命令

与 DXF 文件有关的 AutoCAD 命令有两个：Dxfout 和 Dxfin。

Dxfout 命令用于将 AutoCAD 屏幕上的图形信息转换成 DXF 文件。在命令行中输入 Dxfout 命令，AutoCAD 将弹出如图 7.11 所示的"图形另存为"对话框，用户在"文件名"文本框中输入 DXF 文件名后，单击"保存"按钮即可。

Dxfin 命令用于将 DXF 文件转换成 AutoCAD 的图形，与 Dxfout 命令相反。在命令行中输入 Dxfin 命令，AutoCAD 将弹出如图 7.12 所示的"选择文件"对话框，用户在"文件名"文本框中输入 DXF 文件名后，单击"打开"按钮即可。

7.3.2 用 C 语言读取 DXF 文件

读取 DXF 文件，从中提取用户应用程序所需信息，这是 AutoCAD 与高级语言程序接口的又一种形式。

下面的 C 语言程序是从 DXF 文件中提取直线实体几何信息的源程序，即提取直线的

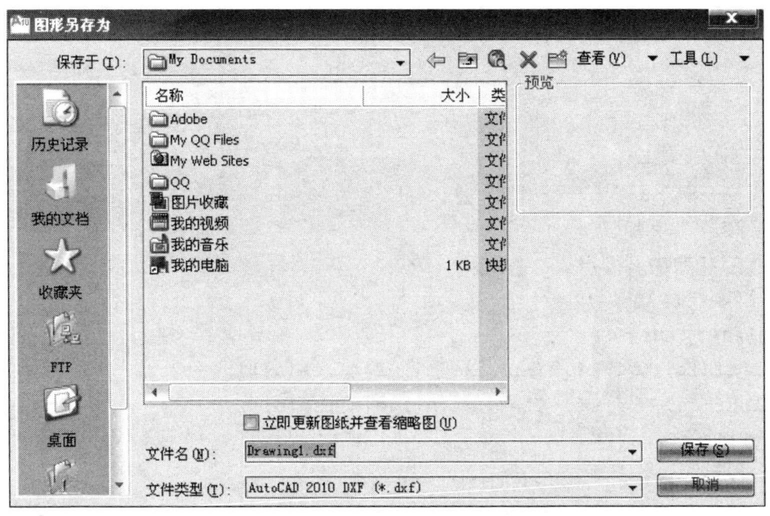

图 7.11 “图形另存为”对话框

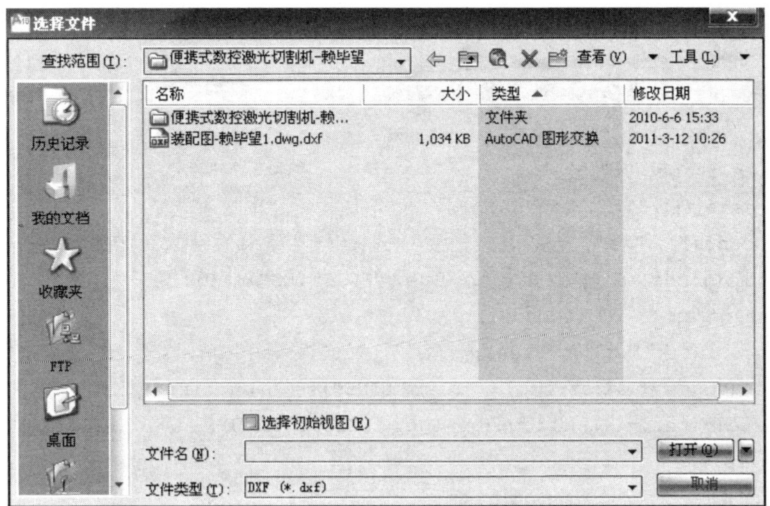

图 7.12 “选择文件”对话框

起点坐标(x_s,y_s,z_s)和终点坐标(x_e,y_e,z_e),并将提取的坐标值存放在用户指定的数据文件中。

```
/*  从 DXF 文件提取直线实体几何信息的 C 语言源程序  */
#include "stdio.h"
#include "math.h"

FILE*fp;
int i,gcode;
char fname[14],gvalue[65];
float xs[100],ys[100],zs[100],xe[100],ye[100],ze[100];
```

```
/*  主程序  */
main()
{ int n;
  i=0;
  scanline();
  printf("Enter data file name: ");
  scanf("%s", fname);
  fp=fopen(fname, "w");
  fprintf(fp,"%d\n",i);
  for(n=1;n<=i;n++)
  {  fprintf(fp, "%f,%f,%f\n", xs[n],ys[n],zs[n]);
     fprintf(fp, "%f,%f,%f\n", xe[n],ye[n],ze[n]);
  }
  fclose(fp);
}

/*  搜索到实体段的函数  */
int scanline()
{ printf("Enter DXF file name: ");
  scanf("%s", fname);
  strcat(fname, ".dxf");
  fp=fopen(fname, "r");
  do { fscanf(fp, "%d", &gcode);
       fscanf(fp, "%s", gvalue);
     }while(gcode!=2 || strcmp(gvalue, "ENTITIES")!=0);
  do { fscanf(fp, "%d", &gcode);
       fscanf(fp, "%s", gvalue);
       if(gcode==0 && strcmp(gvalue, "LINE")==0) outline();
     }while(gcode!=0 || strcmp(gvalue, "ENDSEC")!-0);
  fclose(fp);
return 0;
}

/*  提取直线的起点坐标和终点坐标  */
int outline()
{ do { fscanf(fp, "%d", &gcode);
       if(gcode==10)
     { i=i+1;
       fscanf(fp, "%f", &xs[i]);
     }
     else
     fscanf(fp, "%s", gvalue);
  }while(gcode!=10);
  fscanf(fp, "%d", &gcode);
  fscanf(fp, "%f", &ys[i]);
```

```
    fscanf(fp, "%d", &gcode);
    fscanf(fp, "%f", &zs[i]);
    fscanf(fp, "%d", &gcode);
    fscanf(fp, "%f", &xe[i]);
    fscanf(fp, "%d", &gcode);
    fscanf(fp, "%f", &ye[i]);
    fscanf(fp, "%d", &gcode);
    fscanf(fp, "%f", &ze[i]);
    return 0;
}
```

习　　题

1. 编写命令组文件(SCR 文件)绘制如图 7.13 所示零件图,设 $D_1=10$,$D_2=50$,$W=20$。

2. 设计用参数化绘图方法绘制如图 7.14 所示零件图的程序,要求用交互式方法输入这些参数。

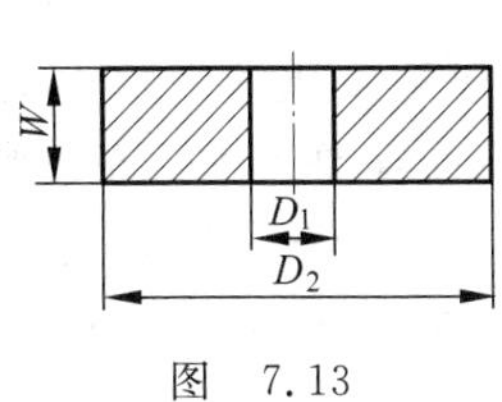

图　7.13

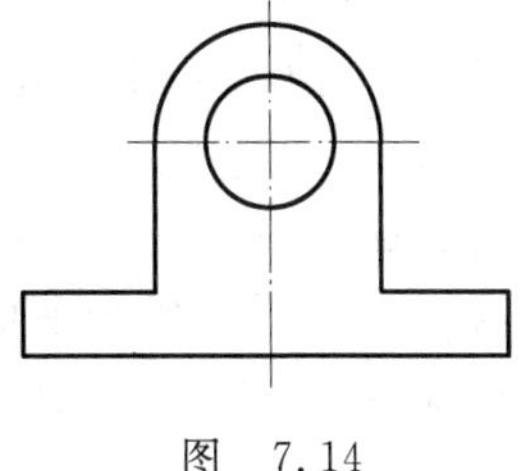

图　7.14

3. 利用高级语言(C 语言)编写绘制整体式小齿轮的参数化绘图程序,其参数有:模数 m、齿数 z、齿宽 b 和轴孔直径 d。

4. 简述在 ACAD.MNU 标准菜单文件中增加新内容的操作步骤。

5. 建立一个包含“绘图”、“编辑”两个下拉菜单段的用户菜单文件。在“绘图”下拉菜单段中要有画点、直线、圆、圆弧、椭圆和文本的内容,在“编辑”下拉菜单段中要有删除全体、将最后画的实体向 x 方向平移 30、将所有实体旋转 45°。

6. 用 C 语言编写从 DXF 文件中提取圆弧的圆心、半径、起始角和终止角,并将提取结果写入另一个文件的程序。

第8章　智能CAD与设计型专家系统

8.1　智能CAD的概念及其发展

8.1.1　传统CAD技术的局限性

一般来讲，工程设计大致可以分为两种工作：一类是数值计算，包括计算、分析、绘图等；另一类是符号推理，包括方案设计、评价、决策、结构设计等。设计是人类特有的能力，设计本身是一种创造和启发性的劳动，设计过程的相当部分是非数值计算性的工作，需要依靠思考、推理和判断来解决。

传统的CAD技术以数值计算为基础，它不包括符号推理，即没有分析问题和解决问题的能力，它所能做的工作，主要是提供方便的设计手段来辅助设计人员进行设计。使用传统CAD进行设计，一般还是靠设计人员边构思、边生成、边修改，或者先拟定好方案和结构再作分析、校核。在此过程中，设计人员是主体，他决定着整个设计过程的进程和结果，而CAD系统只是一个辅助工具。这样，就要求整个设计过程必须事先规划好，然后利用CAD得出结果，从而使得传统CAD的应用领域局限于解决那些已被解决的问题类型中，并要求在设计初始阶段就得提出一个十全十美的问题解决方案，这往往是不实际的。因为人们不可能一下子就提出一个最佳的满足要求的模型，而总是要在实际设计过程中根据外界的反馈信息来不断地改进其设计。因此，如何智能地生成和确定方案，是现代CAD的主要研究方向之一。

为了克服传统CAD的不足，人们开始研究新的CAD技术思想，引入人工智能的原理和方法，采用专家系统技术，将CAD发展为智能CAD技术，以适应创造性设计的要求。

8.1.2　智能CAD的概念

智能CAD是人工智能(artificial intelligence，AI)和CAD技术相结合的一门综合性研究领域，其英文名为Intelligent CAD，简写为ICAD，它将AI的理论和技术应用在CAD之中，使CAD系统能够在某种程度上具有设计师般的智能和思维方法，从而把设计自动化引向深入。

迄今为止，虽然对ICAD有许多定义，但还没有一个大家公认的统一的定义。本书给出其中的一个定义为：ICAD是一种由多个智能体(或称专家系统)与多种CAD功能模块有机集成的支持产品设计的复杂系统。

上述ICAD概念的表述强调了以下思想：

(1) ICAD是传统CAD技术与专家系统技术的有机集成。

(2) ICAD中一般包含有多个专家系统，或称智能体，它们独自负责解决某个单一领域的设计问题，但它们又是分布式的，通过协同工作，解决涉及多领域的复杂设计问题。

(3) ICAD系统应该是为复杂产品的创新设计、革新设计或变型设计提供支持环境或工作平台,不应该是针对某类产品设计的专用系统。

(4) ICAD支持复杂产品设计的范围应包括产品需求分析、方案设计、结构设计、可制造性分析、工程分析、优化设计、可靠性设计、详细设计和运动仿真等环节。

8.1.3　智能CAD的发展

最早对智能CAD的研究是用专家系统的办法,即构成所谓的设计专家系统。这同人工智能的发展历史正好相吻合,因为专家系统作为AI在应用中的突破发生在20世纪60年代末70年代初,当时一部分从事工程设计领域的学者开始将专家系统概念引入到设计领域。1977年在法国举办的主题为“人工智能和CAD”的信息处理国际联盟(IFIP)WG5.2的工作会议上,首先提出了AI对于CAD的重要性,可以看作是AI和CAD的明确结合。

在1985年,WG5.2决定组织以“智能CAD”为主题的三届系列会议。根据这一精神,第一次会议于1987年10月6～8日在美国的剑桥召开,第二次会议于1988年9月19～22日在英国的剑桥召开,第三次会议于1988年9月26～29日在日本大阪举行。这些会议上,给ICAD在整体性、灵活性、集成性三方面作了定义:

(1) 能够在设计全过程中支持设计师的CAD(整体性);

(2) 能够在任何设计对象的设计全过程中支持设计师的CAD(灵活性);

(3) 能够同其他信息处理系统,如CAM等相连接的CAD(集成性)。

根据智能化的水平,可将ICAD的发展分为初级和高级两个阶段。

1. ICAD的初级阶段——设计型专家系统

随着CAD技术与专家系统技术的发展,人们开始把它们结合起来使CAD系统具备某些计算机化的智能来解决某些设计问题。例如方案设计、制造工艺规程设计等非结构化问题,此类问题难以用数学模型及数值求解的方法来解决。再如设计中的许多决策与评价工作,如产品可装配性的分析与评价,产品可制造性分析与评价等。再有需要某些专家咨询,主动指导,以便将某类设计工作做得更好,例如在有限元前置处理时,提供如何正确选择单元类型及网格划分的咨询;在优化设计时,提供如何根据优化数学模型选择适当算法,确定搜索步长、收敛精度等的咨询。有人将这种主动指导设计的咨询功能称为智能接口。

以上这些工作作为智能CAD发展的初级阶段,有某些共同的特性:

首先,问题比较单一,只涉及单一领域的知识,大都只用一个专家系统进行工作;

其次,专家系统开始与CAD的有关模块集成在一起,系统不但有知识库与符号推理,还有数据库、图形库、数值运算及工程分析,形成了设计型专家系统。

ICAD的这一发展阶段有着重要意义,它让人们看到了设计自动化的曙光,说明了设计自动化技术不仅能自动处理数值信息(工程分析及图形),而且能自动处理知识信息(逻辑推理),看到了使用计算机的必要性和优越性。设计型专家系统的发展为迈向更高水平的设计自动化准备了条件。

2. ICAD的高级阶段——面向动态联盟的集成化智能设计系统

集成化智能设计(integrated intelligent CAD,IICAD)系统是智能CAD的高级阶段,代表了ICAD的发展方向,从而在人的主导下将复杂产品的设计自动化推向更高的水平。表8.1给出了IICAD系统与设计型专家系统的共同点及区别。

表 8.1　设计型专家系统与 IICAD 系统的异同

特　　性	设计型专家系统	IICAD 系统
系统的物理分布	一般集中在一台计算机上	分布在同地或异地的网络节点上
领域知识	单一	多样
内嵌智能体数量	一般为一个	多个
功能集成	覆盖各设计阶段	覆盖各设计阶段
集成环境	不强调网络	强调网络环境下的集成
设计过程管理	不强调	强调设计过程规划、控制与冲突消解
产品数据管理	不强调	是实现集成的重要手段
共享产品信息模型及产品数据交换	不强调	是实现 IICAD 的基础
通信	不强调	强调基于 web 的互联网通信系统
人的作用	强调人的创造性、主动性、主张人机协同	强调人的创造性、主动性、主张人机协同

8.2　智能 CAD 方法

至今，智能 CAD 方法已经形成了许多系统，有些方法是通用的，有些方法则是专用于某一类问题的，有些是从搜索的角度着眼的，有些则是从推理的角度出发的。本节将介绍两种 ICAD 的方法，并简要介绍 ICAD 的应用。

8.2.1　面向方案形成过程的智能 CAD 方法

方案是一个设计的核心，它表示设计结果或接近设计结果，所以，智能 CAD 的一类方法，自然是面向方案形成过程的。

1. 基于推理的设计方法

推理是人工智能的一块基石，把推理的思想用于设计也是人们最早采用的方法。

方案的形成过程可以看作为一个推理的过程，它的输入是已有的设计数据和设计知识，ICAD 系统借助于推理，如正向推理、反向推理、混合推理等，由计算机得出设计的方案。

至于设计知识的表示，常用的有谓词逻辑、框架结构、产生式规则表示等，将在 8.3 节中进行介绍。

2. 基于搜索的方法

如果把设计的各种可能的方案组合成为设计空间，那么设计过程可被看成是在设计空间中的解的搜索，设计的结果即是对应于设计空间中的某个点(一种设计方案)。搜索方法可分为两大类，即盲目搜索和启发式搜索。设计是一种创新的活动，是一种在知识指导下的启发式搜索过程，因此，用搜索的方法可以生成设计方案，还可以进行优化设计。

3. 基于约束满足的设计方法

方案的形成过程可以看成是一个约束满足问题，即所有的设计要求与限制都可被看作是对变量的约束，而最终的方案则是满足所有的约束条件后的设计。约束集限制下的子空间即为设计的解空间，而求解的过程则是基于约束进行的。约束往往从抽象到具体，分层次地进行满足。

8.2.2　基于设计对象表达的智能 CAD 方法

设计是一个需要多种专门知识和丰富实践经验，包括分析、综合、评判等操作，直到实现合理或最优目标的创造性活动。对于设计问题的求解，人们有很多理解，从信息加工角度来看，设计是人们对某一领域知识的创造、检索、整理、表示、传播以及在客观世界的再现，是一个设计对象的描述信息逐步增加的过程。因此，从设计对象表达的角度出发，人们提出了更适合于设计问题求解的智能 CAD 方法——基于实例的设计方法和基于原型的设计方法，下面分别介绍如下。

1. 基于实例的设计方法

基于实例的设计方法（case based design，CBD）来源于 AI 中的 CASE 推理技术，它基于人的这样一个认知过程：人们在解决新的问题时，常常回忆过去积累下来的类似情况的处理，通过对过去类似情况处理的适当修改来解决新的问题，过去的类似情况以及处理被用来评价新的问题及产生新的问题求解方案。从设计活动的特点来看，CBD 方法的核心思想是：在进行设计问题求解时，使用以前的求解类似设计问题的经验来进行设计推理，而不必从头做起。一个典型的 CBD 过程包括以下步骤：

(1) 根据当前的设计问题从实例中检索出相应的实例。

(2) 调整该实例中的求解方案，使之适合于求解当前的设计问题。

(3) 求解当前设计问题并形成新的实例。

(4) 根据一定的策略将新实例加入到实例库中。

CBD 方法涉及的关键技术主要有设计实例的表示、组织、检索、调整及学习。在 CBD 中，一个典型的设计实例一般包含以下三部分信息：

(1) 设计问题的说明信息，即设计问题的初始条件。

(2) 设计问题求解的目标，即一些设计要求。

(3) 达到这些设计要求的设计方案。

设计实例的学习是 CBD 的一个重要方面，它可以使实例库不断更新和扩充。CBD 通过学习将设计实例加入实例库中，有以下几种情况：

(1) 直接作为新的实例独立地加入到实例库中。

(2) 替换实例库中的旧的设计实例。

(3) 与实例库中的旧实例合并，形成一个新的设计实例。

(4) 若实例库中已有相同的实例，则抛弃。

2. 基于原型的设计方法

基于原型的设计方法（prototype based design，PBD）来源于认知心理学中关于概念结构表征的原型学说。它基于人的这样一个认知过程：由于人们在长期的社会实践中积累了大量的经验，逐渐形成了某类事物的样板（即原型），这些原型是外部世界在人脑中的反映，包含了人们以前实际处理和解决问题的经验。通常，人们在处理问题时往往首先使用这些跟当前问题相关的经验，而不是使用知识进行推理，当所需解决的问题没有相关的事件或经验与之匹配时，才从一般类似情况推理得出问题解决方案，在设计领域中尤其如此。

设计原型是一些经验性的设计要素的组合，概括了一类事物的基本特征或共同属性，是对一类事物的抽象。在进行设计活动时，原型既给出了一个基本的设计对象描述模型，又限定了设计模型，并对设计过程的推进起导引作用。一类设计对象的原型可用如下方式表示：

原型知识＝原型＋变换规则＋范例

原型＝子原型＋结构关系＋特性

其中：

变换规则——一组操作规则，用来限定对原型的操作，使得操作结果仍保留在该原型范畴内。

范例——一组对应于该原型的实例。

子原型——原型或基本型，而基本型是不可再分的原型。

结构关系——由方位关系、连接关系、大小关系等组成。

特性——属性和功能。

对基于原型的设计系统来说，每一次设计活动都要产生一个实例，有时可能还要产生一个新的原型，因此，基于原型的设计系统须具备以下两种学习能力：

(1) 从实例中进行学习。在设计活动中，关于某一范畴的原型知识是逐渐演变的。对基于原型的设计系统来说，随着设计活动的进行，系统中的范例逐渐增多。当关于某一原型的范例够多时，系统就从这些实例中进行学习，并调整相应原型(如果有改变的话)。

(2) 从类比中进行学习。在确认设计活动中产生的新原型时，要求新原型与系统中的其他原型有最少的相同知识，这时只有通过原型间类比学习，才能获得新原型的知识，同时也在新原型中的联想域中建立与其他原型的联系。

8.3　知识的表示

知识是人类对于客观事物规律性的认识。知识可划分为两个层次，即领域知识和元知识。领域知识包括该领域对象的原理性知识和启发式知识。原理性知识是有关该对象的事实、定理、方程、实验和操作等，大都有确定的数学模型；启发式知识是指解决该领域复杂的不良结构问题时的特有的经验。元知识是“关于知识的知识”，包括两类：一类是刻划领域知识的知识，如领域知识的范围、产生背景、重要性、可信度等；另一类是运用领域知识的知识，如求解问题的推理方法、解决问题的规划、知识选择等。

知识的自动化处理技术是ICAD的核心技术，知识处理包括知识表示、知识利用和知识获取，本节只讨论知识表示。

我们知道，智能活动主要是获取并应用知识的过程。要想成功地应用知识，则必须将其用适当的形式表示，才便于在计算机中储存、检索、应用和维护。知识的表示就是研究如何用最合适的形式来组织知识，使其对所需解决的问题最为有利。知识的表示，也是当今正处于发展中的一个方向，知识表示的方法很多，常见的有：谓词逻辑、框架结构、产生式规则等，下面简单介绍这几种常见的表示方法。

8.3.1 谓词逻辑

1. 命题演算

具有“真假”的话称为命题，任一命题，均可根据实际情况给它赋以“真”值或“假”值，分别以“T”和“F”表示。

命题演算中，可以使用逻辑运算符把单个命题组合到一起，使之成为一个较复杂的命题。逻辑运算符以及它们与单个命题的真假关系如表 8.2 所示，设 X、Y 为命题，则使用逻辑运算符可得到表 8.2 中的结果。

表 8.2　命题演算表

		与(and) ∧	或(or) ∨	蕴含(implies) →	等价(equivalent) ≌	非(not) ～
X	Y	X∧Y	X∨Y	X→Y	X≌Y	X～Y
T	T	T	T	T	T	F
T	F	F	T	F	F	F
F	T	F	T	T	F	T
F	F	F	F	F	T	T

例如，晴天表示为 SUNNY，雨天表示为 RAINING，若为雨天，即为非晴天，则表示为 RAINING～SUNNY。用命题“RAINING ～SUNNY”可演绎：“如果天下雨就不是晴天”。

2. 谓词演算

命题演算中，命题是不可分的。如李是工人，可写为 LIWORKER；王也是工人，可写为 WANGWORKER。但是，是实际应用中，不仅需要命题，而且还需要涉及实体与实体之间的关系。如果把这些事实表示为 WORKER(li)和 WORKER(wang)显然就好得多，这种表示形式即为谓词逻辑模式。其中 WORKER 为谓词，li 和 wang 为主语和实体。又如“白色的”这个谓词，若用 P 表示，则 P(x)就表示“x 是白的”这样一个命题。该命题的值是 T 还是 F，则取决于 x 的值。如果 x 为“雪”，则命题得 T 值；如果 x 代表“煤”，则该命题为 F。

可以使用量词来对谓词加以限定，∀ 为全称量词，表示“所有的”；∃ 称为存在量词，表示存在一个。于是

∀(x)P(x)表示“所有的 x 都是白色的”

∃(x)P(x)表示“存在一个 x 是白色的”。

8.3.2 框架结构

框架是一种描述立体形态的数据结构。框架有如下形式：

```
(<框架名>
(<槽名 1>(<侧面 1>(<值 1>,<值 2>,…))
         (<侧面 2>(<值 1>,<值 2>,…))
              ⋮
(<槽名 2>(<侧面 1>(<值 1>,…)…)
              ⋮))
```

例如,描述一个人的职业、年龄、身高和体重的框架可以表示为

```
(PERSON Frame
  (JOHN(PROFESSION(WORKER)
          (AGE       (35)
          (HEIGHT    (1.78m)
          (WEIGHT    (75kg)))
```

它描述了约翰的职业是工人,年龄为35岁,身高1.78 m,体重75 kg。这种表示方法能很好地描述知识间的关系以及相互作用。

8.3.3　产生式表示法

知识用规则表示的专家系统,称为基本规则的专家系统或称为产生式系统,这是专家系统中用得最多的一种知识表示方法。一个产生式系统由规则库、综合数据库和推理机3个部分组成。

1. 规则库

产生式系统中所有规则组成的集合称为规则库,或称为知识库。产生式规则实质上就是一个以“IF x为真,THEN执行y”的形式表示的语句,即:

```
IF   <前提事实1为真>且
     <前提事实2为真>且
       ⋮
     <前提事实n为真>
THEN   <结论1>
       <结论2>
         ⋮
       <结论m>
```

其中IF部分为前提部分,THEN部分为结论部分。在产生式系统的执行过程中,如果一条规则的前提部分全部被满足了,那么这条规则就可以被应用。

前提和结论均存在可信度的问题,可信度来自于专家经验,并经实践验证,它是不精确推理的依据。上述“IF x,THEN y”的形式,也可以写成“x→y”的形式,若用LISP语言描述,则相当于设计一张表,其基本格式如下:

```
(<规则名><上下文关系>[(<前提1><前提2>...<前提n>)<可信度>]
→[(<结论1><结论2>...<结论m>)<可信度>])
```

符号“→”的前面是前提部分,后面是结论部分。对于精确推理,可省去可信度这一项。

2. 综合数据库

综合数据库有时也称作语境(上下文),它是规则所涉及的对象。满足数据库要求的规则才可使用。一个规则的结论部分可变更数据库的状态,即执行产生式规则的操作时,被执行规则的结论将被存入综合数据库中,这就使其他产生式规则的条件可能被满足。数据库中的数据可以为表结构,也可为树或网结构。工程设计专家系统数据库中的数据结构,多半采用树结构或层次性的树或网状结构,以表示各参数之间的层次与类别关系。

3. 推理机

推理机可以根据当前语境的状态，控制下一步应选择哪一个规则。

产生式系统的最大特点是模块性和自然性。由于规则表示具有良好的模块化结构，因此每条规则可自由增删、修改，规则间的关系通过语境间接地表示出来，所以易于实现知识库和推理机的分离；由于规则是一种自然的知识表达方式，因此可充分地表示各种知识。此外，规则还能表示不确定和不完备的知识，并易于实现试探性推理。所有这些，都是产生式系统广泛采用的原因。但是规则表示方法也存在着一定的缺点，由于它是一个试探过程，所以随着规则数量的增加，效率也就越来越低；此外，规则也难以很好地描述知识间的关系和相互作用。因此当知识间的关系以及相互作用比较复杂时，常采用规则和框架的符合表示方法。

除上述表示方法外，还有过程模式表示、语义网络模式等表示方法。读者可参阅有关文献。

8.4 知识推理

知识的利用问题，即怎样设计推理机构去利用知识，按一定的推理策略，解决具体的工程问题。知识的表示方法不同，知识库的结构不同，则所选用的推理方法也不同。目前，常用的推理方法有以下 4 类。

1. 演绎推理

一个演绎推理的逻辑系统有一个无矛盾的公理系统，它根据实际问题新加入的事实，能推出新的结论，这些结论保持同已有的知识和结论不发生矛盾。所以演绎推理也称为单调推理。演绎推理是在已知领域一般性知识的前提下，通过演绎求解一个具体问题或证明一个结论的正确性，所以它所得的结论实际上早就隐含在前提之中，只不过通过演绎将已有的事实揭露出来。因此，演绎推理只是一种利用已有知识的推理过程，并不能增加新知识。

2. 归纳推理

与演绎相反，归纳推理则是一种需要有知识升值的过程，即它是由一类事物的大量事例推出该类事物普遍规律的一种推理方法。归纳推理的基本思想是先从已知事实中猜测一个结论，然后对此结论的正确性加以证明，是一种不充分置性的推理，是一种由个别到一般的推理，因此归纳推理可以增加新知识，即归纳过程中得出的知识是已知事实中所没有包含的内容。在专家系统应用中，这种推理方式已用于系统的学习方面。

3. 不精确推理

演绎推理以数理逻辑为基础，它所求解的问题事实与结论之间存在着精确的因果关系，并且事实总是确定或精确的。因为专家的大部分知识本身就是不确定的，所以知识库中的知识也有不确定性，即问题的证据（事实）和求解问题的知识常常具备不精确的特征。因此作为经典演绎推理的扩充，不精确推理在专家系统的研究和设计中越来越引起广泛的重视。似然推理和模糊推理是不精确推理的两种主要表现形式。

4. 非单调推理

非单调推理是相对于单调推理而言的。所谓单调推理是指随着推理过程的推进，新知识不断加入，推出的结论越来越接近最终目标。非单调推理则有时不但不会使结论接近目标，反而会出现不正确的结论，以致不得不在推理过程中删去一些不正确的结论，使推理进程变得非单调。

非单调推理中，较为典型的推理形式有默认逻辑和约束逻辑。默认逻辑可以表示为："当且仅当没有事实证明 S 不成立时，S 总是成立的"。在许多情况下，由于我们把握的客观条件不充分或不可能掌握得充分，在推理过程中有新的事实被认识时，原来的基于默认推理的某些结论可能就要被否认。约束逻辑可以表示为："当且仅当没有事实证明 S 在更大范围内成立时，S 只能在指定的范围内成立"。这种逻辑从实体的特征出发，以实体所处的环境为依据进行推理。按照这种逻辑，只有在显示表达了或能够证明实体具有性质 P 时，才能认为它确实具有性质 P。

专家系统中，推理以知识库中的已有知识为基础，是一种基于知识的推理，基于知识的推理的计算机实现构成推理机。知识表示的方法不同，知识库的结构不同，则所选用的推理机系统也不同。组成工程设计专家系统的各子系统，一般都是采用基于规则的演绎系统，即产生式系统。这种基于规则的推理系统，其推理方法有正向推理、反向推理和正反向混合推理。

正向推理是从已知事实的一个初始状态出发，按一定的推理策略，运用知识库中的知识，推断出结论。

反向推理则是先提出结论(假设)，然后寻找支持这个结论的证据。若证据充足，则假设成立；若证据不足，则重新提出新的假设，随后又重新寻找支持这个假设的证据。如此重复上述过程，直到得出有充足证据支持的假设为止。

正反向混合推理是指把正向推理和反向推理结合起来。一般先根据一些已知的事实，通过正向推理帮助系统提出假设，然后运用反向推理去寻求支持假设的证据。如此反复该过程，直到得出结论。

8.5　设计型专家系统

8.5.1　专家系统的基本结构

一个较为完整的专家系统的基本结构如图 8.1 所示，它由 6 个部分组成。

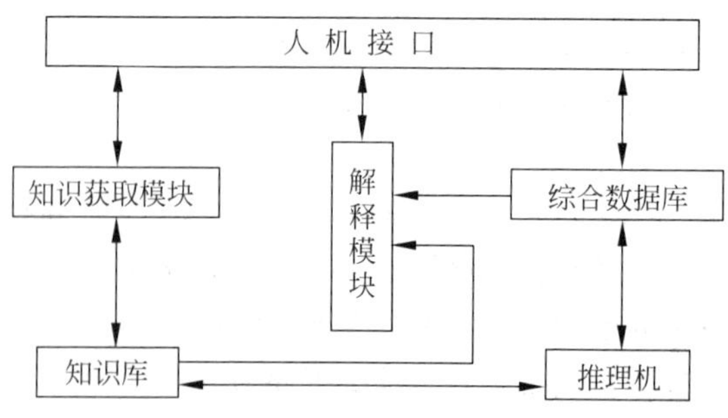

图 8.1　专家系统的基本结构

1. 知识库

它是领域知识的存储器，用以存放一定形式表达的专家知识、经验和书本知识及常识，以备系统推理判断用。因为专家系统的问题求解是运用专家提供的专门知识来模拟专家的思维方式进行的，所以知识是决定一个专家系统性能是否优越的关键因素，一个专家系统的能力就取决于其知识库中所含有知识的数量和质量。

2. 综合数据库

它用于存储某一领域内的固有数据和在推理过程中得到的各种中间信息，这些中间信息包括由用户临时提供的、说明某一特定任务的一些可变数据和由推理而得到的事实结论。

3. 推理机

推理机是一组程序，用来控制推理的过程。在一定的控制策略下，针对上下文中的当前信息，选取知识库中的知识进行推理，以求解问题的结果。有多种推理控制方法，常见的有：数据驱动的正向推理，目标驱动的反向推理，正反向结合的混合推理等；针对知识的精确与否，又可分为精确推理与不精确推理两种。

4. 解释模块

它是一组程序，负责对推理给出必要的解释，为用户了解系统的推理过程、向系统学习和维护系统提供方便，使用户易于接受，增强对所得结果的信任度。

由于计算机并不是人，不是领域专家，另外也由于计算机对自然语言理解的局限性，因此，在设计解释模块的时候，必须预先想好应该回答哪些问题，而后才能根据这些问题设计好如何回答。

5. 知识获取模块

知识的获取模块是一组知识库管理程序，它不仅负责维护知识库的一致性，更重要的是在帮助获取知识的过程中提供知识的构造、排错和更新功能，使知识库能根据领域专家的要求，方便地建立、扩充和维护。事实上，一个专家系统是否具有知识渐增的能力，将影响到系统实用的生命力。因此，研制专家系统，十分强调这种能力。

6. 人机接口

人机接口负责管理并执行用户、领域专家与专家系统之间的对话通信。它控制调度推理、解释、维护知识库等过程。现在的人机接口还包含界面设计的内容，充分体现系统操作的友好性。

8.5.2　设计型专家系统的特点

专家系统一般具有以下特点：

(1) 具有丰富的知识和科学的推理能力。专家系统能运用专家级的知识和经验，结合数值计算的结果进行推理和判断。工程中的问题，不是所有的都能很好地用数学模型来描述的，在很多情况下，符号表示和逻辑推理则能更好地表达事物的本质。因此，必须把数值计算和符号推理有机地结合起来才能解决工程设计问题。

(2) 具有透明性。专家系统具有很强的解释功能和咨询功能，即正确、详细地解释推理的过程和作出结论的理由。这无疑增加了系统的可接受性，并为知识工程师发现和更正知识库中知识的错误或缺陷提供帮助。此外，这种功能还使得专家系统可以承担向用户提供咨询和对工程设计的新手进行培训的任务。

(3) 具有灵活性。专家系统能不断地接纳新知识，修改原有知识，以使自身在工程实践中日趋完善。

专家系统的种类很多，有解释型专家系统、预测型专家系统、诊断型专家系统、监控型专家系统、设计型专家系统等，除了上述专家系统的共同特点外，它们还各有其特点，此处只介绍设计型专家系统的如下特点。

1. 常采用“设计—评价—再设计”的设计过程模型

这一设计过程模型如图 8.2 所示，根据技术要求设计的初始方案，必须进一步分析评价，以确定该设计是否可以接受。分析评价可以采用数值分析手段，也可以采用系统工程学和模糊评判的方法。如果初始设计不能接受，系统将根据分析评价的反馈信息进行再设计。如此反复，不断改进，直到完成一个可以接受的方案为止。

这种设计模型要求专家系统必须能揭示上一设计方案不能被接受的原因，并能吸收上次设计过程中的成功经验和失败教训，进行自我修改，调整设计参数、改变判定条件等等。

2. 设计过程决策、技术问题决策及判断决策需要多种资源支持

图 8.3 中给出了设计型专家系统所需的各种资源，它们大多数也是当前 CAD 中所用的资源，因而说明有关决策与相应 CAD 的资源是紧密结合的。

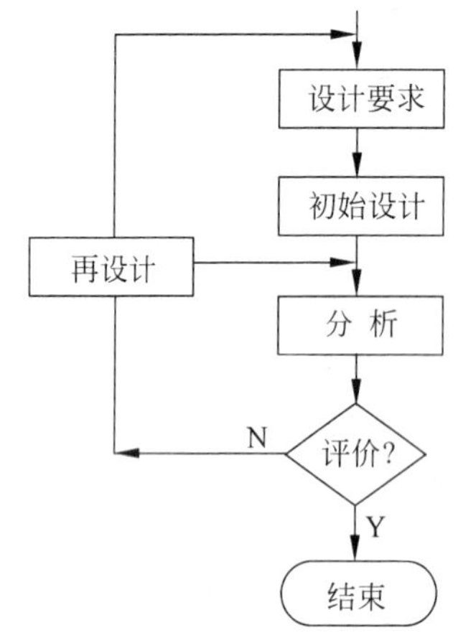

图 8.2 “设计—评价—再设计”过程模型

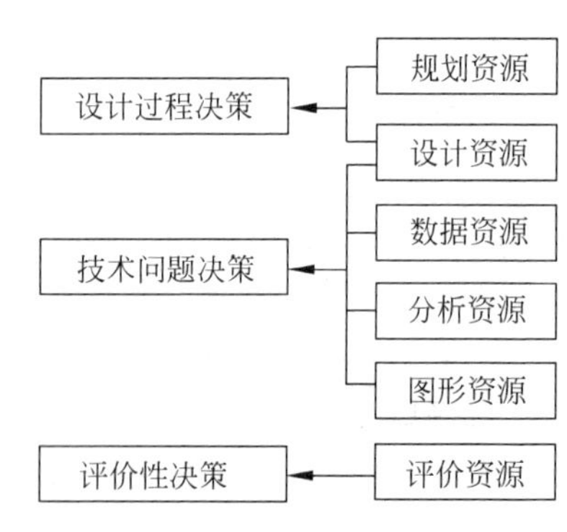

图 8.3 决策所需资源

8.5.3 设计型专家系统的建立

本节将介绍建立设计型专家系统的两个主要部分，即知识库的建造和设计型专家系统的控制策略。

1. 知识库的建造

知识库是设计型专家系统中最重要的部分，因为知识库中知识的数量和质量直接关系到系统的优劣，直接关系到系统能否真正具有实用价值。建造知识库要涉及知识的表示、知识的获取等问题，知识的表示已在 8.3 节中讨论过，故此处只讨论知识获取的有关问题。

1）知识的获取

知识的获取就是把用于求解某专门问题的知识从知识源中提取出来，并转换成计算机能识别的代码。知识的获取方法有以下 3 种。

（1）人工方式：知识工程师与领域专家密切合作，将知识概念化和形式化，然后编制程序形成知识库。该种方式的缺点是周期长、人力消耗大。

(2) 半自动方式：建立智能编辑系统，采用交互方式让专家直接同该系统打交道。目前许多专家系统开发工具都具有这种获取知识的智能编辑系统，为领域专家直接建立知识库提供了方便。

(3) 全自动方式：在半自动方式中，我们假设与智能编辑系统打交道的专家已经具备了系统所需要的知识，并能够表达出来。但是许多时候专家本人也不能直接给出那些启发式知识。因此，全自动获取知识就是试图建立一个计算机系统去总结、发现专家尚未形式化甚至尚未发现的知识。全自动知识获取强调知识的发现和增值，也称作机器学习。

知识的获取过程通常要经过以下 5 个主要步骤：

(1) 确定知识源阶段。知识工程师在建造知识库之前，要选定一个或多个领域专家，以请教的方式学习与领域有关的知识。同时，知识工程师还要与领域专家密切配合，制定专家系统的设计目标，包括专家系统这一块如何从待建模的问题中分离出来，然后确定知识源。知识源包括专家过去的问题求解实例、教科书以及隐含在专家头脑中的问题求解经验等。

(2) 概念化阶段。本阶段的任务是将前一阶段获得的知识源进行整理，主要包括：确定数据类型、分析系统预定的输入输出、系统目标的分解、每个目标的约束、领域问题的求解策略、问题领域中各实体的相关性(包括局部整体关系)和问题领域内实体间的因果关系、层次结构等。

(3) 形式化阶段。本阶段的任务就是要把上个阶段得出的相关概念映射成知识的形式化表示，具体地说，就是要选择知识表示的方式、设计知识库的结构、形成知识库的框架。

(4) 实现阶段。把形式化的知识映射成一个可执行的程序，形成一个原形(prototype)专家系统。在具体实现时，可以选用一些知识工程辅助手段，如知识获取工具，这时形式化的知识表示必须转变为知识获取工具所规定的表示方式。注意，这一阶段的原形系统一定要经过反复评价、修改，才能投入使用。

(5) 完善阶段。这里的完善阶段是指在系统投入运行以后，在求解实际问题过程中，知识工程师、领域专家或系统自身随着经验的积累，在原有知识库的基础上进行的扩充或改进。

2) 知识库的组织结构

由于工程设计领域问题的复杂性，其知识库也比较庞大，这时往往首先采用任务分解的思想将一个大型的设计任务分解成许多相对独立的子任务，如图 8.4 所示。下面以机械设计为例来讨论知识库的组织结构。

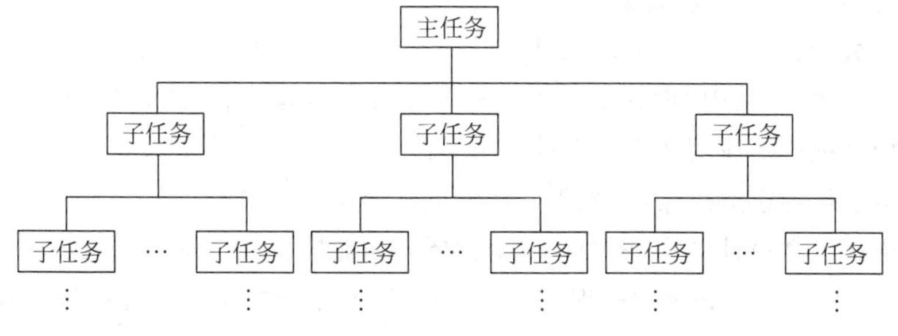

图 8.4　知识库层次组织

对于机械设计知识的多样性和设计过程的阶段性，我们可以把机械设计过程分解为不同的层次，如图 8.5 所示。位于某一层次的具体设计对象所用的知识，既与其他部分的知识有一定程度的关联又表现为相对独立。

对于机床主轴部件的设计，图 8.5 所示各层的内容如下所述。

(1) 方案设计层。该层的设计策略采用约束满足法，输入系统的是设计要求的描述，系统的输出为设计的主轴部件的支承形式与布局。

(2) 主要结构参数设计层。这个层次的主要任务是在已确定了支承形式与布局之后，初步确定设计参量，给出具体方案的实际结构。

(3) 评价层。在上层确定了主轴的主要结构参数的基础上，系统对主轴部件作动、静态性能分析和评价，然后检查对设计方案评价的结果是否达到了可接受性指标，如果满足可接受性指标，就结束该层次并执行下一层次，否则推理机返回到主要结构参数设计层进行再设计。

(4) 细节结构及尺寸设计层。该层的主要任务是设计出主轴部件的全部细节结构及尺寸，包括主轴本身各部分尺寸及所有安装在主轴上各零件的尺寸，并将设计结果以数据文件形式储存起来，供绘图时调用。

根据以上形成的层次化的任务组织结构，建立相应的子知识库，就可形成一个模块化的树状分层的知识库组织结构。

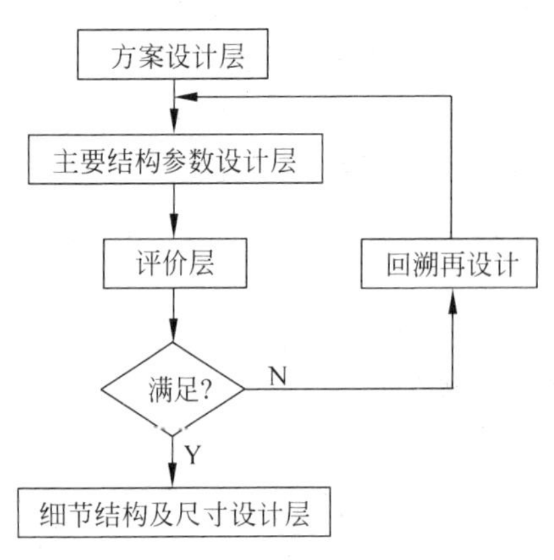

图 8.5 机械设计的分层结构

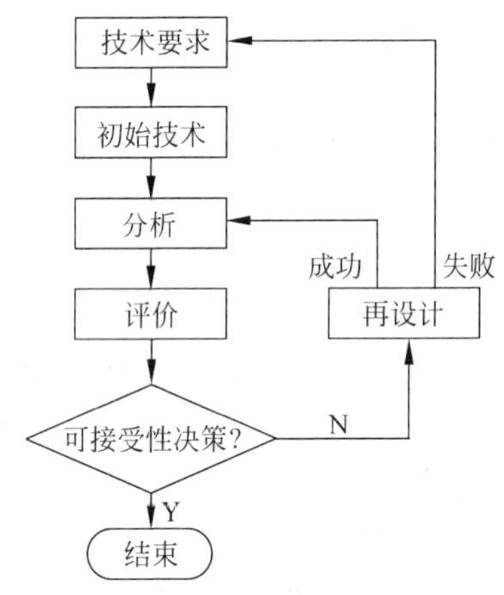

图 8.6 再设计结构

2. 设计型专家系统的控制策略

我们以机械设计专家系统为例来讨论设计型专家系统的控制策略。

在机械设计中，常采用“设计—评价—再设计”的总体控制结构(以后简称为再设计结构)，这种结构已被广泛应用在机械设计专家系统中，使用效果良好。这种再设计结构正确地反映了机械设计的求解思路，并能很好地解决试探性设计问题。

图 8.6 描述了再设计结构，图中有 5 个主要的功能模块，现分述如下。

(1) 初始设计模块。该模块一般完成方案设计，常采用类比法，因而需要丰富的经验和知识。这个模块本身就是一个子专家系统。

(2) 分析模块。分析的目的是为评价提供部分依据，评价的另一部分依据来自由专家经验编写成的规则。这个模块主要应用各种方法对方案进行分析，包括有限元分析方法、可靠性分析方法、失效分析方法等。

(3) 评价模块。评价就是确定方案的各项评价指标的具体数值,为下一阶段的可接受性决策提供依据。可以采用各种方法来完成评价工作,如系统工程学、价值工程学、决策论、运筹学、模糊数学等。评价除为可接受性决策提供信息来源外,还为再设计的回溯策略提供依据。

(4) 可接受性决策模块。该模块的任务是检查对设计方案评价的结果是否达到了可接受性指标,可由多个评价指标综合建立起可接受性指标。可接受性决策有两种含义:一是检查具体的每个设计方案是否可以接受;二是为可行的设计方案开辟一个存储区,存储所有可行的设计。系统可以根据综合评价指标评出一个最佳方案,从而在某种程度上实现了设计方案的优化设计。

(5) 再设计模块。该模块的任务是根据评价模块和可接受性决策模块反馈的信息,运用专家知识,对原方案进行修改,提交新的设计方案,使设计方案向可接受性指标逼近。例如,在轴的设计中,若设计失败的原因是轴的挠度超过了规定值,则可根据关于挠度的知识,即影响挠度的因素、各因素之间的联系以及各因素对挠度影响的重要程度等,采取各种措施对原方案进行修改,诸如减小跨距、增加轴径、改变轴承的支承形式或改变轴的结构形式等。

将上述再设计结构形式化,就可得出图 8.7 所示的再设计模块结构。图 8.6 再设计结构中的 5 个功能模块的有关知识,组成了图 8.7 知识库中相应的 5 个知识子库。图 8.7 中还有两个用于控制的模块:黑板模块和控制模块。

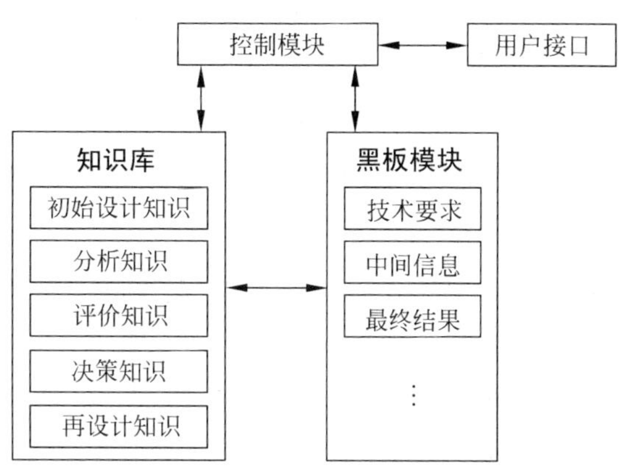

图 8.7　再设计模块结构

(1) 黑板模块。黑板实际上是一个工作存储器,是一个动态的共用数据区,存储设计所需的有关信息和设计过程中产生的信息,包括中间设计结果和最终设计结果,实现在系统控制下各模块间的信息传递。另一方面,黑板的当前信息也反馈给控制模块,使它能根据反馈信息和决策知识,决定系统的下一步行动。

(2) 控制模块。再设计模块中,各模块相互之间不能直接进行对话,或直接传递信息。原则上,各模块由中心控制模块调用,通过黑板进行信息交换。控制模块应用专家求解问题的元知识,完成复杂设计的过程控制。

习　题

1. 阐述传统 CAD 技术的局限性。
2. 简述智能 CAD 的概念。
3. 阐述面向方案形成过程的智能 CAD 方法和基于设计对象表达的智能 CAD 方法。
4. 简述智能 CAD 的几个实际应用。
5. 简述几种知识的表示方法及特点。
6. 简述专家系统的基本结构。
7. 简述设计型专家系统的特点。

第9章　有限元原理及其在CAD中的应用

9.1　什么是有限元

在求解工程力学技术领域的实际问题如位移场、应力场、应变场、流场、温度场等时，虽然可以建立基本方程和边界条件，但是由于其几何形状、材料特性和外部荷载的不规则等实际问题的复杂性，无法用解析方法求出其精确解。因此，复杂的结构问题只能应用数值法求出问题的近似解，有限元法是一种常用的数值分析方法。

有限元法的基本思想是结构的离散化，就是将实际整体结构离散为有限数目的简单单元，研究单元的平衡和变形协调；再将有限的离散单元还原成结构，研究离散结构的平衡和变形协调。实际结构的性能可以通过对离散单元分析，得到满足精度要求的近似结果。有限元法的单元网格代表整个连续介质或结构，与真实结构的主要区别在于单元与单元之间除了在分割线的交点即节点上相互连接外，再无任何连接，且该连接必须满足变形协调条件，单元间的相互作用只通过节点传递。这种离散网格结构的节点和单元数目都是有限的，所以称为有限单元法，简称有限元法。

有限元法是20世纪60年代以来发展起来的一种求解数理方程的有效的数值计算方法。有限元法从微分方程问题转化为结构矩阵分析，发展到板、壳和实体等连续体固体力学分析，进而到流体力学、温度场、电传导、磁场、渗流和声场等问题的求解计算，近来又发展到求解几个交叉学科的问题。

随着计算机技术的发展，充分利用计算机高速率大容量的特点，可求解各类复杂的工程问题。有限元法目前被广泛地应用在航空、造船、机械、建筑、水利、铁道、桥梁、石油、化工、冶金、采矿、汽车等工程领域。

有限元分析程序中最为著名的是由美国国家宇航局(NASA)在1965年委托美国计算科学公司和贝尔航空系统公司开发的NASTRAN有限元分析系统。该系统发展至今已有几十个版本，是目前世界上规模最大、功能最强的有限元分析系统。目前，世界各地的研究机构和大学发展了一批规模较小但使用灵活、价格较低的专用或通用有限元分析软件。我国工程界广泛使用的有限元分析软件有：MSC/Nastran、Ansys、Abaqus、Adina、SAP2000、Algor等。

9.2　有限元法分析过程

9.2.1　有限元模型

有限元模型是真实系统理想化的数学抽象。有限元模型由一些简单形状的单元组成，单元之间通过有限的指定点即节点连接，构成一个单元集合体来代替原来的连续系统，并承受一定载荷，如图9.1和图9.2所示。

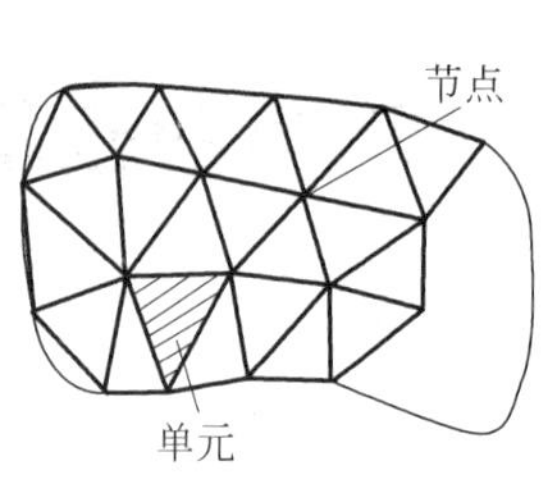

图 9.1　单元与节点

图 9.2　真实系统与有限元模型

节点：空间中的坐标位置，具有一定自由度和存在相互物理作用。

单元：一组节点自由度间相互作用的数值、矩阵描述(称为刚度或系数矩阵)。单元有线、面或实体以及二维或三维的单元等种类。

节点力：单元与单元间通过节点的相互作用力。

节点载荷：作用于节点上的外载。

单元常见类型有杆单元、梁单元、平面单元、多面体单元、板壳单元等，如图 9.3 所示。

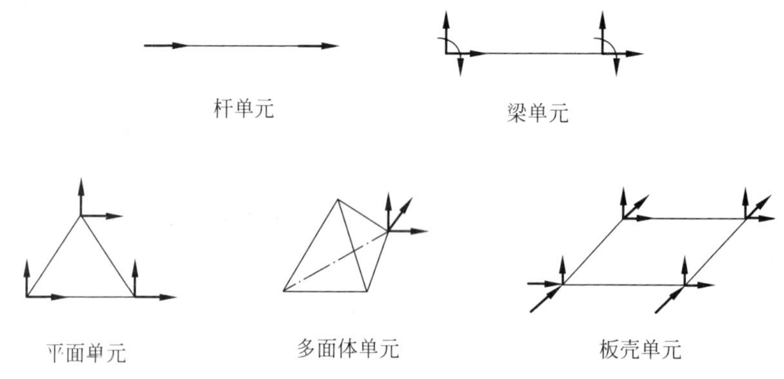

图 9.3　常见单元类型

9.2.2　有限元法原理求解的分析步骤

基本问题：已知物体区域边界上的约束条件及所受的作用力，求解区域内各点的位移和应力。

建立全部节点的平衡方程式，得到求解节点位移的线性方程组，即可求得节点位移。将单元节点力用节点位移来表示，就可以进一步求出单元内的内力或应力。

有限元法分析的基本步骤如图 9.4 所示。

1. 结构的离散化

将求解区域进行网格剖分即选用合适的单元类型和单元大小，将求解区域分割成许多具有某种几何形状的单元。合适的单元类型能在满足求解精度的条件下提高求解的效率。

2. 选择位移插值函数

在单元内，在分析连续体问题时，假设一个函数用来近似地表示所求场问题的分布规律。如对单元中位移的分布做出一定的假设，一般假定位移是坐标的某种简单函数。选择

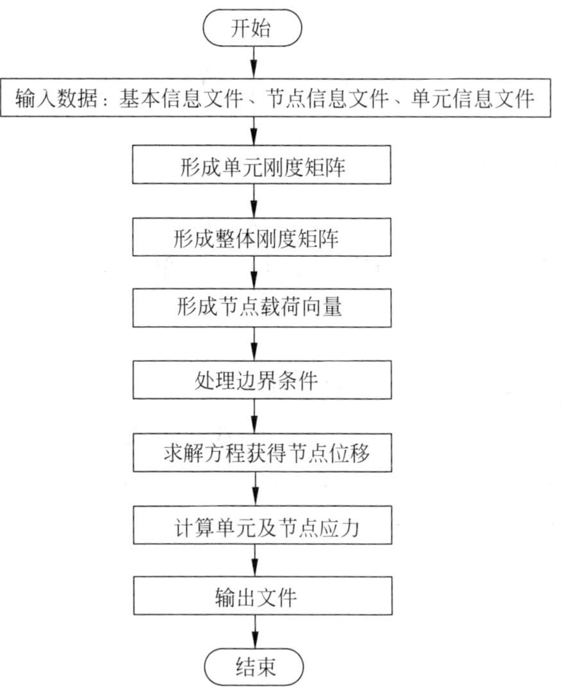

图 9.4　有限元分析流程图

适当的位移函数是有限单元法中的关键。

3. 单元分析

单元的特性分析，将单元内的特性用节点上的特性表示出来，建立起节点上主要特性间的关系，得出单元刚度矩阵。

(1) 确定应变矩阵；

(2) 确定应力矩阵；

(3) 确定单元刚度矩阵；

(4) 确定坐标变换矩阵。

$$\boldsymbol{p}^e = \boldsymbol{k}^e \boldsymbol{\delta}^e$$

式中，$\boldsymbol{p}^e$ 为单元等效节点力矩阵；$\boldsymbol{k}^e$ 为单元刚度矩阵；$\boldsymbol{\delta}^e$ 为单元位移矩阵。

4. 确定节点载荷

将单元内的载荷等效移置到节点上。

5. 整体结构分析

将所有离散的有限个单元集合起来代替原结构，形成离散结构节点平衡方程。得到整体结构的线性代数方程组，在此基础上求解：

$$\boldsymbol{P} = \boldsymbol{K\delta}$$

式中，$\boldsymbol{P}$ 为整体等效节点力矩阵；$\boldsymbol{K}$ 为整体刚度矩阵；$\boldsymbol{\delta}$ 为整体位移矩阵。

6. 由平衡方程求解未知节点位移

按照问题的边界条件修改总的平衡方程，并进行求解。对结构的总体矩阵方程求解，得到各节点的位移，进而计算节点的应变和应力。

有限元分析流程图如图 9.4 所示。

9.3 平面问题的有限元分析

9.3.1 平面问题离散化

平面单元，按其几何特性可分为：三节点的三角形单元、六节点的三角形单元、任意四边形四节点单元、矩形四节点单元、曲边四边形八节点单元等，图 9.5 所示为几种典型的平面单元。

平面问题离散化时，如果结构和载荷都对称于某轴，可以利用结构的对称性，取一半来分析；集中载荷的作用点、分布载荷强度的突变点、分布载荷与自由边界的分界点及支承点等都应取为节点；单元数量在保证精度的前提下，应尽可能减少；单元的形状和尺寸可以根据要求进行调整。对于重要的或应力变化急剧的部位，单元应划分得小些；对于次要和应力变化缓慢的部位，单元可划分得大些。

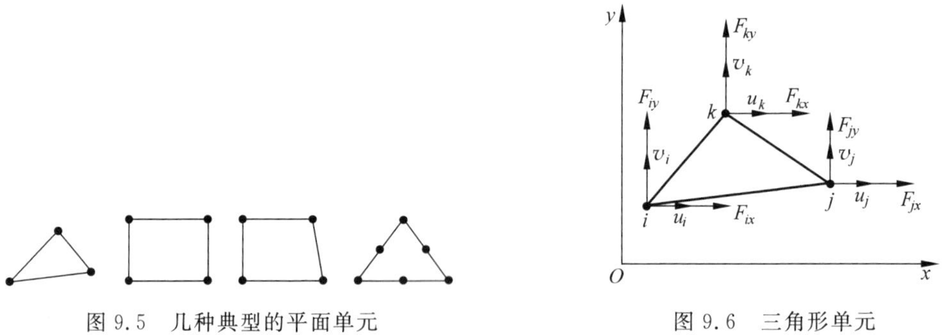

图 9.5 几种典型的平面单元

图 9.6 三角形单元

9.3.2 平面三角形单元分析

图 9.6 为一个三角形单元，单元 3 个节点按逆时针方向排序编码 i、j、k。节点坐标 (x_i, y_i)、(x_j, y_j)和(x_k, y_k)为已知。每个节点有两个位移分量，因此，三角形单元共有 6 个自由度(u_i, v_i)、(u_j, v_j)和(u_k, v_k)。

设节点 i 的位移向量为

$$\boldsymbol{\delta}_i = \begin{bmatrix} u_i \\ v_i \end{bmatrix} \tag{9-1}$$

每个节点有两个位移分量，所以整个单元有 6 个节点位移分量，即 6 个自由度。三角形单元节点位移向量为

$$\boldsymbol{\delta}^e = \begin{bmatrix} \delta_i \\ \delta_j \\ \delta_k \end{bmatrix} = \begin{bmatrix} u_i \\ v_i \\ u_j \\ v_j \\ u_k \\ v_k \end{bmatrix} \tag{9-2}$$

三角形单元有 6 个自由度，内部任一点的位移是由 6 个节点位移分量完全确定的，3 节点三角形单元的位移函数如下：

$$\begin{cases} u(x,y) = \alpha_1 + \alpha_2 x + \alpha_3 y \\ v(x,y) = \beta_1 + \beta_2 x + \beta_3 y \end{cases} \tag{9-3}$$

位移模式中 6 个待定系数 $\alpha_1,\alpha_2,\alpha_3,\beta_1,\beta_2,\beta_3$，可根据节点 i、j、k 的位移值和坐标值求出，最终确定 6 个待定系数。

通过单元节点位移可以确定位移函数中的待定常数 $\alpha_1,\alpha_2,\alpha_3,\beta_1,\beta_2,\beta_3$。设节点 i、j、k 的坐标分别为 (x_i,y_i)、(x_j,y_j)、(x_k,y_k)，节点位移分别为 (u_i,v_i)、(u_j,v_j)、(u_k,v_k)。将它们代入式(9-3)，得

$$\begin{cases} u_i = \alpha_1 + \alpha_2 x_i + \alpha_3 y_i, & v_i = \beta_1 + \beta_2 x_i + \beta_3 y_i \\ u_j = \alpha_1 + \alpha_2 x_j + \alpha_3 y_j, & v_j = \beta_1 + \beta_2 x_j + \beta_3 y_j \\ u_k = \alpha_1 + \alpha_2 x_k + \alpha_3 y_k, & v_k = \beta_1 + \beta_2 x_k + \beta_3 y_k \end{cases} \tag{9-4}$$

从式(9-4)左边 3 个方程中解出待定系数 $\alpha_1,\alpha_2,\alpha_3$，右边 3 个方程中解出待定系数 β_1，β_2,β_3，然后将 6 个系数代入式(9-3)，整理成矩阵形式如下：

$$\begin{bmatrix} u \\ v \end{bmatrix} = \begin{bmatrix} N_i & 0 & N_j & 0 & N_k & 0 \\ 0 & N_i & 0 & N_j & 0 & N_k \end{bmatrix} \begin{bmatrix} u_i \\ v_i \\ u_j \\ v_j \\ u_k \\ v_k \end{bmatrix} \tag{9-5}$$

式中：

$$N_i = \frac{1}{2A}(a_i + b_i x + c_i y)$$

$$N_j = \frac{1}{2A}(a_j + b_j x + c_j y)$$

$$N_k = \frac{1}{2A}(a_k + b_k x + c_k y)$$

其中：N_i、N_j、N_k 是坐标的函数，反应了单元的位移形态，称为单元位移函数的形函数。数学上它反应了节点位移对单元内任一点位移的插值，又称插值函数。

$$A = \frac{1}{2}(x_i y_j + x_j y_k + x_k y_i) - \frac{1}{2}(x_j y_i + x_k y_j + x_i y_k)$$

其物理意义为三角形单元的面积。

$$\begin{cases} a_i = x_j y_k - x_k y_j, & b_i = y_j - y_k, & c_i = -x_j + x_k \\ a_j = x_k y_i - x_i y_k, & b_j = y_k - y_i, & c_j = -x_k + x_i \\ a_k = x_i y_j - x_j y_i, & b_k = y_i - y_j, & c_k = -x_i + x_j \end{cases}$$

式(9-5)简写为

$$\boldsymbol{\delta} = \boldsymbol{N}\boldsymbol{\delta}^{\mathrm{e}} \tag{9-6}$$

$\boldsymbol{\delta}$ 是单元内任一点的位移矩阵；$\boldsymbol{\delta}^{\mathrm{e}}$ 是单元节点位移矩阵；$\boldsymbol{N}$ 为形状函数矩阵。于是，就建立了单元中任一点的位移与单元节点位移间的关系。

位移函数中包含了单元的常应变，在求得单元内各点的位移后，可以求出节点位移$\boldsymbol{\delta}^e$与单元内任一点应变$\boldsymbol{\varepsilon}$之间的转换关系。应变$\boldsymbol{\varepsilon}$可以用应变$\varepsilon_x=\dfrac{\partial u}{\partial x}$，$\varepsilon_y=\dfrac{\partial v}{\partial y}$和剪应变$\gamma_{xy}=\dfrac{\partial u}{\partial y}+\dfrac{\partial v}{\partial x}$表示，应变和节点位移的关系式如下：

$$\boldsymbol{\varepsilon}=\boldsymbol{B}\boldsymbol{\delta}^e \tag{9-7}$$

式中，$\boldsymbol{B}=\dfrac{1}{2A}\begin{bmatrix} b_i & 0 & b_j & 0 & b_k & 0 \\ 0 & c_i & 0 & c_j & 0 & c_k \\ c_i & b_i & c_j & b_j & c_k & b_k \end{bmatrix}$，称为单元应变矩阵。

对于弹性力学的平面应力问题，E、μ分别为弹性模量和泊松比，单元应力物理方程的矩阵形式可表示为

$$\begin{bmatrix} \sigma_x \\ \sigma_y \\ \tau_{xy} \end{bmatrix}=\frac{E}{1-\mu^2}\begin{bmatrix} 1 & \mu & 0 \\ \mu & 1 & 0 \\ 0 & 0 & \dfrac{1-\mu}{2} \end{bmatrix}\begin{bmatrix} \varepsilon_x \\ \varepsilon_y \\ \gamma_{xy} \end{bmatrix} \tag{9-8}$$

令$\boldsymbol{D}=\dfrac{E}{1-\mu^2}\begin{bmatrix} 1 & \mu & 0 \\ \mu & 1 & 0 \\ 0 & 0 & \dfrac{1-\mu}{2} \end{bmatrix}$，$\boldsymbol{D}$为材料的弹性矩阵，式(9-8)可简写为

$$\boldsymbol{\sigma}=\boldsymbol{D}\boldsymbol{\varepsilon}=\boldsymbol{D}\boldsymbol{B}\boldsymbol{\delta}^e \tag{9-9}$$

对于平面应变问题，有

$$\boldsymbol{D}=\frac{E(1-\mu)}{(1+\mu)(1-2\mu)}\begin{bmatrix} 1 & \dfrac{\mu}{1-\mu} & 0 \\ \dfrac{\mu}{1-\mu} & 1 & 0 \\ 0 & 0 & \dfrac{1-2\mu}{2(1-\mu)} \end{bmatrix}$$

下面讨论节点位移和节点力的关系。由虚功原理可知：外力在虚位移上所做的功，等于内应力在相应虚应变上所做的功。

设单元节点的虚位移为

$$\boldsymbol{\delta}^{*e}=[u_i^{*e} \quad v_i^{*e} \quad u_j^{*e} \quad v_j^{*e} \quad u_k^{*e} \quad v_k^{*e}]^T$$

外力在虚位移上所做的功为

$$W_{ext}=\boldsymbol{\delta}^{*eT}\boldsymbol{F}^e$$

设单元厚度为h，系统的初始内应力为0，单元内虚应变为

$$\boldsymbol{\varepsilon}^*=[\varepsilon_x^* \quad \varepsilon_y^* \quad \gamma_{xy}^*]^T$$

则单元虚应变能为

$$U=\iint \boldsymbol{\varepsilon}^{*T}\boldsymbol{\sigma}h\,dx\,dy$$

由$W_{ext}=U$，推导可得

$$\boldsymbol{F}^{\mathrm{e}} = \iint \boldsymbol{B}^{\mathrm{T}} \boldsymbol{\sigma} h \,\mathrm{d}x\mathrm{d}y = \iint \boldsymbol{B}^{\mathrm{T}} \boldsymbol{D}\boldsymbol{B}\boldsymbol{\delta}^{\mathrm{e}} h \,\mathrm{d}x\mathrm{d}y$$

其中：$\boldsymbol{B}$,$\boldsymbol{D}$,$\boldsymbol{\delta}^{\mathrm{e}}$为常数矩阵；$h$ 为常数；$\iint \mathrm{d}x\mathrm{d}y$ 为单元面积。上式简化为

$$\boldsymbol{F}^{\mathrm{e}} = \boldsymbol{k}^{\mathrm{e}} \boldsymbol{\delta}^{\mathrm{e}} \tag{9-10}$$

式(9-10)称为单元刚度方程，其中 $\boldsymbol{k}^{\mathrm{e}}$ 称为单元刚度矩阵。

$$\boldsymbol{k}^{\mathrm{e}} = hA\boldsymbol{B}^{\mathrm{T}}\boldsymbol{D}\boldsymbol{B} \tag{9-11}$$

三角形单元的刚度矩阵 $\boldsymbol{k}^{\mathrm{e}}$ 可写成分块形式：

$$\begin{bmatrix} \boldsymbol{F}_{\mathrm{i}} \\ \boldsymbol{F}_{\mathrm{j}} \\ \boldsymbol{F}_{\mathrm{k}} \end{bmatrix}^{e} = \begin{bmatrix} \boldsymbol{k}_{ii} & \boldsymbol{k}_{ij} & \boldsymbol{k}_{ik} \\ \boldsymbol{k}_{ji} & \boldsymbol{k}_{jj} & \boldsymbol{k}_{jk} \\ \boldsymbol{k}_{ki} & \boldsymbol{k}_{kj} & \boldsymbol{k}_{kk} \end{bmatrix}^{\mathrm{e}} \begin{bmatrix} \boldsymbol{\delta}_{i} \\ \boldsymbol{\delta}_{j} \\ \boldsymbol{\delta}_{k} \end{bmatrix}^{\mathrm{e}} \tag{9-12}$$

其中 $\boldsymbol{k}_{ij}$ 是 2×2 阶矩阵，它是节点 i 的节点力子向量 $\boldsymbol{F}_i$ 与节点 j 的位移子向量$\boldsymbol{\delta}_j$之间的刚度子矩阵。引入支承条件、求解方程组即求节点位移，然后根据节点位移即可求应力。

9.4　有限元分析的基本方法

商用有限元软件一般都包括前处理、求解器、后处理 3 个模块。在进行实际工程的有限元分析时，一般先利用几何、载荷的对称性简化模型建立等效模型，并选择适当的分析工具，然后按照前处理、求解、后处理 3 个步骤来进行。

1. 前处理

前处理是建立有限元模型的过程，包括：几何模型的生成，有限元网格的生成，属性数据的生成，模型的检验，修改与诊断。

前处理的主要步骤有：

(1) 选择所采用的单元类型；

(2) 单元的划分；

(3) 确定各单元和节点的坐标及编号；

(4) 确定载荷类型、边界条件、材料性质等。

前处理可提供不同的显示方式让用户检查和控制剖分的网格。通常从一个角度看不清结构形状和单元划分的情况，就将图像绕不同的轴旋转若干的角度。有限元分析的精度取决于网格划分的密度。为了提高分析精度，同时又避免计算量过大，可以采取将网格在高应力区局部加密的办法。

例　为分析齿轮上一个齿内的应力分布，分析一个平面截面内位移分布。可以把一个连续的齿形截面分割成图 9.7 所示的很多小单元，而单元之间在节点处以铰链连接，由单元组合而成的结构近似代替连续结构。

2. 求解

求解一般包括：给定约束和载荷、求解方法选择、计算参数设定。

3. 后处理

当结构经过有限元分析后，会输出大量的数据，如静态受力分析后节点的位移量、固有频率计算后的振型等，故有限元计算程序要进行后置处理。

后置处理将有限元计算分析结果进行加工处理并形象化为变形图、应力等值线图、应力应变彩色浓淡图、应力应变曲线以及振型图等,如图 9.8 所示。

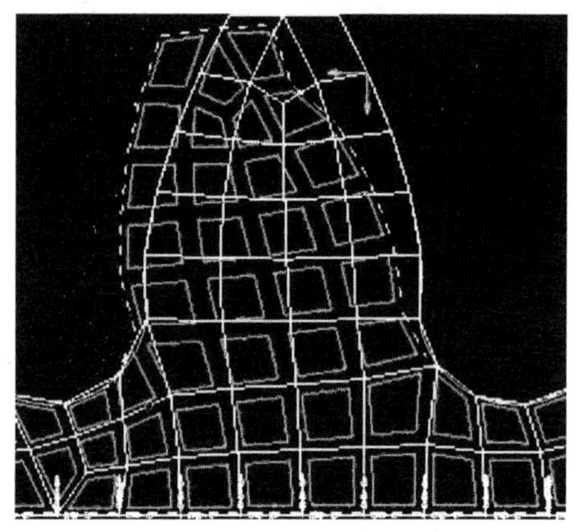
图 9.7　齿轮有限元分析的前置处理图

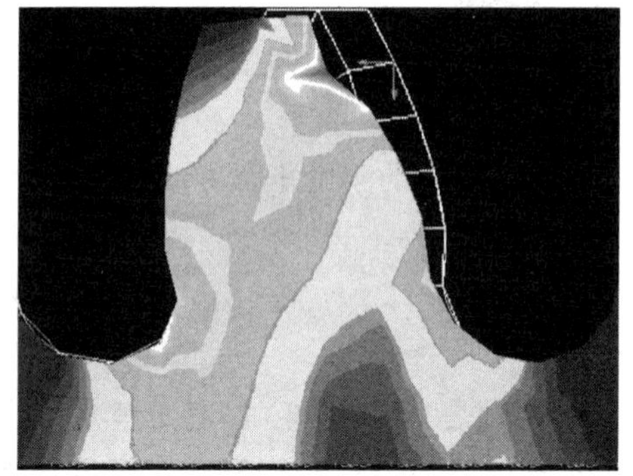
图 9.8　齿轮有限元分析的后置处理图

后处理的目的在于分析计算模型是否合理,提出结论。用可视化方法分析计算结果,包括位移、应力、应变、温度等分析;最大最小值分析;特殊部位分析。

后处理的主要步骤有:

(1) 对结果数据的加工处理;

(2) 有限元数据的图形表示;

(3) 结果数据的编辑输出。

9.5　有限元分析软件与 CAD 系统其他软件的集成

当今有限元分析系统的另一个特点是与通用 CAD 软件的集成使用(见图 9.9),即:在用 CAD 软件完成部件和零件的造型设计后,自动生成有限元网格并进行计算,如果分析的

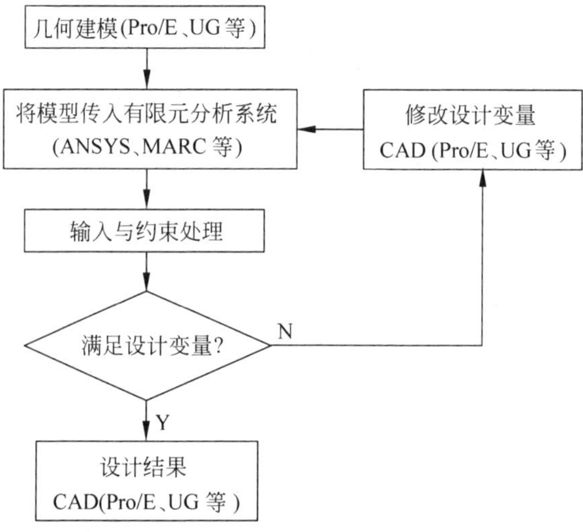

图 9.9　有限元分析系统与 CAD 一体化

结果不符合设计要求则重新进行造型和计算，直到满意为止，从而极大地增加设计功能、提高了设计水平和效率、降低设计成本。

当今所有的商业化有限元系统商都开发了和著名的 CAD 软件(例如 Pro/E、UG、SolidEdge、SolidWorks、IDEAS、Bentley 和 AutoCAD 等)的接口。如果集成系统中包含不同软件公司的产品，就需要注意数据的接口问题。

习　题

1. 试论述有限元法的基本原理和分析步骤。
2. 有限元分析方法中数据的前后处理包含哪些内容?
3. 简述限元分析软件 CAD 软件的集成。

第 10 章　机械优化设计

10.1　机械优化设计的基本概念

所谓优化设计就是指在一定约束情况下，即满足各种设计条件时，利用数值优化计算方法得到产品最佳设计值。利用优化设计，可进一步改善和提高产品的性能；在满足各种设计条件下减少产品或工程结构重量，从而节省产品成本消耗、降低工程造价。

机械产品的传统设计方法，是根据产品的功能要求与使用条件，通过估算、类比或实验确定设计方案，然后进行强度、刚度、稳定性和动态特性等的分析验算，如果达不到要求，则修改有关参数，再进行验算，直至满足设计要求。这种设计方法不仅消耗大量的时间与精力，而且最终方案也是一种可行方案，并不是最佳方案。

机械优化设计是将机械工程的设计问题转化为最优化问题，然后选择适当的最优化方法，利用电子计算机从满足要求的可行设计方案中自动寻找实现预期目标的最优化设计方案。机械优化设计，作为一门现代化设计方法，广泛应用于机械设计中，并取得了巨大的经济效益。该技术已成为现代工程师必须掌握的现代设计方法之一。

在进行机械产品的优化设计过程中，首先是建立优化设计的数学模型。数学模型是用于描述设计意图、设计要求及设计参数间关系的数学表达式，它由目标函数、约束条件及设计变量三要素组成。

下面以实例来介绍如何建立优化设计的数学模型。

例　用宽度为 20 cm，长度为 50 cm 的薄铁板制作成 50 cm 长的梯形槽，如图 10.1 所示，求斜边长 x 和角度 θ 为多大时，槽的容积最大。

由于槽的长度就是薄板的长度，显然，槽的梯形截面积最大，就是槽的容积最大。由图 10.1 可以推导出梯形槽的截面积公式，于是这一求解截面积 A 的极大化问题可表示为

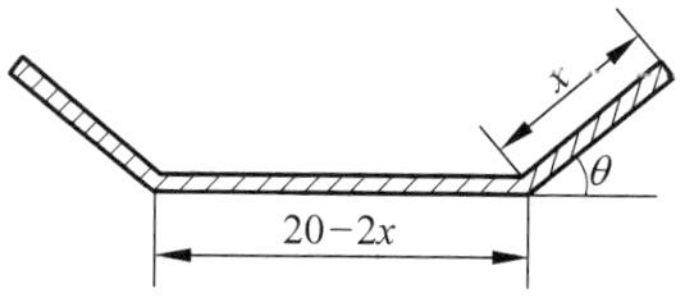

图 10.1　梯形槽

$$\max A=\frac{1}{2}[(20-2x)+(20-2x+2x\cos\theta)]x\sin\theta$$

这一优化设计问题可描述为：上式为目标函数，两个变量 x 和 θ 称为设计变量。此例是一个无约束的优化设计问题，而在工程实际中的优化问题，大多是有约束条件的，故优化设计的数学模型可表示如下：

$$\begin{aligned}&\min f(x)\quad x\in\mathbb{R}^n\\ &\text{s.t.}\quad g_u(x)\leqslant 0\quad (u=1,2,\cdots,m)\\ &\qquad\ \ h_v(x)=0\quad (v=1,2,\cdots,n)\end{aligned}$$

式中：$\min f(x)$表示使目标函数 $f(x)$ 极小化，若求极大化则写为 $\max f(x)$；x 为设计变量，共有 n 个分量；$g_u(x)\leqslant 0$ 和 $h_v(x)=0$ 为不等式和等式约束函数。

目标函数就是用来评价目标优劣的数学关系式，设计者往往选择最重要的工作特点作为设计的目标，例如，设计一对齿轮传动时，设计的目标可选为：齿轮的体积最小、齿轮的重量最小或齿轮的中心距最小等。

设计变量是设计时待定的参数，设计变量可以是几何参数，也可以是物理参数等。设计者在建立优化设计的数学模型时，要将能直接控制的、需要得出优化结果的、最重要的一些参数作为设计变量。

约束条件是对设计变量的取值给以某些限制的数学关系式。

优化问题类型很多，从不同的出发点可做出各种不同的分类。

(1) 按目标函数多少分：单目标优化，多目标优化；

(2) 按设计变量多少分：一维优化，多维优化；

(3) 按有无约束分：无约束优化，有约束优化；

(4) 按目标函数、约束函数的形态分：线性优化，非线性优化；

(5) 按是否与时间有关分：静态优化，动态优化；

(6) 按是否具有智能分：非智能优化，智能优化。

机械优化设计的步骤如下：

(1) 建立优化设计的数学模型；

(2) 选择优化设计方法；

(3) 编制优化设计程序；

(4) 求解优化结果；

(5) 分析优化结果。

现在，最优化技术这门较新的科学分支已深入到各个生产与科学领域，例如：化学工程、机械工程、建筑工程、运输工程、生产控制、经济规划和经济管理等，并取得了重大的经济效益与社会效益。近年来，为了普及和推广应用优化技术，已经将各种优化计算程序组成使用十分方便的程序包，并发展到建立最优化技术的专家系统，这种系统能帮助使用者自动选择算法，自动运算以及评价计算结果，用户只需很少的优化数学理论和程序知识，就可有效地解决实际优化问题。可以预测，随着现代技术的迅速发展，最优化技术必将获得更广泛、更有效的应用。

10.2　一维搜索方法

求解一元函数 $f(x)$ 的极小点和极小值问题，就是一维最优化问题，其数值迭代方法亦称为一维搜索方法。一维搜索方法是优化方法中最简单、最基本的方法。它不仅可以用来解决一维目标函数的最优化问题，更重要的是在多维目标函数的求优过程中，常常需要通过一系列的一维优化来实现。

采用数学规划法求函数极值点的迭代计算为

$$x^{k+1} = x^k + a_k d^k$$

其中：a_k 为搜索的最佳步长因子；d^k 为 $k+1$ 次迭代的搜索方向。

当搜索方向 d^k 给定，求最佳步长 a_k 就是求如下一元函数的极值：

$$f(x^{k+1}) = f(x^k + a_k d^k) = \varphi(a_k)$$

以上运算过程称为一维搜索。

在进行一维搜索时，首先要在给定的方向上，确定一个包含函数值最小点的搜索区间，而且在这个区间内，函数 $f(x)$ 有唯一的极小点 x^*。在给定区间内仅有一个函数峰值的函数称为单峰函数，其区间称为单峰区间，如图 10.2 所示。从图中可知，在极小点 x^* 的左边，函数是严格下降的，在极小点 x^* 的右边，函数是严格增大的，即单峰区间具有函数值按“大—小—大”和图形按照“高—低—高”变化的特征。

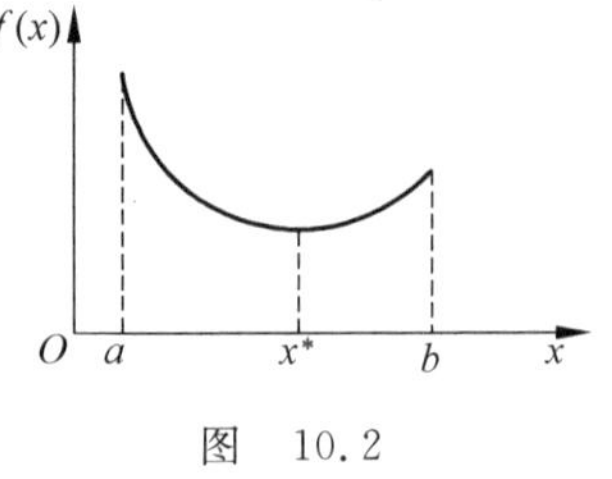

图 10.2

一维搜索方法有：分数法、黄金分割法（0.618 法）、二次插值法和三次插值法等。本章只介绍最常用的黄金分割法和二次插值法。

10.2.1 黄金分割法

黄金分割法也称 0.618 法，是通过对黄金分割点函数值的计算和比较，将初始区间逐次进行缩小，直到满足给定的精度要求，得到近似的最优解。

黄金分割法是建立在区间消去法原理基础上的试探方法。利用区间消去法，使搜索区间缩小，通过迭代计算，使搜索区间无限缩小，从而得到极小点的数值近似解。

下面介绍消去法的原理。

设单峰函数 $f(x)$，初始搜索区间为 $[a,b]$。我们在区间 $[a,b]$ 内取两点 a_1 和 b_1，比较这两点的函数值，有下列 3 种可能情况：

(1) $f(a_1)<f(b_1)$：如图 10.3(a)所示，极小点 x^* 包含在区间 $[a,b_1]$ 内，因此可取消 $[b_1,b]$ 部分。

(2) $f(a_1)>f(b_1)$：如图 10.3(b)所示，极小点 x^* 包含在区间 $[a_1,b]$ 内，因此可取消 $[a,a_1]$ 部分。

(3) $f(a_1)=f(b_1)$：如图 10.3(c)所示，极小点 x^* 包含在区间 $[a_1,b_1]$ 内，因此可取消 $[a,a_1]$ 和 $[b_1,b]$ 两部分。

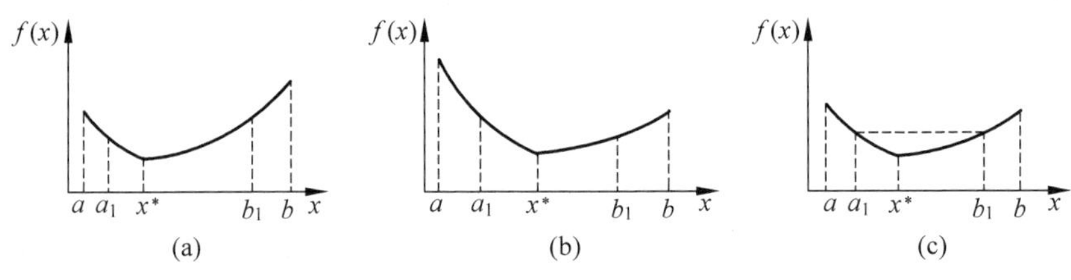

图 10.3 消去法示意图

对于上述(1)、(2)、(3)三种情况，下一次的搜索区间将分别缩小为：$[a,b_1]$、$[a_1,b]$、$[a_1,b_1]$。

为了迭代格式的统一，并考虑到第(3)种情况出现的概率很小，可将第(3)种情况合并到第(2)种情况中去，即只取两种情况如下：

(1) 若 $f(a_1)<f(b_1)$，取 $[a,b_1]$ 为缩小的搜索区间。

(2) 若 $f(a_1)\geqslant f(b_1)$，取 $[a_1,b]$ 为缩小的搜索区间。

由此可见，逐次在搜索区间选取插入点并计算函数值，经比较函数值后可消去区间的某一部分，使搜索区间不断缩小，这就是消去法的基本原理。

一般要求插入点 a_1、b_1 的位置相对于区间$[a,b]$两端点具有对称性，即按下列公式选取插入点：

$$\begin{cases} a_1 = a + (1-\lambda)(b-a) \\ b_1 = a + \lambda(b-a) \end{cases}$$

如果选取系数 λ 为 0.618，就为黄金分割法，此时插入点为

$$\begin{cases} a_1 = a + 0.382(b-a) \\ b_1 = a + 0.618(b-a) \end{cases} \tag{10-1}$$

黄金分割法的搜索过程如下：

(1) 给出初始搜索区间$[a,b]$及收敛精度 ε。

(2) 按公式(10-1)计算插入点 a_1，b_1。

(3) 计算函数值 $f_1=f(a_1)$和 $f_2=f(b_1)$。

(4) 根据区间消去法原理缩短搜索区间。

(5) 检查区间是否满足收敛条件，即$|b-a|<\varepsilon$。若不满足收敛条件则转到第(2)步，继续缩小区间；若满足收敛条件则停止迭代，并取此区间中点为最优值。

即

$$x^* = \frac{a+b}{2}$$

例　试用 0.618 法求函数 $f(x)=x^4-5x^3+4x^2-6x+60$ 的极小值。要求：

(1) 绘制黄金分割法(0.618)的计算程序框图；

(2) 利用高级语言(C 语言)编制求解下列优化目标的黄金分割法程序：

$$\min f(x) = x^4 - 5x^3 + 4x^2 - 6x + 60$$

解：(1) 0.618 法的计算程序框图如图 10.4 所示。

(2) 用 C 语言编制的求解程序如下：

```
#include "stdio.h"

float hsz(float AG)
{
 return AG*AG*AG*AG-5*AG*AG*AG+4*AG*AG-6*AG+60;
}

float search(float a,float b,float e)
{
 float a1,b1,f1,f2,temp;
 a1=a+0.382*(b-a);
 f1=hsz(a1);
 b1=a+0.618*(b-a);
 f2=hsz(b1);
 for(;;)
 {
```

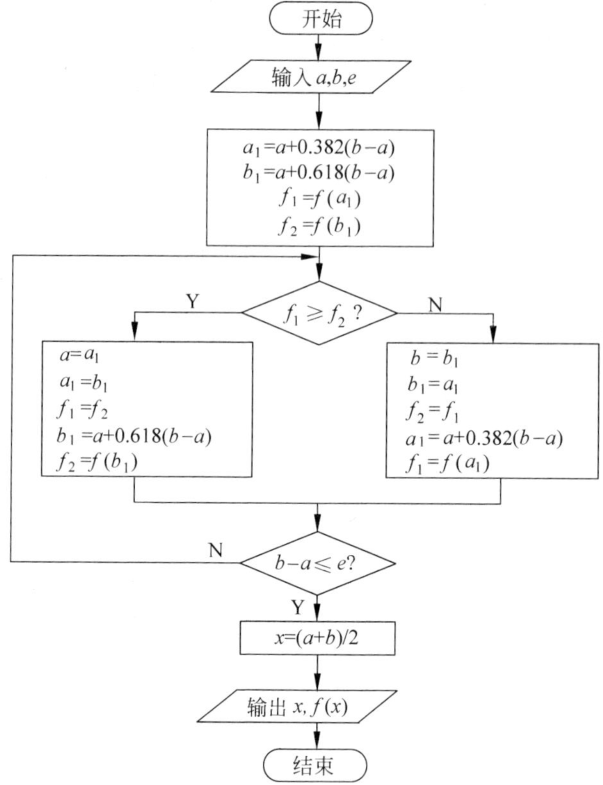

图 10.4　0.618 法的计算程序框图

```
  if(f1<=f2)
  {b=b1;  b1=a1;
   f2=f1;
   a1=a+0.382*(b-a);
   f1=hsz(a1);
  }
else
  { a=a1;  a1=b1;   f1=f2;
    b1=a+0.618*(b-a);
    f2=hsz(b1);
  }
  if(b-a<=e)
   break;
 }
 temp=(b+a)/2;
 return temp;
}

main()
{float a,b,e,d,c;
 scanf("%f,%f,%f",&a,&b,&e);
```

```
 d=search(a,b,e);
 c=hsz(d);
 printf("x=%f,f=%f\n", d,c);
}
```

运行该程序，求得最小点 $x^*=3.2796$，极小值 $f(x^*)=22.6590$。

10.2.2　二次插值法

在求解一元函数 $f(x)$ 的极小值时，通常利用一个低次插值多项式 $p(x)$ 来逼近原目标函数，然后求出该多项式的极小点，并以此作为目标函数 $f(x)$ 的近似极小点。

若 $p(x)$ 为二次多项式，则称为二次插值法。若 $p(x)$ 为三次多项式，则称为三次插值法。由于二次插值法求解较为简便，且应用较普遍，故下面只介绍二次插值法。

设一元函数 $f(x)$ 在三点 x_1、x_2、$x_3(x_1<x_2<x_3)$ 的函数值分别为 f_1、f_2、f_3，如图 10.5 所示，从图中知，$f(x_2)<f(x_1)$，$f(x_2)<f(x_3)$。利用这三点及相应的函数值作二次多项式：

$$p(x)=a_0+a_1x+a_2x^2 \tag{10-2}$$

其中：a_1、a_2、a_3 为待定系数。

根据插值条件，该多项式应满足：

$$\begin{cases} p(x_1)=a_0+a_1x_1+a_2x_1^2=f_1 \\ p(x_2)=a_0+a_1x_2+a_2x_2^2=f_2 \\ p(x_3)=a_0+a_1x_3+a_2x_3^2=f_3 \end{cases} \tag{10-3}$$

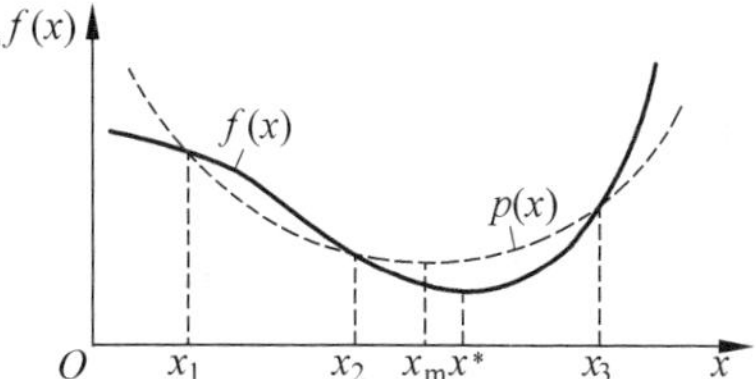

图 10.5　二次插值法工作原理图

由上式可求得系数 a_0、a_1、a_2。

插值多项式 $p(x)$ 的极小点应满足

$$p'(x)=a_1+2a_2x=0$$

由此可求得极小点为

$$x_m=-\frac{a_1}{2a_2} \tag{10-4}$$

因为求解方程组(10-3)，可求得系数 a_1 和 a_2 分别为

$$a_1=\frac{(x_2^2-x_3^2)f_1+(x_3^2-x_1^2)f_2+(x_1^2-x_2^2)f_3}{(x_1-x_2)(x_2-x_3)(x_3-x_1)}$$

$$a_2=\frac{(x_2-x_3)f_1+(x_3-x_1)f_2+(x_1-x_2)f_3}{(x_1-x_2)(x_2-x_3)(x_3-x_1)}$$

把 a_1 和 a_2 代入式(10-4)，得

$$x_m=\frac{(x_2^2-x_3^2)f_1+(x_3^2-x_1^2)f_2+(x_1^2-x_2^2)f_3}{2[(x_2-x_3)f_1+(x_3-x_1)f_2+(x_1-x_2)f_3]} \tag{10-5}$$

二次插值法的计算步骤如下：

(1) 给出初始搜索区间 $[x_1,x_3]$ 及容许计算误差 ε。

(2) 在区间 $[x_1,x_3]$ 内取一点 x_2，并计算函数 $f(x)$ 在 x_1、x_2、x_3 三点处的函数值：

$$f_1=f(x_1),\quad f_2=f(x_2),\quad f_3=f(x_3)$$

(3) 利用式(10-5)计算二次插值函数 $p(x)$ 的极值点 x_m。

(4) 检验是否满足计算精度要求。有两种情况：

① 当$|x_2-x_m|<\varepsilon$时，如果$f(x_m)\leqslant f(x_2)$，则x_m为所求的极小点；如果$f(x_m)>f(x_2)$，则取$x_m=x_2$为所求的极小点。

② 当$|x_2-x_m|\geqslant\varepsilon$时，则需比较$f(x_2)$与$f(x_m)$的大小，以便在$x_1$、$x_2$、$x_m$、$x_3$四点中丢掉$x_1$或$x_3$，得到新的三点(其代号仍为$x_1$、$x_2$、$x_3$)，然后再转第(3)步。

以上二次插值法的计算过程可用高级语言编程来完成，其流程框图如图10.6所示。

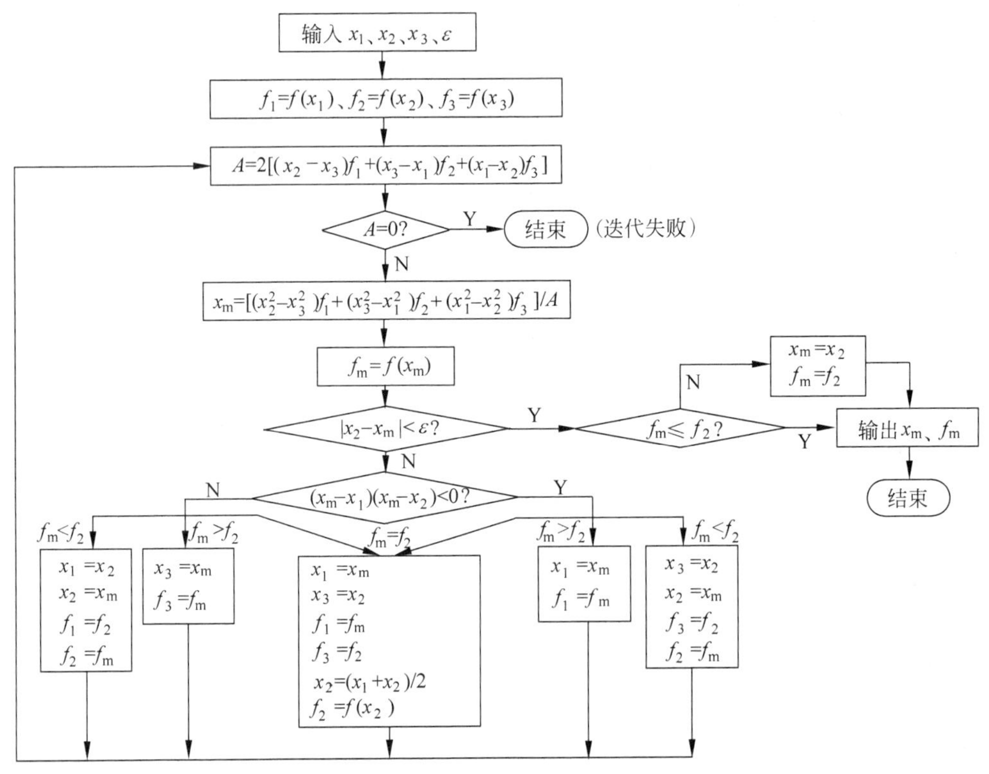

图10.6 二次插值法流程框图

例 用二次插值法求下列函数：

$$f(x)=3x^3-4x+2$$

的极小点。给定允许误差$\varepsilon=0.2$。

解

(1) 确定初始搜索区间。

取初始搜索区间$[x_1,x_3]=[0,2]$。

(2) 在区间[0,2]内取一点$x_2=1$，并计算函数$f(x)$在$x_1=0$、$x_2=1$、$x_3=2$三点处的函数值：

$$f_1=2,\quad f_2=1,\quad f_3=18$$

(3) 利用式(10-5)计算二次插值函数$p(x)$的极值点x_m。

将$x_1=0$、$x_2=1$、$x_3=2$及$f_1=2$，$f_2=1$，$f_3=18$代入下列公式：

$$x_m=\frac{(x_2^2-x_3^2)f_1+(x_3^2-x_1^2)f_2+(x_1^2-x_2^2)f_3}{2[(x_2-x_3)f_1+(x_3-x_1)f_2+(x_1-x_2)f_3]}=0.555$$

得 $f_m=0.292$。

(4) 检验是否满足计算精度要求。

因为 $|x_2-x_m|=1-0.555=0.445>0.2$，应继续迭代。

由于 $f_m<f_2$，$x_m<x_2$，则新区间 $[x_1,x_3]=[x_1,x_2]=[0,1]$。

在新区间，相邻三点 $x_1=0$，$x_2=x_m=0.555$，$x_3=1$ 的函数值分别为

$$f_1=2,\quad f_2=0.292,\quad f_3=1$$

由公式(10-5)可计算得：$x_m=0.607$，$f_m=0.243$。

由于 $f_m<f_2$，$x_m>x_2$，又可取新区间 $[x_1,x_3]=[x_2,x_3]=[0.555,1]$，

$|x_2-x_m|=|0.555-0.607|=0.052<0.2$，迭代终止。

最后得极小点和极小值为：$x_m=0.607$，$f_m=0.243$。

习　题

1. 优化设计的数学模型是哪些要素构成的？
2. 什么是目标函数？什么是约束条件？
3. 写出优化设计数学模型的一般形式。
4. 什么是一维搜索方法？
5. 叙述一维优化方法的步骤。
6. 如图 10.7 所示，从直径 $D=100$ mm 的圆木中锯出矩形梁，选择矩形的长 b 和高 h，以使抗弯强度(截面系数 $W=bh^2/6$)为最大。
7. 用二次插值法求下列函数的极值点。设初始搜索区间 $[x_1,x_3]=[-1,6]$，$\varepsilon=0.05$。

$$f(x)=x^4-4x^3-6x^2-16x+4$$

8. 已知某汽车行驶速度 x 与每公里耗油量的函数关系为 $f(x)=x+20/x$，试用 0.618 法(黄金分割法)确定速度 x 在 0.2～1 km/min 时的最经济速度 x^*。精度为 $\varepsilon=0.01$。

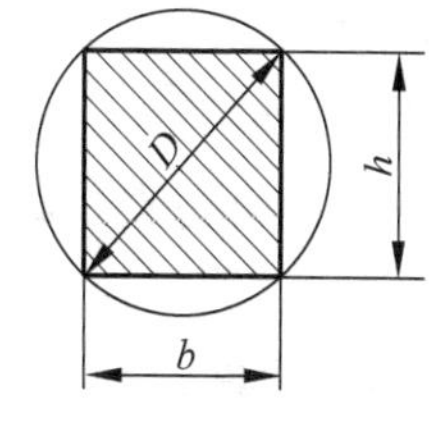

图　10.7

第11章　计算机仿真

11.1　计算机仿真概述

随着社会的不断发展，各系统的规模越来越大，结构越来越复杂，人和系统的互动关系越来越紧密；同时又要求系统的开发周期越短越好。在多领域这种需求的牵引下，计算机仿真的内涵得到了扩大和延伸，所涉及的技术领域也越来越广泛。

计算机仿真技术具有投资少、周期短、见效快、可控、安全无破坏性、极易修改结构及参数、易于考虑多种因素的综合作用等优点。

计算机仿真可以避免一般研究方法由于难于考虑各种因素相互间的动态影响而使研究结果与实际情况相距甚远的缺点，且可减少投资风险和避免造成人力、资金的浪费。

因此，发达国家在众多领域中广泛采用了计算机仿真技术。

1. 计算机仿真的概念

仿真的基本思想是利用物理的或数学的模型来类比模仿现实过程，以寻求对真实过程的认识。它所遵循的基本原则是相似性原理。

计算机仿真是在计算机上进行试验的一种数字化技术，是一种非实物仿真方法，是用计算机对一个系统的结构和行为进行动态演示，以评价或预测一个系统的行为效果，为决策提供信息的一种方法。

计算机仿真是解决较复杂的实际问题的一条有效途径。计算机仿真通过建立数学模型、编制计算机程序实现对真实系统的模拟，从而了解系统随时间变化的行为或特性。

2. 计算机仿真模型

1）模型的定义

模型是对现实系统有关结构信息和行为的某种形式的描述，是对系统的特征与变化规律的一种定量抽象，是人们认识事物的一种手段或工具。

2）模型的分类

(1) 物理模型指不以人的意志为转移的客观存在的实体，如：飞行器研制中的飞行模型、船舶制造中的船舶模型等。

(2) 数学模型是从一定的功能或结构上进行相似，用数学的方法来再现原型的功能或结构特征。

(3) 仿真模型指根据系统的数学模型，用仿真语言转化为计算机可以实施的模型。

3. 计算机仿真的三要素

仿真是一种基于模型的活动，它涉及多学科、多领域的知识和经验。成功进行仿真研究的关键是有机、协调地组织实施仿真全生命周期的各类活动。这里的“各类活动”，就是“系统建模”、“仿真建模”、“仿真实验”，而联系这些活动的要素是“系统”、“模型”、“计算机”。系统是研究的对象，模型是系统的抽象，仿真是通过对模型的实验来达到研究的目的。要素与活动的关系如图 11.1 所示。

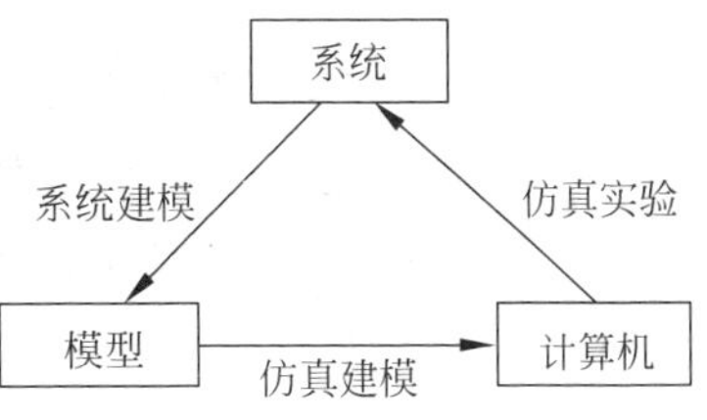

图 11.1 计算机仿真三要素和三项基本活动

传统上，“系统建模”这一活动属于系统辨识技术范畴，仿真技术侧重“仿真建模”，即针对不同形式的系统模型研究其求解算法，使其在计算机上得以实现。“仿真实验”这一活动，通常只注重其“仿真程序”的检验。至于如何将仿真实验结果与实际系统的行为进行比较这一根本性问题缺乏从方法学的高度进行研究。

现代仿真技术的一个重要进展是将仿真活动扩展到上述 3 个方面，并将其统一到同环境中。

1）系统建模方面

传统上，多通过实验辨识来建立系统模型。近十几年来，系统辨识技术得到飞速发展。在辨识方法上有时域法、频域法、相关分析法、最小二乘法等；在技术手段上有系统辨识设计、系统模型结构辨识、系统模型参数辨识、系统模型检验等。除此之外，近年来还提出了用仿真方法确定实际系统模型的方法；基于模型库的结构化建模方法；面向对象建模（object oriented modeling）方法等。特别是对象建模，可在类库基础上实现模型的拼合与重用。

2）仿真建模方面

除了适应计算机软、硬件环境的发展而不断研究新算法和开发新软件外，现代仿真技术采用模型与实验分离技术，即模型数据驱动（data driven），将模型分为参数模型和参数值，以便提高仿真的灵活性和运行效率。

3）仿真实验方面

现代仿真技术将实验框架与仿真运行控制区分开。其中，实验框架用来定义条件，包括模型参数、输入变量、观测变量、初始条件、输出说明。这样，当需要不同形式的输出时，不必重新修改仿真模型，甚至不必重新仿真运行。正是由于现代仿真方法学的建立，特别是模拟可重用性（reusability）、面向对象方法（object oriented）和应用集成（application integration）等新技术的应用，使得仿真、建模与实验统一到一个集成环境之中，构成一个和谐的人机交互界面。

4. 计算机仿真步骤

（1）问题提出：系统分析，描述研究问题的定义和求解目标。明确问题和提出总体方案。把被仿真系统的内容表达清楚；弄清仿真的目的、系统的边界；确定问题的目标函数和可控变量；找出系统的实体、属性和活动等。

（2）模型建立：根据问题及其阐述，将系统抽象为数学上的逻辑关系。选择合适的仿真方法（如时间步长法、事件表法等）；确定系统的初始状态；设计整个系统的仿真流程图。

（3）数据转换：数据的定义、标识、收集。

（4）模型转换：将文字、图形、流程表示的逻辑关系转换为仿真语句序列，即编码。

（5）论证和计划：建立仿真模型和实际系统之间的关系，建立实验条件。

（6）实验：确定具体的运行方案，如初始条件、参数、步长、重复次数等，然后输入数据，运行程序。执行仿真模型，概括出实验结果，包括数据、表格、图形。

（7）分析结果：分析，获得解决问题途径。设计出结构清晰的仿真结果输出，包括提供文件的清单,记录重要的中间结果等。输出格式要有利于用户了解整个仿真过程,分析和使用仿真结果。

(8) 修改和完善模型:根据结果分析、修改、完善模型,重复实验。将得出的仿真结果与实际系统比较,进一步分析和改进模型,直到符合实际系统的要求及精度为止。

(9) 实施和文档:依结果做决策,记载模型及其使用情况。

(10) 系统维护:使用仿真模型或结果,形成产品,并进行维护。

11.2 计算机仿真分类

计算机仿真可根据不同的分类标准划分为不同的类别。

1. 按被研究系统的特征分类

(1) 连续系统仿真:系统状态随时间连续变化的系统,如数据采集与处理系统。

数学模型包括微分方程、差分方程、连续-离散混合模型。

(2) 离散事件系统仿真:系统状态只在某些时间点上因某种随机事件的驱动而发生变化,两个事件之间状态不变。

数学模型包括流程图、网络图。

2. 按仿真中模型时间τ与自然时间T比例关系分类

(1) 实时仿真($\tau=T$)。仿真时钟与实际时钟完全一致,也就是模型仿真的速度与实际系统运行的速度相同。当被仿真的系统中存在物理模型或实物时,必须进行实时仿真,例如各种训练仿真器。实时仿真有时又称在线仿真。

(2) 非实时仿真($\tau\neq T$)。

超实时:$\tau/T>1$。仿真时钟快于实际时钟,例如大气环流的仿真以及交通系统的仿真。

亚实时:$\tau/T<1$。仿真时钟慢于实际时钟。对于仿真速度要求不苛刻的情况下均是亚实时仿真。例如大多数系统离线研究与分析,有时也称为离线仿真。

3. 按仿真模型种类分类

(1) 物理仿真(实物仿真):按实际系统的物理性质构造系统的物理模型,并在物理模型上进行试验研究。其特点是:直观、形象、逼真等;模型投资大,周期长;不易调整参数。

(2) 数学仿真:建立系统的数学模型,将数学模型转化为仿真计算模型。通过仿真模型的运行达到对系统运行的目的。

其特点是:在分析与设计阶段十分重要,有经济性、灵活性、模型通用性。

(3) 物理-数学仿真(半实物仿真):将系统一部分用数学模型描述,另一部分以实物(物理模型)方式引入仿真回路。

其特点是:不易建模的部分以实物代替参与仿真;验证数学仿真的准确性;验证系统性能指标,调整控制规律。

11.3 计算机仿真技术发展及应用

1. 计算机仿真技术的发展

计算机仿真早期称为蒙特卡罗(Monte Carlo)方法,是一门利用随机数实验求解随机问题的方法。其原理可追溯到 1773 年法国自然学家 G. L. L. Buffon 为估计圆周率值所进行的物理实验。

根据仿真过程中所采用计算机类型的不同，计算机仿真大致经历了模拟机仿真、模拟-数字混合机仿真和数字机仿真 3 个大的阶段。

20 世纪 50 年代计算机仿真主要采用模拟机；60 年代后串行处理数字机逐渐应用到仿真之中，但难以满足航天、化工等大规模复杂系统对仿真时限的要求；到了 70 年代模拟-数字混合机曾一度应用于飞行仿真、卫星仿真和核反应堆仿真等众多高技术研究领域；80 年代后由于并行处理技术的发展，数字机仿真才最终成为计算机仿真的主流。现在，计算机仿真技术已经在机械制造、航空航天、交通运输、船舶工程、经济管理、工程建设、军事模拟以及医疗卫生等领域得到了广泛的应用。

2. 应用仿真技术的意义

(1) 经济：大型、复杂系统直接实验是十分昂贵的，如空间飞行器的一次飞行实验的成本在 1 亿美元左右，而采用仿真实验仅需其成本的 1/10～1/5，而且设备可以重复使用。

(2) 安全：某些系统(如载人飞行器、核电装置等)，直接实验往往会有很大的危险，甚至是不允许的，而采用仿真实验可以有效降低危险程度，对系统的研究起到保障作用。

(3) 快捷：提高设计效率，比如电路设计、服装设计等。

(4) 具有优化设计和预测的特殊功能：对一些真实系统进行结构和参数的优化设计是非常困难的，这时仿真可以发挥它特殊的优化设计功能。

在非工程系统中(如社会、管理、经济等系统)，由于其规模及复杂程度巨大，直接实验几乎不可能，这时通过仿真技术的应用可以获得对系统的某种超前认识。

3. 计算机仿真在工程中的应用

随着仿真技术的发展，仿真技术的应用趋于多样化、全面化。最初仿真技术是作为对实际系统进行试验的辅助工具而应用的，而后又用于训练目的，现在仿真系统的应用包括系统概念研究、系统的可行性研究、系统的分析与设计、系统开发、系统测试与评估、系统操作人员的培训、系统预测、系统的使用与维护等各个方面。它的应用领域已经发展到军用以及与国民经济相关的各个重要领域。

1) 军事领域

军用领域一直是仿真技术的一个主要应用领域。从 20 世纪 40 年代的火炮仿真、50 年代的飞行器仿真、60 年代的导弹仿真，直到近年发展起来的作战行动仿真及综合防御系统性能仿真。

2) 工业领域

同军事领域的需求和推动一样，由于工业系统的复杂性、大型化，出于安全性、经济性考虑，仿真技术广泛应用于工业领域的各个部门。在大型复杂工程系统（项目）建设之前的概念研究与系统的需求分析过程中，都发挥着越来越重要的作用。

航空与航天工业：飞行器设计中的三级仿真体系，包括纯数学模拟(软件)、半实物模拟、实物模拟或模拟飞行实验；飞行员及宇航员训练用飞行仿真模拟器。

制造业：制造业是仿真技术的第二大应用领域。可以在计算机上完成对产品的仿真设计、制造及试验过程，实现虚拟制造，从而使设计和工艺得到评价和优化。采用仿真技术，制造工程师在原材料切割前就可进行测试和对不同方案进行评估，使材料浪费和成本保持在最低程度。

原子能工业：模拟核反应堆；核电站仿真器用来训练操作人员以及研究异常故障的排除处理。

电力工业：随着单元发电机组容量越来越大，系统越来越复杂，对它的经济运行、安全生产提出了更高的要求，仿真系统是实现这个目的的最佳途径。通过仿真系统可以优化运行过程、培训操作人员。电站仿真系统已成为电站建设与运行中必须配套的装备。

3）其他应用领域

在为武器系统研制作战训练和工业过程服务的同时，仿真技术的应用正不断向交通、水利、医学、教育、通信、社会、经济等多个领域扩展。

国内研制了能够表述交通流特征和交通流质量的交通仿真软件平台，可以对交通规划、交通控制设计、交通工程建设方案等进行预评估。

三峡工程水库总库容 393 亿 m^3，电站总装机容量 1820 万 kW，是目前世界最大的水电站。在工程建设过程中，大坝混凝土施工过程、大江截流、明渠截流施工、三峡安全等多个重大项目采用了仿真技术。

引黄入晋输水工程建立了全系统运行仿真系统。利用仿真系统验证了工程设计，提出了现有工程设计中影响运行的重大问题，寻找调度运行最佳模式等。

在医学仿真方面，建立了有关人体的生物学模型和三维视觉模型，为深入开展人体生命机理研究和远程医疗工作提供了有力的工具。

为了满足大容量、高速度通信网络研究的需要，对通信仿真的方法和软件开展了广泛的研究，为提高通信网络的性能和网络方案的优化提供了重要的分析和验证工具。

4. 计算机仿真的发展趋势

建模理论和方法，仍然是推动仿真技术进步发展的重点研究方向。它是系统仿真可持续发展的基础。美国等发达国家在仿真领域一直是将建模理论和方法的研究工作列为重中之重。另外，无论是武器系统还是工业系统，都向大型化、复杂化方向发展，相应地必须开展支持复杂大系统建模的理论和方法研究。

仿真系统将是支持研究各类复杂大系统全生命周期的必要手段。大型复杂工业系统，都需要预估其安全性，从安全性出发设计实施。仿真系统是预估其安全性的有效工具，因此仿真系统自身的可信度就变得非常重要。从理论上建立仿真系统的评估体系及相应的方法、工具是推动仿真技术应用的重要研究方向。

先进的分布式仿真技术的发展，在 21 世纪，可能将分布在各个应用领域的人员和资源集成为一个大型仿真环境。它将打破各个领域的界限，使人们在仿真环境里对拟定的设想和任务进行研究、分析。现代建模技术、计算机技术、网络技术、虚拟现实技术等技术的发展，为建立这种跨行业具有虚拟环境的仿真系统提供了强有力的技术支撑。这种仿真系统的建成，将会帮助人们解决难度更大的问题，将对经济或社会带来更大影响，应该努力去实现这个目标。

支持这个发展的关键技术是分布式协同技术。它可以帮助处于不同地理位置的人们共享和交换数据、信息、知识和行为状态，完成特定的任务，并为实现交叉学科信息共享以及决策支持服务。虚拟世界所需要的转换技术也是建立跨行业具有虚拟环境仿真系统的有挑战性的研究发展方向。

仿真技术是极具挑战性的新兴技术之一，它将广泛应用在军事、工业、生物、医疗、人类行为、生态环境、农林、牧业、城市规划、空间探测等领域。在 21 世纪，它的发展将对经济、社会以及人们的观念产生巨大影响。

11.4　计算机仿真软件

仿真软件是一类面向仿真用途的专用软件，它的特点是面向问题、面向用户。从 20 世纪 60 年代开始，国外就已着手研制仿真语言。1965 年美国成功研制了第一个获得广泛应用的仿真语言 MIMIC；1966 年美国又推出了另一个仿真语言 DSL/90。美国计算机仿真协会于 1967 年发表了一个具有权威性的仿真语言标准文本 CSSL；IBM 公司则推出了与 CSSL 并列的仿真语言 CSMP。之后，国际上相继推出了各种仿真语言。几十年来，以仿真语言为基础，在实际应用需求的牵引和不断涌现的相关新技术的推动下，仿真软件得到了很大的发展，仿真软件走过了通用程序设计语言、仿真程序包、商品化仿真语言、一体化建模与仿真环境阶段，正向智能化建模与仿真环境和支持分布交互仿真的综合仿真环境方向发展，特别是向通用性、支持复杂大系统的综合集成环境发展。

1. 仿真软件的发展

(1) 程序编程阶段。所有问题(如微分方程求解、矩阵运算、绘图等)都是用高级算法语言(如 C、FORTRAN 等)来编写。

(2) 程序软件包阶段。这一阶段出现了"应用子程序库"。

(3) 交互式语言阶段(仿真语言)。仿真语言可用一条指令实现某种功能，如"系统特征值的求解"，使用人员不必考虑什么算法，以及如何实现等低级问题。

(4) 模型化图形组态阶段。符合设计人员对基于模型图形化的描述。

2. 常见的几种仿真软件

(1) PSPICE、ORCAD：通用的电子电路仿真软件，适合于元件级仿真。

(2) SYSTEM VIEW：系统级的电路动态仿真软件。

(3) MATLAB(Matrix Laboratory)：具有强大的数值计算能力，包含各种工具箱(包括控制系统、通信、符号运算、小波计算、偏微分方程、数据统计、图像、金融、数字信号处理、模糊控制、模型预估控制、频域辨识、高阶谱分析、统计学、非线性控制系统、图像处理、神经元网络、信号处理、插值、优化、鲁棒控制、控制系统设计、系统辨识等)，是一个集自动控制理论、数理统计、信号处理、时间序列分析、动态系统建模等于一体的大集成仿真软件，但其程序不能脱离 MATLAB 环境运行(见图 11.2)。

(4) SIMULINK：MATLAB 附带的基于模型化图形组态的动态仿真环境。SIMULINK 是 MATLAB 软件的扩展，它是实现动态系统建模和仿真的一个软件包，它支持线性和非线性系统，连续和离散时间模型等。SIMULINK 提供了一些按功能分类的基本的系统模块，用户只需要知道这些模块的输入输出及模块的功能，而不必考察模块内部是如何实现的，通过对这些基本模块的调用，再将它们连接起来就可以构成所需要的系统模型，进而进行仿真与分析(见图 11.3)。

3. 仿真软件的发展趋势

仿真软件的发展目标一直是不断提高其面向问题、面向用户的模型描述能力，改善它对

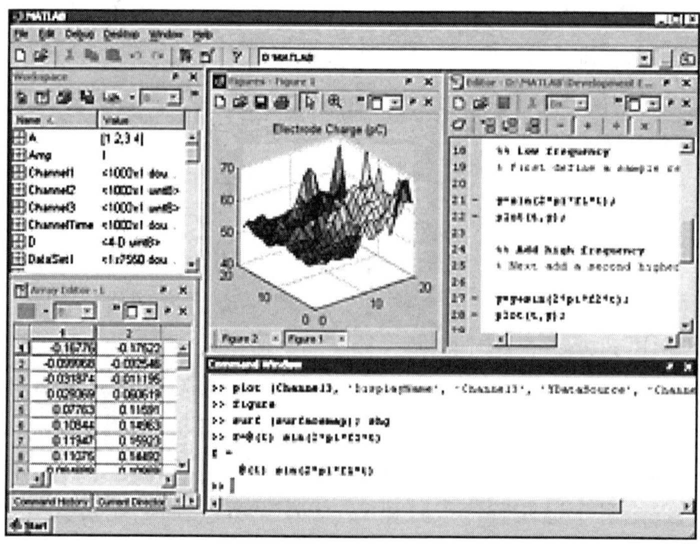

图 11.2 MATLAB界面

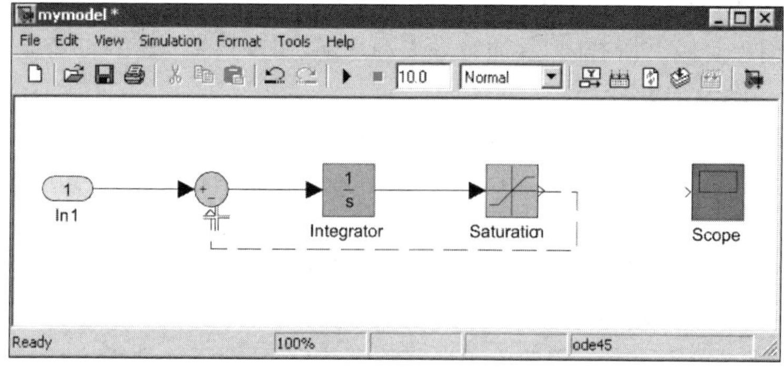

图 11.3 SIMULINK 建模

模型建立、实验、分析、设计和检验的功能，提高它的数值计算能力、数据处理能力和输入/输出特性。

仿真软件的未来发展呈现如下的趋势：

(1) 向应用的全生命周期发展；

(2) 向简单易用的方向发展；

(3) 向集成多媒体、虚拟现实技术的方向发展；

(4) 向一体化、系列化的方向发展；

(5) 向融合智能化技术的方向发展；

(6) 向采用面向对象方法的方向发展；

(7) 向大量采用网络技术的方向发展；

(8) 向大纵深、大范围的方向发展；

(9) 向大集成、大融合的方向发展。

11.5　科学计算可视化

1. 科学计算可视化的基本含义

科学计算可视化(visualization in scientific computing,ViSC)简称可视化,是计算机图形学的一个重要研究方向,是图形科学的新领域。

作为学科术语,“可视化”一词正式出现于 1987 年 2 月美国国家科学基金会(National Science Foundation,NSF)召开的一个专题研讨会上。研讨会后发表的正式报告给出了科学计算可视化的定义、覆盖的领域以及近期和长期研究的方向。这标志着“科学计算可视化”作为一个学科在国际范围内已经成熟。

科学计算可视化的基本含义是运用计算机图形学或者一般图形学的原理和方法,将科学与工程计算等产生的大规模数据转换为图形、图像,以直观的形式表示出来。它涉及计算机图形学、图像处理、计算机视觉、计算机辅助设计及图形用户界面等多个研究领域,已成为当前计算机图形学研究的重要方向。

可视化技术的出现有着深刻的历史背景,这就是社会的巨大需求和技术水平的进步。可视化技术由来已久,早在 20 世纪初期,人们已经将图表和统计等原始的可视化技术应用于科学数据分析当中。随着人类社会的飞速发展,人们在科学研究和生产实践中,越来越多地获得大量科学数据。计算机的诞生和普及应用,使得人类社会进入了一个信息时代,它给人类社会提供了全新的科学计算和数据获取手段,使人类社会进入了一个“数据的海洋”,而人们进行科学研究的目的不仅仅是为了获取数据,而是要通过分析数据去探索自然规律。传统的纸、笔可视化技术与数据分析手段的低效性,已严重制约着科学技术的进步。随着计算机软、硬件性能的不断提高和计算机图形学的蓬勃发展,促使人们将这一新技术应用于科学数据的可视化中。

2. 科学计算可视化的作用

现在,科学计算可视化技术已经成为科学研究中必不可少的手段。它是科学工作者以及工程技术人员洞察数据内含信息,确定内在关系与规律的有效方法,使科学家和工程师以直观形象的方式揭示理解抽象科学数据中包含的客观规律,从而摆脱直接面对大量无法理解的抽象数据的被动局面。

科学计算可视化的作用具体体现在以下几个方面。

(1) 提供可视化工具:为各大应用领域提供分析工具和手段,以便分析和显示大容量的、随时间变化的多维数据,并可快速而轻易地提取有意义的特征和结果。

(2) 控制计算过程:为模拟计算和数据分析提供视觉交互手段,使研究人员能够跟踪和交互驾驭他们的模拟和计算,提高计算效率和质量。

(3) 洞察数据间的关系:利用计算机的良好性能、大容量存储空间、强大的图形设施,将图形和计算紧密结合,支持那些把视觉洞察力作为问题求解能力的应用领域。

(4) 动态模拟:利用计算机提供的强大计算能力,结合高速三维图形流水线(将处理的数据实时地变换为图形图像),进行实时动态模拟,并通过视觉对模型的性能或合法性进行有效分析,使在建模、模拟和动画等应用领域取得显著效益。

(5) 为数据提供表现方法,进一步研究数学模型和模拟方法,使之更加接近现实,为科学家增加获得新知识和新理解的可能性。

（6）设计和模拟同时进行。

3. 科学计算可视化的过程

在科学研究领域，研究的主要目的是理解自然的本质。要达到这个目的，要经过从观察自然现象到模拟自然想象并分析模拟结果的过程。在分析实验结果的过程中，可视化是一个十分重要的辅助手段。

可视化的过程可进一步细化为以下 4 个步骤。

（1）过滤：对原始数据进行预处理，可以转换数据形式、滤掉噪声、抽取感兴趣的数据等。

（2）映射：将过滤得到的数据映射为几何元素，常见的几何元素有点、线、面图元以及三维体图元和更高维的特征图标等。

（3）绘制：几何元素绘制，得到结果图像。

（4）反馈：显示图像，并分析得到的可视结果。

可视化的上述 4 个步骤是一个周而复始的循环迭代的过程。由于研究人员并不知道原始数据集中哪些部分对分析更重要，得靠实践探索，因此整个分析过程是一个反复求精的过程。

4. 科学计算可视化的应用

可视化的应用范围已从最初的科研领域走到了生产领域，到今天它几乎涉及所有能应用计算机的部门。下面简要列举一些应用可视化技术的例子。

（1）医学。由核磁共振、CT 扫描等设备产生的人体器官密度场，对于不同的组织，表现出不同的密度值。通过在多个方向多个剖面来表现病变区域，或者重建为具有不同细节程度的三维真实图像，使医生对病变部位的大小、位置，不仅有定性的认识，而且有定量的认识，尤其是对大脑等复杂区域，数据场可视化所带来的效果尤其明显。借助虚拟现实的手段，医生可以对病变的部位进行确诊，制定出有效的手术方案，并在手术之前模拟手术。在临床上也可应用在放射诊断、制定放射治疗计划等。

（2）生物、分子学。在对蛋白质和 DNA 分子等复杂结构进行研究时，可以利用电镜、光镜等辅助设备对其剖片进行分析、采样获得剖片信息，利用这些剖片构成的体数据可以对其原形态进行定性和定量分析。

（3）航空与航天工业。飞行器高速穿过大气层时周围气流的运动情况和飞行器表面的物理特性的变化，在现有的流场可视化技术下，可以非常直观地展现出来。尤其是对飞行器的不稳定现象、超音速流的研究，这是计算流体力学里的新课题，借助可视化技术，许多意想不到的困难都可以迎刃而解了。

（4）工业无损探伤。用超声波探测，在不破坏部件的情况下，不仅可以清楚地认识其内部结构，而且对发生变异的区域也可以准确地探出。显然，能够及时检查出有可能发生断裂等具有较大破坏性的隐患是极具社会和经济效益的。

（5）人类学和考古学。在考古过程中找到古人类化石的若干碎片，由此重构出古人类的骨架结构。传统的方法是按照物理模型，用黏土来拼凑而成。现在，利用基于几何建模的可视化系统，可以从化石碎片的数字化数据完整地恢复三维人体结构，因而向研究人员提供了既可以作基于计算机几何模型的定量研究，又可以实施物理上可塑的化石重现过程。

（6）地质勘探。利用模拟人工地震的方法，可以获得地质岩层信息。通过数据特征的抽取和匹配，可以确定地下的矿藏资源。用可视化方法对模拟地震数据的解释，可以大大地提高地质勘探的效率和安全性。

5. 科学计算可视化的常用方法

1）二维平面数据场的可视化方法

二维数据场是科学计算可视化处理的最简单的一类数据场，二维数据场是在某一平面上的一些离散数据，可看成定义在某一平面上的一维标量函数 $F=F(x,y)$。二维数据场可视化的方法主要有颜色映射法、等值线、立体图法和层次分割法等，这些方法的原理都比较简单，应用示例见图 11.4 和图 11.5。

图 11.4　水轮机蜗壳中剖面压力分布图

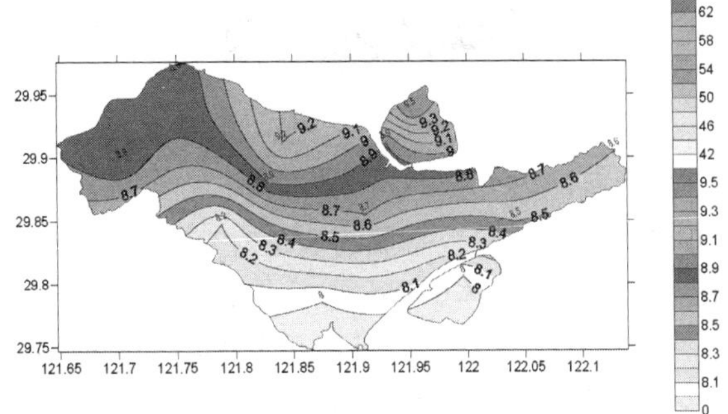

图 11.5　平均温度等值线图

2）三维空间数据场方法

三维空间数据场与二维数据场不同，它是对三维空间中的采样，表示三维空间内部的详细信息，这类数据场最典型的医学 CT 采样数据，每个 CT 的照片实际上是一个二维数据场，照片的灰度表示了某一片物体的密度。将这些照片按一定的顺序排列起来，就组成了一个三维数据场。此外，用大规模计算机计算的航天飞机周围的密度分布也是一个三维数据场的例子。

3）向量场可视化方法

向量场同标量场一样，也分为二维、三维，但向量场中每个采样点的数据不是温度、压力、密度等标量，而是速度等向量。向量场可视化技术的难点是很难找出在三维空间中表示向量的方法。

（1）简化为标量：不直接对向量进行可视化处理，而是将其转换为能够反映其物理本质的标量数据，然后对标量数据可视化。例如，向量的大小，单位体积中粒子的密度等。这些标量的可视化可采用常规的可视化技术，如等值面抽取、体绘制等。

（2）箭头表示方法：向量的显示要求同时表示出向量的大小和方向信息，最直接的方法是在向量场中有限的离散点上显示带有箭头的有向线段，用线段的长度表示向量的大小，用箭头表示其方向（见图 11.6）。

（3）流线、迹线、脉线、时线

向量场中，线上所有质点的瞬时速度都与之相切的线称为场线，速度向量场中的场线称为流线（stream line，见图 11.7），在磁场中就称为磁力线。

迹线（path line）是一特定流体质点随时间改变位置而形成的轨迹，就是一个粒子的运动轨迹。

图 11.6 三维向量场中的箭头表示

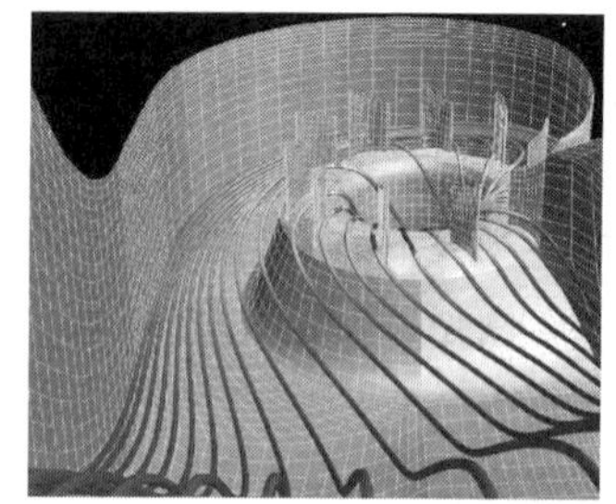

图 11.7 三维空间中的流线

脉线(streak line)是在某一时间间隔内相继经过空间一固定点的流体质点依次串联起来而成的曲线。在观察流场流动时,可以从流场的某一特定点不断向流体内输入颜色液体(或烟雾),这些液体(或烟雾)质点在流场中构成的曲线即为脉线。对定常流场,脉线就是迹线,同时也就是流线。但对非定常场,三者各不相同。迹线是一个粒子的运动轨迹。脉线是一系列连续释放的粒子组成的线,烟筒中冒出的烟雾是典型的脉线。

时线(time line)是由一系列相邻流体质点在不同瞬时组成的曲线。某一时刻沿一垂直于流动方向的直线同时释放许多小粒子,这些粒子在不同时刻组成的线就是时线。

(4) 流带和流面

两条相邻的流线用一系列小多边形连接起来,就成为流带。从一条线段(称为靶线)或一个曲线段(rake)上多个点对应的流线,经过插值计算可以得到一个流面,这实际上是靶线随流体运动而形成的面,如果曲线是一个圆,则流面是一个流管(stream tube)。流面可用一般的面绘制技术来绘制,加上颜色与光照效果的流面能够提供很好的空间立体感,便于考察流场的空间结构(见图 11.8)。

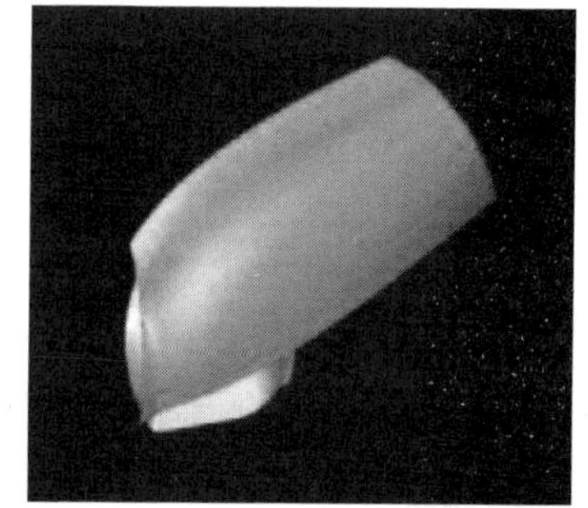

图 11.8 三维空间中的流面

(5) 特征可视化

特征可视化近年来越来越受到研究者们的重视。特征可视化不是直接对原始数据进行显示处理,而是从原始数据中抽取某些有意义的模式、结构或对象。可以选择数据场中感兴趣的部分作进一步的考察或在显示过程中作一些特殊的处理。在保证物理量精度的前提下,对场中的主要特征作简化显示或用一些图形符号来表示物理量,这种方式提供了场数据的抽象表示,而不是直接对原始数据进行绘制,这种表示方法能够表示数据场中较高层次的信息,而使用户摒弃那些冗余的不感兴趣的数据,这种方法可以减少复杂度,使在交互式可视化过程中免于管理庞大的数据集。

特征可视化方法是与数据场的具体内容直接有关的方法,因而,这些方法与具体的应用问题有关。未来有必要开发出更一般的,使用户能够根据不同的应用领域和用途来表示特征,或选择特征数据的方法。

4) 基于动画的可视化方法

利用动态可视化技术,可以增强人们对三维空间中向量场的结构及物理现象运动变化规律的认识和把握能力。特别是对于与时间有关的非稳定数据场，如果仅单纯地运用静态数据场可视化方法，对每个时间步上的采样数据场进行可视化处理，则人为地割裂了时间序列数据场之间的联系，这种孤立地研究每个静止的数据场方法难于把握整个物理现象的变化规律，甚至会掩盖一些细小变化，但却非常重要的物理现象。

(1) 稳定数据场的动态可视化技术：稳定数据场的动态可视化方法，主要是利用纹理映射、粒子等技术，用按一定规律不断刷新变化的图像代替原来静止的可视化图像。基于纹理映射的动态可视化方法，是在显示三维箭头向量时，不单纯以线段来显示箭头的方向，而是在绘制箭头时将纹理映射到箭头线段上，并不断有规律地刷新改变箭头线段上的纹理，从而产生一种动态变化的效果。基于粒子的动态流线可视化则是首先构造流场中的流线，以沿流线运动的粒子代替流线显示输出，粒子的流动效果，能较好地表现数据场中的涡流等复杂的流场结构。

(2) 非稳定时间序列数据场的动态可视化技术：在计算流体力学等问题的研究中，往往需要对非稳定物理现象的变化规律进行研究，其计算或测量得到的数据是一系列在时间上进行采样的数据场，每个数据场之间的时间采样间隔是 Δt，共有上百甚至上千个时间步的采样数据场。

目前主要有两种非稳定数据场的动态可视化技术。

一种是采用动画制作的方法，即先用静态可视化方法，采用相同的观察和绘制参数进行绘制，生成每个时间序列数据场的可视化图像，并将图像按时间上的顺序编号存储起来，最后制作成 MPEG 文件进行播放。该处理方式的主要缺点是数据的处理周期长。

另一种方法是基于粒子的向量场动态可视化方法，可在计算机上实时显示动态的可视化结果。该方法借鉴了流体力学实验中向流场中添加染料或烟雾的实验观察方法的思想，算法初始阶段由用户交互地在数据场中设置粒子源，并设置各粒子源的属性，然后启动算法进行粒子跟踪，在跟踪过程中将粒子的位置和属性等信息记录下来，最后根据算法记录的信息，在计算机上实时绘制显示。

科学计算可视化作为一项新兴技术正在蓬勃发展。它与虚拟现实技术、计算机动画技术、虚拟人体、数字地球，甚至与人类基因组计划等诱人的前沿学科领域有着密切的联系。如何有效处理和解释包含大量信息的海量数据将是今后相当一段时间内，科技工作者面临的巨大挑战。

习　　题

1. 简述计算机仿真的概念。
2. 简述计算机仿真要素与活动之间的关系。
3. 简述计算机仿真的步骤。
4. 计算机仿真如何分类？
5. 简述计算机仿真的发展趋势。
6. 简述科学计算可视化的基本含义。
7. 简述科学计算可视化的作用。
8. 简述科学计算可视化的常用方法。

参 考 文 献

[1] 袁泽虎,等. 计算机辅助设计与制造. 北京：中国水利水电出版社,2011

[2] 李钝. 工程 CAD 技术基础. 北京：中国电力出版社,1996

[3] 童秉枢,等. 机械 CAD 技术基础. 北京：清华大学出版社,1996

[4] 童秉枢. 现代 CAD 技术. 北京：清华大学出版社,2000

[5] 袁泽虎. AutoCAD 2002 基础教程. 北京：中国水利水电出版社,2002

[6] 景作军,等. 计算机辅助设计与工程分析. 北京：化学工业出版社,2001

[7] 蔡颖,等. CAD/CAM 原理与应用. 北京：机械工业出版社,1999

[8] 唐龙,等. 计算机辅助设计技术基础教程. 北京：清华大学出版社,2002

[9] 潘云鹤. 智能 CAD 方法与模型. 北京：科学出版社,1997

[10] 陆润民,等. 计算机绘图. 北京：清华大学出版社,1988

[11] 袁太生,等. 计算机辅助设计教程. 北京：中国电力出版社,2002

[12] 张之超,等. FoxPro for Windows 实用基础教程. 北京：人民邮电出版社,1996

[13] 郑甫京,等. FOXBASE+ 关系数据库系统. 北京：清华大学出版社,1991

[14] 郭朝勇,等. AutoCADR14(中文版)二次开发技术. 北京：清华大学出版社,1999

[15] 吴信东,等. 专家系统技术. 北京：电子工业出版社,1988

[16] 周济,等. 机械设计专家系统概论. 武汉：华中理工大学出版社,1989

[17] 单忠臣. 机械 CAD 技术基础. 哈尔滨：哈尔滨工程大学出版社,2004

[18] 乔爱科. 机械 CAD 软件开发实用技术教程. 北京：机械工业出版社,2008

[19] 葛玉琛,等. 计算机辅助设计(CAD)原理及应用. 天津：天津科技翻译出版公司,1997

[20] 蔡颖,等. CAD/CAM 原理与应用. 北京：机械工业出版社,1998

[21] 郑坚. 计算机辅助制造(CAD/CAM). 北京：电子工业出版社,1997

[22] 王先逵. 计算机辅助制造. 北京：高等教育出版社,1995

[23] R. Soenen. Advanced CAD/CAM system. London,1995

[24] Mikeu P. Croover. Computer Aided Design and Manufacturing. Englewood Cliffs,1984

[25] 陈佰雄,等. Visual LISP for AutoCAD 2000 程序设计. 北京：机械工业出版社,2000

[26] 于萍. AutoCAD 2010 中文版机械制图教程. 上海：上海科学普及出版社,2011

[27] 王征,王仙红. 中文版 AutoCAD 2010 实用教程. 北京：清华大学出版社,2009

[28] 崔晓利,杨海如,等. 中文版 AutoCAD 工程制图(2010 版). 北京：清华大学出版社,2009

[29] 唐荣锡. 现代图形技术. 济南：山东科学技术出版社,2001

[30] 薛定宇. 控制系统计算机辅助设计——MATLAB 语言与应用(第二版). 北京：清华大学出版社,2006